计算机网络基础

肖朝晖 罗 娅 主 编
陈志建 黄同愿 副主编

清华大学出版社
北京

内 容 简 介

本书系统地介绍了计算机网络相关技术和知识，具体内容包括计算机网络基础知识、数据通信基础、网络体系结构、局域网技术、广域网技术、Internet 及应用、电子商务与网页制作和网络安全技术。本书既精辟地讲解了计算机网络的基础知识，又突出了计算机网络技术的应用与操作，通过本教材，读者可以对计算机网络知识和技术有一个全面的了解。

本书可以作为高等院校本科生和研究生教科书，也可作为从事网络应用工作的工程技术人员的参考书。

图书在版编目（CIP）数据

计算机网络基础 / 肖朝晖，罗娅主编． —北京：清华大学出版社，2011.3
（21 世纪高等学校规划教材·计算机科学与技术）
ISBN 978-7-302-24221-5

Ⅰ．①计…　Ⅱ．①肖…　②罗…　Ⅲ．①计算机网络—高等学校—教材　Ⅳ．①TP393

中国版本图书馆 CIP 数据核字（2010）第 245799 号

责任编辑：梁　颖　徐跃进
责任校对：李建庄
责任印制：何　芊

出版发行：清华大学出版社　　　　　　　　　　　地　　　址：北京清华大学学研大厦 A 座
　　　　　http://www.tup.com.cn　　　　　　　邮　　　编：100084
　　　　　社　总　机：010-62770175　　　　　邮　　　购：010-62786544
　　　　　投稿与读者服务：010-62795954，jsjjc@tup.tsinghua.edu.cn
　　　　　质　量　反　馈：010-62772015，zhiliang@tup.tsinghua.edu.cn
印 装 者：北京市清华园胶印厂
经　　销：全国新华书店
开　　本：185×260　印　张：18.75　字　数：462 千字
版　　次：2011 年 3 月第 1 版　　印　　次：2011 年 9 月第 2 次印刷
印　　数：4001～7000
定　　价：29.50 元

产品编号：037744-01

编审委员会成员

扬州大学	李　云	教授
南京大学	骆　斌	教授
	黄　强	副教授
南京航空航天大学	黄志球	教授
	秦小麟	教授
南京理工大学	张功萱	教授
南京邮电学院	朱秀昌	教授
苏州大学	王宜怀	教授
	陈建明	副教授
江苏大学	鲍可进	教授
武汉大学	何炎祥	教授
华中科技大学	刘乐善	教授
中南财经政法大学	刘腾红	教授
华中师范大学	叶俊民	教授
	郑世珏	教授
	陈　利	教授
江汉大学	颜　彬	教授
国防科技大学	赵克佳	教授
	邹北骥	教授
中南大学	刘卫国	教授
湖南大学	林亚平	教授
西安交通大学	沈钧毅	教授
	齐　勇	教授
长安大学	巨永锋	教授
哈尔滨工业大学	郭茂祖	教授
吉林大学	徐一平	教授
	毕　强	教授
山东大学	孟祥旭	教授
	郝兴伟	教授
中山大学	潘小轰	教授
厦门大学	冯少荣	教授
仰恩大学	张思民	教授
云南大学	刘惟一	教授
电子科技大学	刘乃琦	教授
	罗　蕾	教授
成都理工大学	蔡　淮	教授
	于　春	讲师
西南交通大学	曾华燊	教授

出 版 说 明

随着我国改革开放的进一步深化，高等教育也得到了快速发展，各地高校紧密结合地方经济建设发展需要，科学运用市场调节机制，加大了使用信息科学等现代科学技术提升、改造传统学科专业的投入力度，通过教育改革合理调整和配置了教育资源，优化了传统学科专业，积极为地方经济建设输送人才，为我国经济社会的快速、健康和可持续发展以及高等教育自身的改革发展做出了巨大贡献。但是，高等教育质量还需要进一步提高以适应经济社会发展的需要，不少高校的专业设置和结构不尽合理，教师队伍整体素质亟待提高，人才培养模式、教学内容和方法需要进一步转变，学生的实践能力和创新精神亟待加强。

教育部一直十分重视高等教育质量工作。2007 年 1 月，教育部下发了《关于实施高等学校本科教学质量与教学改革工程的意见》，计划实施"高等学校本科教学质量与教学改革工程（简称'质量工程'）"，通过专业结构调整、课程教材建设、实践教学改革、教学团队建设等多项内容，进一步深化高等学校教学改革，提高人才培养的能力和水平，更好地满足经济社会发展对高素质人才的需要。在贯彻和落实教育部"质量工程"的过程中，各地高校发挥师资力量强、办学经验丰富、教学资源充裕等优势，对其特色专业及特色课程（群）加以规划、整理和总结，更新教学内容、改革课程体系，建设了一大批内容新、体系新、方法新、手段新的特色课程。在此基础上，经教育部相关教学指导委员会专家的指导和建议，清华大学出版社在多个领域精选各高校的特色课程，分别规划出版系列教材，以配合"质量工程"的实施，满足各高校教学质量和教学改革的需要。

为了深入贯彻落实教育部《关于加强高等学校本科教学工作，提高教学质量的若干意见》精神，紧密配合教育部已经启动的"高等学校教学质量与教学改革工程精品课程建设工作"，在有关专家、教授的倡议和有关部门的大力支持下，我们组织并成立了"清华大学出版社教材编审委员会"（以下简称"编委会"），旨在配合教育部制定精品课程教材的出版规划，讨论并实施精品课程教材的编写与出版工作。"编委会"成员皆来自全国各类高等学校教学与科研第一线的骨干教师，其中许多教师为各校相关院、系主管教学的院长或系主任。

按照教育部的要求，"编委会"一致认为，精品课程的建设工作从开始就要坚持高标准、严要求，处于一个比较高的起点上；精品课程教材应该能够反映各高校教学改革与课程建设的需要，要有特色风格、有创新性（新体系、新内容、新手段、新思路，教材的内容体系有较高的科学创新、技术创新和理念创新的含量）、先进性（对原有的学科体系有实质性的改革和发展，顺应并符合 21 世纪教学发展的规律，代表并引领课程发展的趋势和方向）、示范性（教材所体现的课程体系具有较广泛的辐射性和示范性）和一定的前瞻性。教材由个人申报或各校推荐（通过所在高校的"编委会"成员推荐），经"编委会"认真评审，最后由清华大学出版社审定出版。

目前，针对计算机类和电子信息类相关专业成立了两个"编委会"，即"清华大学出版社计算机教材编审委员会"和"清华大学出版社电子信息教材编审委员会"。推出的特色精品教材包括：

（1）21 世纪高等学校规划教材·计算机应用——高等学校各类专业，特别是非计算机专业的计算机应用类教材。

（2）21 世纪高等学校规划教材·计算机科学与技术——高等学校计算机相关专业的教材。

（3）21 世纪高等学校规划教材·电子信息——高等学校电子信息相关专业的教材。

（4）21 世纪高等学校规划教材·软件工程——高等学校软件工程相关专业的教材。

（5）21 世纪高等学校规划教材·信息管理与信息系统。

（6）21 世纪高等学校规划教材·财经管理与计算机应用。

（7）21 世纪高等学校规划教材·电子商务。

清华大学出版社经过二十多年的努力，在教材尤其是计算机和电子信息类专业教材出版方面树立了权威品牌，为我国的高等教育事业做出了重要贡献。清华版教材形成了技术准确、内容严谨的独特风格，这种风格将延续并反映在特色精品教材的建设中。

清华大学出版社教材编审委员会
联系人： 魏江江
E-mail:weijj@tup.tsinghua.edu.cn

前 言

　　随着信息技术及其应用的迅猛发展，人类已进入了网络时代，地球也变得越来越小，通过网络人们可以与世界上不同的人联系，通过网络也可以随时了解世界上发生的事情，同样网络也成为人们学习、工作和生活中不可缺少的重要手段。掌握计算机网络知识和技术已成为对高等学校各专业学生的基本要求。教育部2007年2号文件明确指出"培养和提高本科生通过计算机和多媒体课件学习的能力，以及利用网络资源进行学习的能力"。其中的利用网络资源进行学习的能力就是充分检验是否成为一名合格大学生的素质标准，因此提高大学生对《计算机网络》课程的学习和实践能力就成为学生实现素质教育全面提高的重要支柱。

　　本书就是为适应网络技术发展的新形势带来的对教学内容的新需求，帮助人们快速掌握和使用计算机网络技术而编写。编写时，参考了国内众多教材，努力把科学性与实用性、易读性结合起来，力求内容新颖，重点突出、文字精练、侧重应用；从实际出发，用读者容易理解的体系和叙述方法，深入浅出、循序渐进地帮助读者掌握课程的基本内容。

　　全书内容共分9章，第1章——计算机网络概述，第2章——数据通信基础，第3章——网络体系结构，第4章——局域网技术，第5章——广域网技术，第6章——Internet及应用，第7章——电子商务与网页制作，第8章——网络安全技术，第9章——网络实训。本书每章开头有内容提要，结尾有小结和习题，便于教学和自学。全书系统地介绍了计算机网络基础知识和技术，为了更好配合任课教师实践环节的教学，特别增加了第9章内容供参考用。

　　本书可作为高等学校计算机网络基础教学用书，也可作为从事网络应用工作的工程技术人员的参考书。

　　本书由肖朝晖副教授（重庆理工大学），罗娅（重庆理工大学）任主编，陈志建（重庆青年职业技术学院），黄同愿（重庆理工大学）任副主编。

　　由于编者水平有限，书中谬误之处在所难免，恳请读者批评指正。

E-mail：xiaozhaohui@cqut.edu.cn

编　者
2010年12月

目 录

第1章

计算机网络概述

随着计算机应用的深入，特别是家用计算机越来越普及，用户一方面希望能共享信息资源，另一方面也希望各计算机之间能互相传递信息。基于这些原因，计算机将向网络化发展，将分散的计算机连接成网，组成计算机网络。

所谓计算机网络，就是把分布在不同地理区域的计算机与专门的外部设备用通信线路互连成一个规模大、功能强的网络系统，从而使众多的计算机可以方便地互相传递信息，共享硬件、软件、数据信息等资源。计算机网络是现代通信技术与计算机技术紧密相结合的产物。它涉及通信技术与计算机技术两个领域。

计算机网络的诞生使计算机的应用发生了巨大变化，已经遍布经济、文化、科研、军事、政治、教育和社会生活等各个领域，进而引起世界范围内产业结构的变化和全球信息产业的发展。

1.1　计算机网络的定义与发展

从 20 世纪 80 年代末开始，计算机网络技术进入新的发展阶段，它以光纤通信技术应用于计算机网络、多媒体技术、综合业务数据网络（ISDN）、人工智能网络的出现和发展为主要标志。20 世纪 90 年代至本世纪初是计算机网络高速发展的时期，尤其是 Internet 的建立，推动了计算机网络向更高层次发展。

1.1.1　计算机网络的产生和发展

计算机网络的发展过程大致可以分为面向终端的计算机通信网络、计算机互联网络、标准化网络和网络互联与高速网络 4 个阶段。

1. 面向终端的计算机通信网络

早期计算机技术与通信技术并没有直接的联系，但随着工业、商业与军事部门使用计算机的深化，人们迫切需要将分散在不同地方的数据进行集中处理。为此，在 1954 年，人们制造了一种称为收发器的终端设备，这种终端能够将穿孔卡片上的数据利用电话线路发送到远地的计算机。此后，电传打字机也作为远程终端与计算机相连。这种"终端-通信线路-计算机"系统，就是计算机网络的雏形。其特点是计算机为网络的中心和控制者，终端围绕中心计算机分布在各处，各终端通过通信线路共享主机的硬件和软件资源。

这一阶段的计算机网络系统实质上就是以单机为中心的联机系统，是面向终端的计算机通信，如图 1.1 所示。

图 1.1　计算机通过线路控制器与远程终端相连

在这样的单机系统中，存在两个显著的缺点：一是主机除了要完成数据处理任务外，还要承担繁重的各终端间的通信管理任务，大大增加了主机计算机的负荷，降低了主机的信息处理能力；二是由于分散的终端都要单独占有一条通信线路，使通信线路利用率降低。

为了克服第一个缺点，人们在主机之间设置了一个前端处理机，专门用于处理主机和终端的通信任务，一个前端处理机与多个远程终端相连，从而实现了数据处理和通信任务的分工，减轻了主机的负荷，提高了系统的工作效率。为了克服第二个缺点，在远程终端比较集中的地方设置了线路集中器，它的一端用多条低速线路与各终端相连，其另一端则用一条较高速率的线路与计算机相连。这样，所有的高速线路的容量就可以小于低速线路容量的总和，从而降低了通信线路的费用。在这个阶段，计算机技术与通信技术相结合，形成了计算机网络的雏形。

2. 计算机互联网络阶段

20 世纪 60 年代中期，英国国家物理实验室 NPL 的戴维斯（Davies）提出了分组（Packet）的概念，从而使计算机网络的通信方式由终端与计算机之间的通信发展到计算机与计算机之间的直接通信。从此，计算机网络的发展就进入了一个崭新时代。

这一阶段研究的典型代表是美国国防部高级研究计划局（Advanced Research Project Agency，ARPA）1969 年 12 月投入运行的 ARPANET，该网络是一个典型的以实现资源共享为目的的具有通信功能的多级系统。它为计算机网络的发展奠定了基础，其核心技术是分组交换技术。

ARPANET 的试验成功使计算机网络的概念发生了根本的变化。计算机网络要完成数据处理与数据通信两大基本功能，它在结构上必然可以分成两个部分：负责数据处理的计算机与终端和负责数据通信处理的通信控制处理机与通信线路。

分组交换网由通信子网和资源子网组成，以通信子网为中心，不仅共享通信子网的资源，还可共享资源子网的硬件和软件资源。

资源子网由计算机系统、终端、终端控制器、联网外设、各种软件资源与信息资源组成。资源子网负责全网的数据处理，向网络用户提供各种网络资源与网络服务。主机是资源子网的主要组成单元，它通过高速通信线路与通信子网的通信控制处理机相连接。主机要为本地用户访问网络其他主机设备与资源提供服务，同时为远程用户共享本地资源提供服务。

通信子网由通信控制处理机、通信线路与其他通信设备组成，完成网络数据传输、转发等通信处理任务。

这一阶段，在计算机通信网络的基础上，人们完成了网络体系结构与协议的研究，形成了计算机网络。

3．具有统一的网络体系结构、遵循国际标准化协议的标准计算机网络

随着网络技术的发展与计算机网络的广泛应用，人们对网络的技术、方法和理论的研究日趋成熟。但计算机网络是个非常复杂的系统，要想使连接在网络上的两台计算机互相传送文件，仅有一条传送数据的通路是不够的。

相互通信的两台计算机系统必须高度协调才能工作，而这种"协调"是相当复杂的。为了设计这样复杂的计算机网络，早在最初的 ARPANET 设计时就提出了"分层"的方法。分层就是将庞大而复杂的问题，转化为若干个比较易于研究和处理的较小的局部问题。

1974 年，IBM 公司宣布了它研究的系统网络体系结构（System Network Architecture，SNA）。这个网络标准就是按照分层的方法制定的。

为了使不同体系结构的计算机网络都能互联，国际标准化组织 ISO 提出了一个能使各种计算机在世界范围内互联成网的标准框架——开放系统互连参考模型（Open System Interconnection Reference Model，OSI/RM）。只要遵循 OSI/RM 标准，一个系统就可以和位于世界上任何地方的也遵循同一标准的其他任何系统进行通信。从此开始了所谓的第三代计算机网络。在这个阶段，提出了开放系统互连参考模型与协议，促进了符合国际标准的计算机网络技术的发展。

4．网络互联与高速网络阶段

目前计算机网络的发展正处于第四阶段。这一阶段计算机网络发展的特点是：采用高速网络技术，出现了综合业务数字网、网络多媒体和智能网络。

在计算机网络领域最引人注目的就是起源于美国的 Internet 的飞速发展。Internet 是覆盖全球的信息基础设施之一，对于用户来说，它像是一个庞大的远程计算机网络，用户可以利用 Internet 实现全球范围的电子邮件、电子传输、信息查询、语音与图像通信服务等功能。

在 Internet 发展的同时，高速与智能网的发展也引起人们越来越多的关注。高速网络技术发展表现在宽带综合业务数据网（B-ISDN）、帧中继、异步传输模式（ATM）、高速局域网、交换局域网与虚拟网络的采用上。随着网络规模的增大与网络服务功能的增多，各国正在开展智能网（Intelligent Network，IN）的研究。

20 世纪 90 年代以来，世界经济已经进入了一个全新发展的阶段，计算机技术、通信技术以及建立在互联网络技术基础之上的计算机网络技术得到了迅速的发展。特别是在1993 年，美国宣布了国家信息基础设施（National Information Infrastructure，NII）建设计划后（又称信息高速公路），各国也纷纷制定自己的 NII。在此基础上人们相应地提出了个人通信与个人通信网的概念，它将最终实现全球有线网、无线网的互联，邮电通信与电视通信网的互联，固定通信与移动通信的结合。

正在宽带化方向上发展的"蓝牙"（Bluetooth）技术，是一种新兴技术规范，目的是要在移动电话和其他手持式设备之间实现低成本、短距离的无线连接。这种技术规范的主要优势是可以在不同种类的设备中提供连续不断的无线连接。其工作范围在方圆 10m 左右，工作形式类似于红外线连接。

网络发展的另一个特征是 IP 化，这里有两层含义：其一是指因特网；其二是指使用

TCP/IP 这种技术组建整个通信网,即所有的通信网设备,包括传输、交换、无线系统、各类终端、信令将都活跃在统一的 IP 网络上。IP 网络不仅改变了固定电话网络,也可改变无线通信网络,如 GSM(全球通)。现在市面上的 WAP(无线应用协议)手机,不但可以打电话,也可以上因特网。

通过宽带 IP 网可以开展很多业务,如远程教育、远程医疗、视频点播、电子商务等。网络经济是新经济的一个重大增长点,而电子商务的发展将会加速新经济的增长。

1.1.2　计算机网络的定义

计算机网络是计算机技术与现代通信技术密切结合的产物,是随社会对信息共享和信息传递的要求而发展起来的。所谓计算机网络就是利用通信线路和通信设备将不同地理位置的、具有独立功能的多台计算机系统或共享设备互联起来,配以功能完善的网络软件(即网络操作系统、网络通信协议及信息交换方式等),使之实现资源共享、互相通信和分布式处理的整个系统。

可以从以下三个方面来理解计算机网络的定义。

首先,一台计算机不能构成网络,只有两台或两台以上的计算机相互连接起来才能构成计算机网络,才能达到资源共享的目的。这就提出了一个服务的问题,即一方请求服务,另一方提供服务。

第二,两台或两台以上的计算机连接,互相通信交换信息,需要存在一条通道。这条通道的连接是物理的,即必须有传输媒体。传输媒体可以是常见的双绞线、同轴电缆或光纤等“有线”、有形的物质,也可以是激光、微波或卫星信号等“无线”、无形的物质。

第三,计算机之间交换信息需要遵循一定的约定和规则,即通信协议。各厂商生产的网络产品都有自己的许多协议,从网络互联的角度看,要求这些协议遵循相应的标准。

1.1.3　计算机网络在我国的发展

美国政府在世界上率先提出的“信息高速公路”计划,其基本内容就是要在世界范围内建立高速计算机通信网络,开发信息资源,发展信息技术及其在各领域中的应用。至今在世界范围内,计算机互联网络已成为数百万科学家赖以工作和学习的基本工具。

因特网是世界上覆盖面最广、规模最大的计算机互联网络,因特网的发展,引起了我国学术界的极大关注。近年来,在国家的重视和扶持下,我国计算机网络的建设有了较大的发展。先后建成了以下主要网络。

1. 中国国家计算机网络设施(NCFC)

该网是由中国科学院牵头,联合北京大学、清华大学共同建设的。于 1994 年 5 月完成了在国际的登记注册,设置了我国最高域名服务器(DNS),实现与国际因特网的全功能连接,使我国成为世界上第 71 个与因特网直接联网的国家。一批外联用户,正通过中国公用分组交换数据网、中国数字数据网和电话拨号等多种途径与 NCFC 联网,网络规模不断扩大。NCFC 的建设和运行,对推进因特网在中国的迅速发展发挥了重要作用。

2. 中国教育与科研计算机网络(CERNET)

该网是由国家教委主持建设的,从 1994 年下半年开始立项启动。总体建设项目是实现全国大部分高等学校网络连接，推动学校校园网的建设和信息资源的交流与共享，并与国际国内学术计算机网络互联。

3. 中国科学院院网工程

其长远目标是实现国内科研机构计算机互联、互通。近期目标是着重满足当前中国科学院院属研究单位的网络应用需求。重点建设院属 12 个分院及相关研究所的地区网和局域网络及"中国生态系研究网络"、"科学数据库及其信息系统"、"文献数据库及其信息系统"、院所两级的管理信息系统等，在全国范围内实现中国科学院百所大联网。

经过几年的发展，我国目前已建成了中国公用计算机互联网（CHINNET）、中国公用分组交换数据网（CHINAPAC）、中国公用数字数据网（CHINADDN）、中国金桥网（CHINAGB）、中国教育和科研网（CERNET）、中国科技网等骨干网络，中国联通、中国网通等新的骨干网也已经投入运营，中国因特网发展已经呈现出新的竞争格局。

未来的基础网当然是光纤通信网，其方向是向宽带化发展，其所依赖的技术是密集波分复用（DWDM）系统。据报道，我国的主干网带宽将扩大 16 倍，由现在的 200 多 Mb/s 扩展为 3Gb/s 以上。

1.2　网络的功能与分类

1.2.1　计算机网络功能

计算机网络是通过通信媒体，把各个独立的计算机互连所建立起来的系统。一般来说，计算机网络可以提供以下一些主要功能。

1. 通信功能

计算机网络是现代通信技术和计算机技术结合的产物，数据通信是计算机网路的基本功能，正是这一功能才能实现计算机之间各种信息（包括文字、声音、图像、动画等）的传送以及对地理位置分散的单位进行集中管理与控制。

2. 资源共享

资源共享指共享计算机系统的硬件、软件和数据。其目的是让网络上的用户无论处于何处都能使用网络中的程序、设备、数据等资源。也就是说，用户使用千里之外的数据就像使用本地数据一样。资源共享主要分为 3 部分。

（1）硬件资源共享：共享硬件资源包括打印机、超大型存储器、高速处理器、大容量存储设备和昂贵的专用外部设备等。

（2）软件资源共享：现在计算机软件层出不穷，其中不少是免费共享的，它们是网络上的宝贵财富。共享软件资源包括各种语言处理程序、服务程序和很多网络软件，如电子设备软件、联机考试软件、办公管理软件等。

（3）数据资源的共享：数据资源包括各种数据库、数据文件等，如电子图书库、成绩库、档案库、新闻、科技动态信息等都可以放在网络数据库或文件里供大家查询利用。

因此从功能上可以把计算机网络划分为两种子网：资源子网和通信子网，如图 1.2 所示。

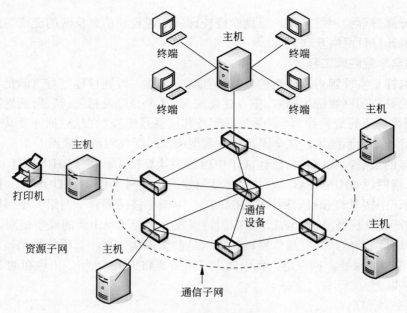

图 1.2　计算机网络的功能构造

资源子网由主计算机、终端控制器、终端和计算机所能提供共享的软件资源和数据源（如数据库和应用程序）构成，给用户提供访问的能力。

主计算机通过一条告诉多路复用线或一条通信链路连接到通信子网的结点上。

终端用户通常是通过终端控制器访问网络的。终端控制器能对一组终端提供几种控制，因而减少了终端的功能和成本。

通信子网是由用作信息交换的结点计算机（NC）和通信线路组成的独立的数据通信系统，它承担全网的数据传输、转接、加工和交换等通信处理工作。

网络结点提供双重作用：一方面作资源子网的接口，同时也可作为对其他网络结点的存储转发结点。作为网络接口结点，接口功能是按指定用户的特定要求而编制的。由于存储转发结点提供了交换功能，故报文可以在网络中传送到目标结点。它同时又与网络的其余部分合作，以避免拥塞并提供网络资源的有效利用。

1.2.2　计算机网络分类

计算机网络的分类可按不同的分类标准进行划分，从不同的角度观察网络系统、划分网络，有利于全面地了解网络系统的特性。

1. 按网络作用范围分类

根据计算机网络所覆盖的地理范围、信息的传递速率及应用的目的，计算机网络通常被分为局域网、城域网、广域网。

1）局域网（Local Area Network，LAN）

局域网指在有限的地理区域内构成的规模相对较小的计算机网络，其覆盖范围一般不超过几十公里。局域网常被用于连接公司办公室、中小企业、政府机关或一个校园内分散的计算机和工作站，以便共享资源（如打印机）和交换信息。

　　局域网是最常见、应用最为广泛的一种网络，其主要特点是覆盖范围较小，用户数量少，配置灵活，速度快，误码率低。局域网组建方便，采用的技术较为简单，是目前计算机网络发展中最为活跃的分支。将在第 4 章详细讨论局域网技术。

　　2）城域网（Metropolitan Area Network，MAN）

　　城域网的覆盖范围在局域网和广域网之间，一般来说是将一个城市范围内的计算机互联，范围在几十公里到几百公里。城域网中可包含若干个彼此互联的局域网，每个局域网都有自己独立的功能，可以采用不同的系统硬件、软件和通信传输介质构成，从而使不同类型的局域网能有效地共享信息资源。城域网目前多采用光纤或微波作为传输介质，它可以支持数据和声音的传输，并且还可能涉及当地的有线电视网。

　　3）广域网（Wide Area Network，WAN）

　　广域网是一种跨越城市、国家的网络，可以把众多的城域网、局域网连接起来。广域网的作用范围通常为几十公里到几千公里，它一般是将不同城市或不同国家之间的局域网互联起来。广域网是由终端设备、结点交换设备和传送设备组成的，设备间的连接通常是租用电话线或用专线建造的。

　　广域网通常除了计算机设备以外，还要涉及一些电信通信方式。广域网有时也称为远程网。

　　Internet 也称为因特网，是指特定的世界范围的互联网，指通过网络互联设备把不同的众多网络或网络群体根据全球统一的通信规则（TCP/IP）互联起来形成的全球最大的、开放的计算机网络。它被广泛地用于连接大学、政府机关、公司和个人用户。用户可以利用 Internet 来实现全球范围的电子邮件、WWW 信息查询与浏览、文件传输、语言与图像通信服务等功能。将在第 5 章详细讨论广域网技术。

2. 其他分类方法

　　（1）根据通信介质的不同，网络可划分为以下两种。

　　① 有线网。采用如同轴电缆、双绞线、光纤等物理介质来传输数据的网络。

　　② 无线网。采用卫星、微波等无线形式来传输数据的网络。

　　（2）从网络的使用范围可分为公用网和专用网。

　　① 公用网。公用网也称公众网，是指由国家的电信公司出资建造的大型网络，一般都由国家政府电信部门管理和控制，网络内的传输和转接装置可提供给任何部门和单位使用（需交纳相应费用）。公用网属于国家基础设施。

　　② 专用网。专用网是某个部门为本系统的特殊业务工作的需要而建造的网络。它只为拥有者提供服务，一般不向本系统以外的人提供服务。

　　（3）根据通信传播方式不同，可将网络划分为以下两种。

　　① 广播式网络。广播式网络仅有一条通信信道，网络上所有计算机共享。主要有在局域网上，以同轴电缆连接起来的总线网、星状网和树状网；在广域网上以微波、卫星通信方式传播的广播形网。

　　② 点对点网络。由一对多计算机之间的多条连接构成。即以点对点的连接方式，把各计算机连接起来。一般来讲，小的、地理上处于本地的网络采用广播方式，而大的网络则采用点对点方式。

　　其他还有一些分类方式，如按网络的拓扑结构分类、按网络的通信速率分类、按网络的交换功能分类等。

1.3　网络的拓扑结构

网络的拓扑结构就是网络的各结点的连接形状和方法。构成网络的拓扑结构有很多种，通常包括星状拓扑、总线型拓扑、环状拓扑、树状拓扑、混合型拓扑、网状拓扑及蜂窝状拓扑。

1.3.1　星状拓扑

星状拓扑是由中央结点和通过点对点通信链路接到中央结点的各个站点组成，如图 1.3 所示。星状拓扑的各结点间相互独立，每个结点均以一条单独的线路与中央结点相连，其连接图形像闪光的星。一般星状拓扑结构的中心结点是由交换机来承担的。

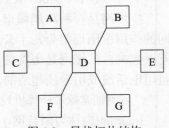

图 1.3　星状拓扑结构

中央结点执行集中式通信控制策略，因此中央结点较复杂，而各个站点的通信处理负担都小。采用星状拓扑的交换方式有电路交换和报文交换，尤以电路交换更为普遍。现在的数据处理和声音通信的信息网大多采用这种拓扑结构。目前流行的专用交换机（private branch exchange，PBX）就是星状拓扑的典型实例。一旦建立了通道连接，可以无延迟地在连通的两个站点之间传送数据。

星状拓扑结构的优点：

- 控制简单。在星状网络中，任何站点都直接和中央结点相连接，因而介质访问控制的方法很简单，致使访问协议也十分简单。
- 容易实现故障诊断和隔离。在星状网络中，中央结点对连接线路可以一条一条地隔离开来进行故障检测和定位。单个连接点出现故障或单独与中心结点的线路损坏时，只影响该工作站，不会对整个网络造成大的影响。
- 方便服务。中央结点可方便地对各个站点提供服务和对网络重新配置。
- 网络的扩展容易。需要增加结点时直接与中央结点连上即可。

星状拓扑结构的缺点：

- 电缆长度和安装工作量可观。因为每个站点都要和中央结点直接连接，需要耗费大量的电缆，所带来的安装、维护工作量也骤增，成本高。
- 过分依赖中心结点，中央结点的负担加重，形成瓶颈，一旦发生故障，则全网受影响，因而中央结点的可靠性和冗余度方面的要求很高。
- 各站点的分布处理能力较少。

1.3.2　总线型拓扑

总线型拓扑结构采用单根传输线作为传输介质，所有的站点（包括工作站和共享设备）都通过硬件接口直接连到这一公共传输介质上，或称总线上。各工作站地位平等，无中心结点控制。任何一个站点发送的信号都沿着传输介质传播而且能被其他站点接收。总线型拓扑结构的总线大都采用同轴电缆。总线型拓扑结构如图 1.4 所示。

因为所有站点共享一条公用的传输信道，所以一次只能由一个设备传输信号。通常采用分布式控制策略决定下一次哪一个站点可以发送。当分组经过各站点时，其中的目的站点会识别到分组的目的地址，然后复制这些分组的内容。

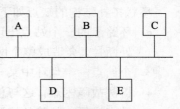

图 1.4　总线型拓扑结构

总线型拓扑结构的优点：

- 隔离性比较好，一个站点出现故障，断开连线即可，不会影响其他站点工作。
- 总线结构所需要的电缆数量少，价格便宜，且安装容易。
- 总线结构简单，连接方便，易实现、易维护。又是无源工作，有较高的可靠性。
- 易于扩充，增加或减少用户比较方便。增加新的站点容易，仅需在总线的相应接入点将工作站接入即可。

总线型拓扑结构的缺点：

- 系统范围受到限制。同轴电缆的工作长度一般在 2km 以内，在总线的干线基础上扩展时，需使用中继器扩展一个附加段。
- 故障诊断较困难。因为总线型拓扑网络不是集中控制，故障检测需要在网上各个结点进行，故障检测不容易。哪个站点出故障，只需简单地把连接拆除即可。故障隔离困难，如果传输介质有故障，则整个这段总线要切断和变换。

1.3.3　环状拓扑

环状拓扑结构的网络由网络中若干中继器使用电缆通过点对点的链路首尾相连组成一个闭合环，如图 1.5 所示。

网络中各结点计算机通过一条通信线路连接起来，信息按一定方向从一个结点传输到下一个结点，形成一个闭合环路。

所有结点共享同一个环状信道，环上传输的任何数据都必须经过所有结点。这种链路可以是单向的，也可以是双向的。单向的环状网络，数据只能沿一个方向传输，数据以分组形式发送。

例如图 1.5 中 A 站希望发送一个报文到 C 站，那么要把报文分成若干个分组，每个分组包括一段数据加上某些控制信息，其中包括 C 站的地址。A 站依次把每个分组送到环上，沿环传输，C 站识别到带有它自己地址的分组时，就将它接收下来。由于多个设备连接在一个环上，因此需要用分布控制形式的功能来进行控制，每个站都有控制发送和接收的访问逻辑。

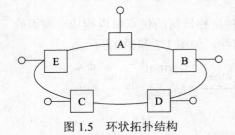

图 1.5　环状拓扑结构

环状拓扑结构的优点如下：

- 电缆长度短。环状拓扑网络所需的电缆长度和总线型拓扑网络相似，但比星状拓扑网络要短得多。
- 增加或减少工作站时，仅需要简单地连接。
- 单方向传输，适用于光纤，传输速度高。
- 抗故障性能好。

- 单方向单通路的信息流使路由选择控制简单。

环状拓扑结构的缺点如下：

- 环路上的一个站点出现故障，该站点的中继器不能进行转发，相当于环在故障结点处断掉，会造成整个网络瘫痪。这里因为在环上的数据传输是通过接在环上的每一个结点，一旦环中某一结点发生故障就会引起全网的故障。
- 检测故障困难，这与总线型拓扑相似，因为不是集中控制，故障检测需在网上各个结点进行，故障的检测就非常困难。
- 环状拓扑结构的介质访问控制协议都采用令牌传递的方式，则在负载很轻时，其等待时间相对来说就比较长。

1.3.4　树状拓扑

树状拓扑是从总线型拓扑演变而来的，形状像一棵倒置的树，顶端是树根，树根以下带分支，每个分支还可再带子分支，如图 1.6 所示。

树状拓扑是一种分层结构，适用于分级管理控制系统。

这种拓扑的站点发送时，根接收该信号，然后再广播发送到全网。树状拓扑的优缺点大多和总线型的优缺点相同，但也有一些特殊之处。

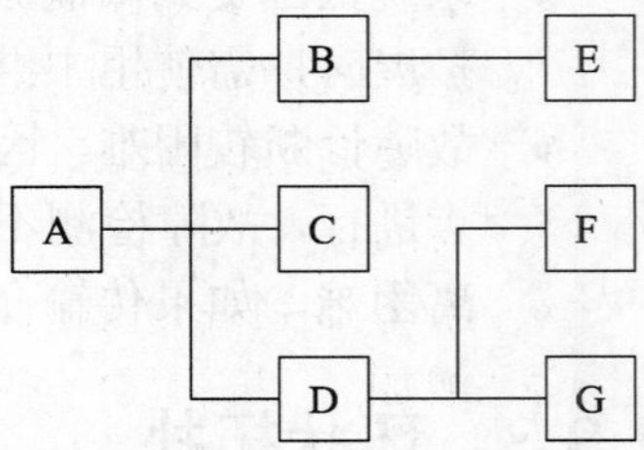

树状拓扑结构的优点：

图 1.6　树状拓扑结构

- 组网灵活，易于扩展。从本质上讲，这种结构可以延伸出很多分支和子分支，这些新结点和新分支都能较容易地加入网内。线路总长度比星状拓扑结构短，故它的成本较低。
- 故障隔离较容易。如果某一分支的结点或线路发生故障，很容易将故障分支和整个系统隔离开。

树状拓扑的缺点是各个结点对根的依赖性太大，如果根发生故障，全网就不能正常工作，从这一点看，树状拓扑结构的可靠性与星状拓扑结构相似，结构较星状拓扑复杂。

1.3.5　混合型拓扑

将以上两种单一拓扑结构类型混合起来，综合两种拓扑结构的优点可以构成一种混合型拓扑结构。常见的有星状/环状拓扑和星状/总线型拓扑，如图 1.7 和图 1.8 所示。

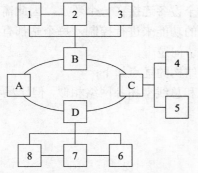

图 1.7　星状环状混合型拓扑结构

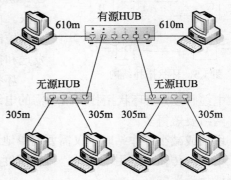

图 1.8　星状/总线型混合型拓扑结构

星状/环状拓扑从电路上看完全和一般的环状结构相同，只是物理安排成星状连接，星状/环状拓扑的故障诊断方便而且隔离容易；网络扩展方便；电缆安装方便。这种拓扑的配置是由一批接入环中的集中器组成，由集中器开始再按星状拓扑结构连至每个用户站点。

星状/总线型拓扑用一条或多条总线把多组设备连接起来，而相连的每组设备本身又呈星状分布。

对于星状/总线型拓扑，用户很容易配置网络设备。

混合型拓扑结构的优点：

- 故障诊断和隔离较为方便。一旦网络发生故障，首先诊断哪一个集中器有故障，然后，将该集中器和全网隔离。
- 易于扩展。如果要扩展用户时，可以加入新的集中器，以后在设计时，在每个集中器留出一些设备的可插入新结点的连接口。
- 安装方便。网络的主电缆只要联通这些集中器，安装时就不会有电缆管理拥挤的问题。这种安装和传统的电话系统的电缆安装很相似。

混合型拓扑结构的缺点：

- 需要选用带智能的集中器。这是为了实现网络故障自动诊断和故障结点的隔离所必需的。
- 集中器到各个站点的电缆安装会像星状拓扑结构一样，有时会使电缆安装长度增加。

1.3.6　网状拓扑

网状拓扑近年来在广域网中得到了广泛应用，如图 1.9 所示。

它的优点是不受瓶颈问题和失效问题的影响。由于结点之间有许多条路径相连，可以为数据流的传输选择适当的路由，绕过失效的部件或过忙的结点。这种结构虽然比较复杂，成本比较高；为提供上述功能，网状拓扑结构的网络协议也比较复杂。但由于它的可靠性高，仍受到用户的欢迎。

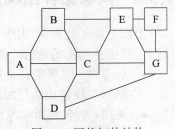

图 1.9　网状拓扑结构

1.3.7　蜂窝状拓扑

蜂窝状拓扑结构是作为一种无线网络的拓扑结构，结合无线点对点和点对多点的策略，将一个地理区域划分成多个单元，每个单元代表整个网络的一部分，在这个区域内有特定的连接设备，单元内的设备与中央结点设备或集线器进行通信。集线器在互联时，数据能跨越整个网络，提供一个完整的网络结构。目前，随着无线网络的迅速发展，蜂窝状拓扑结构得到了普遍应用，如图 1.10 所示。

蜂窝状拓扑结构的优点：

这种拓扑结构并不依赖于互连电缆，而是依赖于无线传输介质，这就避免了传统的布线限制，对移动设备的使用提供了便利条件，同时使得一些不便布线的特殊场所的数据传输成为可能。另外蜂窝状拓扑结构的网络安全相对容易，有结点移动时不用重新布线，故障的排除和隔离相对简单，易于维护。

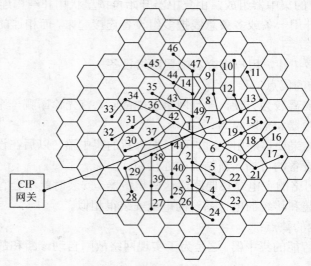

图 1.10 蜂窝状拓扑结构

蜂窝状拓扑结构的缺点：

容易受外界环境的干扰。

1.3.8 网络拓扑结构的选择

上面分析了几种常用的拓扑结构和它们各自的优缺点，由此可见，不管是局域网或广域网，其拓扑结构的选择，都需要考虑很多因素。

- 可靠性：尽可能提高网络的可靠性，保证所有数据流能准确发送和接收。还要考虑网络系统建成后使用的维护，要使故障检测和故障隔离较为方便。
- 费用：它包括组建网络时需要考虑适合特定应用的费用和安装费用，在保证性能和使用方便的情况下尽可能节省。
- 可扩展性：需要考虑网络系统在今后扩展或改动时，能容易地重新配置网络拓扑结构，能方便地进行原有站点的删除和新站点的加入。
- 响应时间和吞吐量：网络要有尽可能短的响应时间和尽可能大的吞吐量。

对网络拓扑结构的掌握和选择是组建网络的第一要素。

1.4 计算机网络的应用

1.4.1 用于企业的网络——intranet

intranet 基于 Internet TCP/IP 协议，它采用防止外界侵入的安全措施，为企业内部服务，并有连接 Internet 功能的企业内部网络。

在 20 世纪 90 年代，企业网络已经成为连接企业、工业内部各部门并与外界交流信息的重要基础设施。基于局域网和广域网技术发展起来的企业网络技术也得到了迅速的发展，企业网络开放系统集成技术受到人们普遍重视。在市场经济和信息社会中，企业网络对企业的综合竞争能力的增强起到十分重要的作用。

现在许多企业、机关、校园内都有一定数量的计算机在运行，它们通常是分布在整幢办公大楼、工厂和校园内的。同时，有些公司的分支机构可能分布在世界各地。为了实现对全公司的生产、经营与客户资料等信息的收集、分析和决策。很多公司将那些位置分散的计算机联成局域网，然后将多个局域网互联起来，构成支持整个公司的大型信息系统的网络环境，以超越地理位置的限制。它实现企业内部或分布在世界各地的计算机资源共享，节约了资金。

同时 intranet 的建立还提供了强有力的通信功能，两个相距很远的网络用户可以通过电子邮件发送与接收信息，分散在不同地区的工程技术人员可以共同设计一个技术产品。

1.4.2　服务于公众的网络——Internet

从 20 世纪 90 年代开始，计算机网络开始为个人用户提供信息服务，典型的就是 Internet 的产生与发展。这些信息服务一般分为以下几种。

（1）远程登录。远程登录是指允许一个地点的用户与另一个地点的计算机上运行的应用程序进行交互对话。

（2）传送电子邮件。计算机网络可以作为通信媒介，用户可以在自己的计算机上把电子邮件（E-mail）发送到世界各地，这些邮件中可以包括文字、声音、图形、图像等信息。

（3）电子数据交换。电子数据交换（EDI）是计算机网络在商业中的一种重要的应用形式。它以共同认可的数据格式，在贸易伙伴的计算机之间传输数据，代替了传统的贸易单据，从而节省了大量的人力和财力，提高了效率。

（4）联机会议。利用计算机网络，人们可以通过个人计算机参加会议讨论。联机会议除了可以使用文字外，还可以传送声音和图像。

（5）交互式娱乐。视频点播是最吸引人的应用，它可以让人们在家里点播自己喜爱的电影和电视节目，新电影可能是交互式的，观众可以在某一时刻选择故事情节的发展方向。

总之，基于计算机网络的各种应用、各种信息服务、通信与家庭娱乐都正在促进信息产品制造业、软件产业与信息服务的高速发展。

小结

计算机网络是现代通信技术与计算机技术紧密相结合的产物，计算机网络的应用已渗透到各个领域，对人类社会的进步做出了巨大贡献。数据通信和资源共享是计算机网络最基本的功能，随着计算机技术的不断发展，计算机网络的功能和提供的服务将会不断增加。

计算机网络分类的方法很多，通常按作用范围可分为局域网、城域网和广域网。网络的拓扑结构是一个很重要的基本概念，不同的拓扑结构具有不同的特点，对网络系统的设计、功能、可靠性等方面有着重要的影响。

习题

1. 什么叫计算机网络？
2. 计算机网络有哪些功能？
3. 计算机网络的发展分为哪些阶段？各有什么特点？
4. 计算机网络按地理范围可以分为哪几种？
5. 计算机网络常见拓扑结构有哪些？各有什么特点？
6. 计算机网络系统由通信子网和_____子网组成。
7. 一座大楼内的一个计算机网络系统，属于（　　）。
   A．PAN　　　　　　B．LAN　　　　　　C．MAN　　　　　D．WAN
8. 计算机网络中可以共享的资源包括（　　）。
   A．硬件、软件、数据、通信信道
   B．主机、外设、软件、通信信道
   C．硬件、程序、数据、通信信道
   D．主机、程序、数据、通信信道

第 2 章

数据通信基础

数据通信技术的发展与计算机技术的发展密切相关、互相影响。数据通信就是以信息处理技术和计算机技术为基础的通信方式，具体地说，它主要研究的是对计算机中的二进制数据进行传输、交换和处理的理论、方法以及实现技术。数据通信技术为计算机网络的应用和发展提供了技术支持和可靠的通信环境。

2.1 数据通信的基本概念

2.1.1 信息、数据和信号

通信的目的是交换信息。信息是人脑对客观物质的反映，既可以是对物质的形态、大小、结构、性能等特性的描述，也可以是物质与外部的联系。信息的载体可以是数字、文字、语音、图形和图像等。

数据是把事件的某些属性规范化后的表现形式，它能够被识别，也可以被描述。数据有模拟数据和数字数据之分。模拟数据是指在某个区间内连续变化的值。例如，声音和视频是幅度连续变化的波形，温度和压力（传感器收集的数据）也是连续变化的值。数字数据在某个区间内是离散的值。例如，文本信息和整数等。

数据和信息是两个不同的概念。数据是独立的，是尚未组织起来的事实的集合，信息则是经过加工处理后的数据。

信号是数据的具体的物理表现，具有确定的物理描述，如电压、磁场强度等。在计算机中，信息是用数据表示的并转换成信号进行传送。信号有模拟信号和数字信号两种形式。模拟信号是指时间上和空间上连续变化的信号，数字信号是指一系列在时间上离散的信号。图 2.1 给出了模拟信号和数字信号的表现形式。

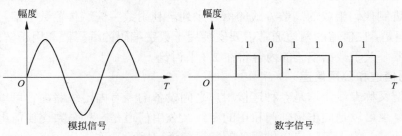

图 2.1　模拟信号和数字信号

2.1.2　信道及信道类型

　　信道是传输信号的通路，由传输线路及相应的附属设备组成。同一条传输线路上可以有多个信道（见图 2.2）。例如，一条光缆可以同时供几千人通话，有几千条电话信道。信道可以有以下几种分类方式。

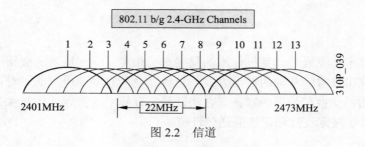

图 2.2　信道

1．物理信道和逻辑信道

　　在计算机网络中，有物理信道和逻辑信道之分。物理信道是指用来传送信号或数据的实际物理通路，它由传输介质及有关通信设备组成。逻辑信道也是网络上的一种通路，当信号的接收者和发送者之间不仅存在一条物理信道，而且在此物理信道的基础上，还实现了其他多路连接时，就把这些连接称为逻辑信道。

　　逻辑信道在物理信道的基础上，根据需要增加一些必要的控制规程来控制数据的传输，即逻辑信道在物理信道上增加软件或硬件规程，用以实现物理信道的可靠数据传输。

2．有线信道和无线信道

　　根据传输介质是否有形，物理信道可以分为有线信道和无线信道。有线信道由双绞线、同轴电缆、光缆等有形传输介质及设备组成。而无线信道由无线电、微波和红外线等无形传输介质及相关设备组成，无线信号以电磁波的形式在空间传播。

3．模拟信道和数字信道

　　模拟信道中传输的是模拟信号。当在模拟信道上传输计算机直接输出的二进制数字脉冲信号时，就需要在信道两边分别安装调制解调器，以完成模拟与数字信号（A/D）之间的变换。

　　数字信道中传输的是离散方式的二进制数字脉冲信号。计算机中产生的数字信号是由 0 和 1 的二进制代码组成的离散方式的信号序列。利用数字信道传输数字信号时，不需要进行变换。但是，在信道的两边通常需要安装用于数字编码的编码器和用于解码的解码器，即调制解调器。关于数据编码的内容将在 2.3 节讨论。

4．专用信道和公用信道

　　专用信道又称专线，这是一种连接用户之间设备的专有固定线路，它可以是自行架设的专门线路，也可以是向电信部门租用的专线。公用信道是一种公共交换信道，它是一种通过交换机转接、为大量用户提供服务的共用信道，因此又称为公共交换信道。公共电话交换网就属于公共交换信道。

2.1.3　通信系统的主要技术指标

在数据通信系统中，为了描述数据传输速率的大小和传输质量的好坏，需要运用下列技术指标。

1. 数据传输速率（S）

数据传输速率就是指数据在信道中传输的速度。它是指在有效带宽上，单位时间内所传送的二进制代码的有效位数。

S 用 b/s（比特每秒，也即 bps）、Kb/s（千比特每秒，$1024b/s \approx 10^3 b/s$）、Mb/s（兆比特每秒，$1024 \times 1024 \approx 10^6 b/s$）、Gb/s（吉比特每秒，$(1024)^3 b/s \approx 10^9 b/s$）或 Tb/s（太比特每秒，$(1024)^4 b/s \approx 10^{12} b/s$）等单位来表示。

2. 调制速率（B）

调制速率即波特率，也称为波形速率或码元速率。一个码元就是一个数字脉冲。是指经过调制后的信号。所以调制速度特指在计算机网络的通信过程中，从调制解调器输出的调制信号，每秒钟载波调制状态改变的次数。

B 用波特（Baud）为单位。1 波特就表示每秒钟传送一个码元或一个波形。波特率是脉冲数字信号经过调制后的传输速率。若以 T 来表示每个波形的持续时间，则调制速率可以表示为 $B = 1/T$（波特）比特率和波特率之间有下列关系：

$$S = B\log_2 n$$

其中，n 为一个脉冲信号所表示的有效状态数。在二进制中，一个脉冲的有和无用 0 和 1 两个状态表示。对于多相调制来说，n 表示相的数目。在二相调制中，$n = 2$，故 $S = B$，即比特率与波特率相等。但在更高相数的多相调制时，S 与 B 就不同了，参见表 2.1 所示。

表 2.1　比特率和波特率的关系

波特率 B	1200	1200	1200	1200
多相调制相数	二相调制（$n = 2$）	四相调制（$n = 4$）	八相调制（$n = 8$）	十六相调制（$n = 16$）
比特率 S（b/s）	1200	2400	3600	4800

波特率（调制速率）和比特速率（数据传输速率）是两个最容易混淆的概念，但它们在数据通信中确实很重要。两者的区别与联系如图 2.3 所示。

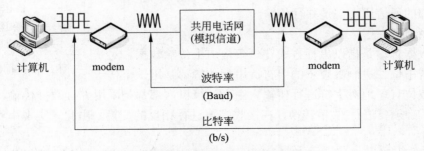

图 2.3　比特率和波特率的区别

3. 出错率

出错率是指数据通信系统在正常工作情况下信息传输的错误率，也称误码率。传输可靠性指标会因传输中信息的最小单位不同而不同。信息的单位可以是比特、码元、码字，因此，出错率有以下几种表示方法。

- 误比特率 P_b：接收的错误比特数占传输总比特数的比例。
- 误码率 P_e：接收的错误码元数占传输总码元数的比例。

一般在计算机网络通信系统中，出错率应该低于 10^{-9}。

4．带宽

带宽就是指通信信道的宽度，代表信道传输信息的能力。

在模拟信道中，即传输信道的最高频率与最低频率的差，其单位为 Hz。信道带宽是由信道的物理特性来决定的，如电话线路的带宽范围在 300～3400Hz 之间。而在数字信道中，人们常用数据传输速率（比特率）表示信道的传输能力（带宽），即每秒传输的比特数，单位为 b。例如，双绞线以太网的传输速率为 10Mb/s 或 100Mb/s 等。

通常情况下，信道带宽和信道容量具有正比关系，带宽越宽，容量就越大。但在实际情况下，由于信道中存在噪声或干扰现象，因此，信道带宽的无限增加并不能使信道容量无限增加。

2.2　数据传输方式

在数据通信过程中需要解决的问题有：数据通信采用串行传输还是并行传输？是单向传输还是双向传输？如何实现接收方与发送方的同步？

2.2.1　并行通信和串行通信

1．并行通信

并行数据传输是指数据以成组的方式在多个并行信道上同时进行传输，图 2.4 是以并行传输的方式将 1 个字符代码的几位二进制比特分别通过几个并行的信道同时传输，一次传送 8 个比特。并行数据传输的优点是速度快，但发送端和接收端之间需要有若干条线路，费用高，因此较适合于近距离和高速率的通信。通常计算机与计算机、计算机与各种外部设备之间的通信方式可以选择并行传输，计算机内部的通信通常都是并行传输。

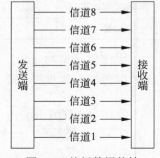

图 2.4　并行数据传输

2．串行通信

串行数据传输是指以串行方式在一条信道上传输数据。对于一个由若干位二进制数表示的字符，串行传输都是用一个传输信道，按位有序地对字符进行传输。由于计算机内部都是采用并行数据传输，因此数据在发送前，必须要进行并/串转换，在接收端再进行相反的变换，由此来实现串行通信，如图 2.5 所示。

串行数据传输只需要一条传输信道，成本低，但其速度也低，串行数据传输常用于计算机的串口上，在远程通信中通常也采用串行数据传输方式。

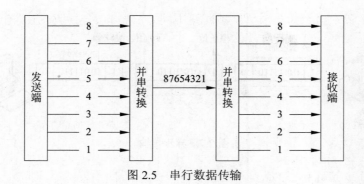

图 2.5　串行数据传输

2.2.2　同步传输和异步传输

数字通信中必须解决的一个重要问题就是数据的发送方和接收方如何在时间基准上保持步调一致。其方法一般有两种，即同步传输和异步传输。

1. 同步传输

同步传输采用的是按位传输的同步技术，即当数据在进行同步传输时，字符间会有一个固定的时间间隔，这个时间间隔由数字时钟来确定。发送方在发送数据前，首先向接收方发送一串同步的时钟脉冲，接收方按照时钟脉冲信号进行频率锁定，然后接收数据信息，如图 2.6 所示。

图 2.6　同步传输

例如，在发送一组字符或数据块之前，先发送一个同步字符 SYN（01111110），用于接收方进行同步的检测，从而使收发双方都进入同步状态。在同步字符或字节之后，可以连续发送任意多个字符或数据块，发送数据完毕后，发送方再使用同步字符或字节来标识整个发送过程的结束。

2. 异步传输

异步传输采用的是群同步技术，传输的信息可以被分成若干个"群"，群中的比特数不是固定的，在发送端和接收端之间只需要保持一个"群"内的同步。具体来说，异步传输方式传输一个字符时，每个字符前面有一个起始位，后面有一个停止位，当没有数据要发送时，发送器就发出连续的停止位，这样，接收器就可以根据从 1 到 0 的跳变来识别一个新字符的开始。此外，异步传输要求每个字符增加 2～3 位校验码，如图 2.7 所示。异步传输的主要特点是可以不同速率发送，且实现比较容易，比较适合于低速通信。

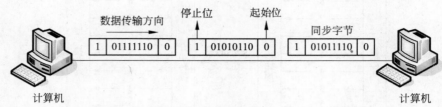

图 2.7   异步传输

2.2.3   单工、半双工和全双工

按照数据在通信线路上传输的方向，可以将数据的传输方式分为单工通信、半双工通信和全双工通信 3 种。

1. 单工通信

单工通信中的数据传输只能沿一个方向进行。任何时候都不能改变信号的传送方向，如无线电广播和电视都属于单工通信。为了保证传送信息的正确性，在单工通信中需要进行差错控制。单工通信的线路一般都是二线制，存在两个信道，分别为用来传输信息的主信道和监测信息的监测信道。

2. 半双工通信

半双工通信中的数据传输可以两个方向进行，但同一时刻一个信道只允许单方向传送。信息流轮流地使用发送和接收装置，传输监测信号通过两种方式进行。一种是在应答时转换传输信道；另一种是把主信道和监测信道分开设立，供监测信号使用。

3. 全双工通信

全双工通信中的数据传输可以同时沿相反的两个方向进行。线路结构包括两个进行信息传输的信道和两个进行监测的信道，这就保证了通信信道两端的发送、接收装置可以同时发送和接收信息。

2.3   数据编码技术

2.3.1   数据通信系统的组成与类型

一个数据通信系统由三大部分组成，即信源系统（发送端）、传输系统（传输网络）和目的系统（接收端）。在数据通信系统中，产生和发送信息的一端叫信源，接收信息的一端叫信宿。信源与信宿之间通过通信设备和传输介质进行通信。

信源发出的可以是模拟数据，也可以是数字数据；传输系统中有的信道为模拟信道，只能传输模拟信号，而有的为数字信道，只能传输数字信号。因此有必要将信源传出的数据按照所要经过的信道类型进行相应的编码变换。在信源数据转变为信号传输时，有以下 4 种可能的关系，如图 2.8 所示。

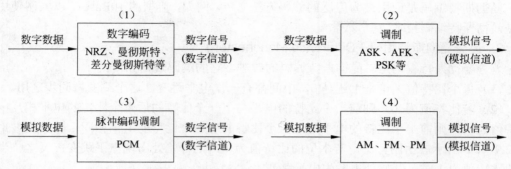

图 2.8　信源数据与传输信号的关系类型

（1）数字数据，数字信号传输。例如，10Base-T 以太网。

（2）数字数据，模拟信号传输。例如，使用调制解调器上网。

（3）模拟数据，数字信号传输。例如，数字电视传输系统。

（4）模拟数据，模拟信号传输。例如，早期的电话传输系统。

2.3.2　数字数据编码为数字信号

数字数据可以用高低电平的矩形脉冲来编码，常用的编码方式有不归零编码、曼彻斯特编码和差分曼彻斯特编码。

1. 不归零编码（Non Return to Zero, NRZ）

不归零编码可以用负电压代表逻辑 1，用正电压代表逻辑 0。当然也可以有其他表示方法。

不归零编码的优点是简单、容易实现；缺点是接收方和发送方无法保持同步。为了保证收、发双方同步，必须在发送 NRZ 码的同时，用另一个信道同时发送同步时钟信号，见图 2.9（a）。此外，如果信号中 1 和 0 的个数不等时，存在着数据传输过程中不希望的直流分量。

计算机串口与调制解调器之间使用的就是基带传输中的不归零编码技术。

2. 曼彻斯特编码（Manchester）

曼彻斯特编码是目前广泛使用的编码方法之一，其编码规则如下。

（1）每比特的周期 T 分为前后两个相等的部分。

（2）每一位二进制的中间都有跳变，其中间的这个电平跳变就作为双方的同步信号。

（3）当每位由低电平跳变到高电平时，就表示数字信号 1；每位由高电平跳变到低电平时，就表示数字信号 0。

典型的曼彻斯特编码波形如图 2.9（b）所示。

曼彻斯特编码中的中间电平跳跃，既代表数字信号的取值，也作为自带的时钟信号。因此，这是一种自含时钟的编码方法。收发信号的双方可以根据自带的时钟信号来保持同步，无须专门传递同步信号的线路，因此成本低。而且无论信号中 0 和 1 的个数是否相等，正负电压持续时间都相等，因此降低了直流分量。但其缺点是效率较低，信号占用的频带较宽。

曼彻斯特编码是应用最为广泛的编码方法之一。例如，典型的 10Base-T 以太网使用的就是曼彻斯特编码技术。

3. 差分曼彻斯特编码（Difference Manchester）

差分曼彻斯特编码是对曼彻斯特编码的改进，它的编码规则如下：

（1）每个比特值无论是 1 还是 0，中间都有一次电平跳变，这个跳变做同步之用。

（2）若比特值为 0，则前半个比特的电平与上一个比特的后半个比特的电平相反；若比特值为 1，则前半个比特的电平与上一个比特的后半个比特的电平相同。其典型波形如图 2.9（c）所示。由图可见，若本位的比特值为 0，则开始处出现电平跳变；反之，当本位的比特值为 1 时，开始处不发生电平跳变。

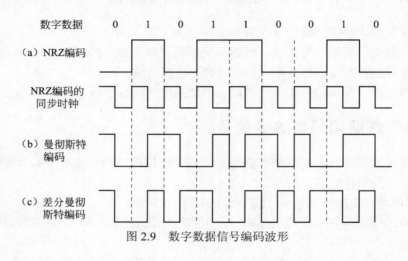

图 2.9　数字数据信号编码波形

2.3.3　数字数据编码为模拟信号

电话通信信道是典型的模拟通信信道，它是目前世界上覆盖面最广、应用最普遍的一种通信信道。无论网络与通信技术如何发展，电话仍然是一种基本的通信手段。传统的电话通信信道是为传输模拟语音信号设计的，只适用于传输音频范围（300～3400Hz）的模拟信号，无法直接传输计算机的数字信号。为了利用电话交换网的模拟语音信道实现计算机数据信号的传输，必须将数字信号转化为模拟信号。

在调制过程中，所选用的载波信号可以表示为正弦波形式：

$$u(t) = A(t)\sin(\omega t + \psi)$$

其中，幅度 A、频率 ω 和相位 ψ 的变化均影响信号波形。它们是正弦波的控制参数，也称为调制参数。可以通过改变这 3 个变量实现对模拟数据信号的编码。相应的调制方式分别称为幅度调制、频率调制和相位调制，下面将分别介绍这几种调制技术。

1. 幅度调制

幅度调制简称调幅，也称为幅移键控，它的调制原理是用两个不同振幅的载波分别表示 0 和 1。例如，可以用幅度为 $A = 1$ 的载波信号表示数字 1，用幅度 $A = 0$ 的载波信号表示数字 0，波形图如图 2.10 所示。

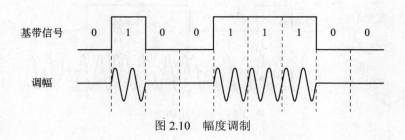

图 2.10　幅度调制

2. 频率调制

频率调制简称调频，也称为频移键控，它的调制原理是用两个不同频率 ω 的载波分别表示二进制值 0 和 1，如图 2.11 所示。

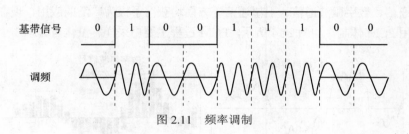

图 2.11　频率调制

3. 相位调制

相位调制简称调相，也称为相移键控，它的调制原理是用两个不同相位 ψ 的载波分别表示二进制值 0 和 1。相移键控按相位的变化情况分为绝对相移键控和相对相移键控两种形式。

绝对相移键控用两个固定的不同相位表示数字 0 和 1，例如，相位偏移 180° 如表示 0 用相位 0° 表示 1，如图 2.12 所示。

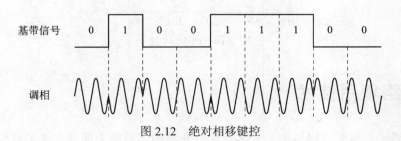

图 2.12　绝对相移键控

相对相移键控用载波在两位数字信号的交接处产生的相位偏移来表示载波所表示的数字信号。最简单的相对调相方法是：与前一个信号同相表示数字 0，相位偏移 180° 表示数字 1，如图 2.13 所示。这种方法具有较好的抗干扰性。

利用调幅、调频和调相将发送端的数字信号转换成模拟信号的过程称为调制，相应的调制设备称为调制器；在接收端把模拟信号还原为数字信号的过程称为解调，相应的设备称为解调器。同时具备调制和解调功能的设备称为调制解调器（modem）。

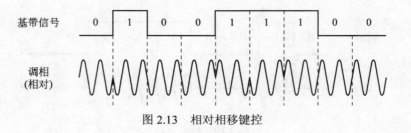

图 2.13　相对相移键控

2.3.4　模拟数据编码为数字信号

在数字化的交换和传输系统中，通常需要将模拟的语音数据编码成数字信号后再进行传输。典型的编码方法为脉冲调制（Pulse Code Modulation，PCM），它是波形编码中最重要的一种方式，在光纤通信、数字微波通信、卫星通信等方面均获得了极为广泛的应用，现在的数字传输系统大多采用 PCM 体制，如图 2.14 所示。PCM 过程主要由采样、量化与编码 3 个步骤组成。

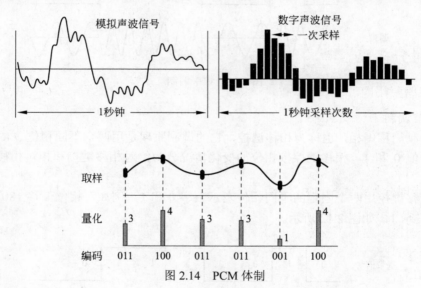

图 2.14　PCM 体制

2.4　多路复用技术

在通信系统和计算机网络中，大多数传输介质的传输能力通常大大超过传输单一信息的信道需求，为了更加有效地利用通信线路，希望一个信道中能够同时传输多路信息。人们把利用一条物理线路同时传输多路信息的过程称为多路复用。多路复用技术能把多个信号组合在一条物理信道内进行传输，使多台计算机或终端设备共享信道资源，提高信道的利用率。特别是在远距离传输时，可大大节省电缆的成本、安装与维护费用。

多路复用技术通常有频分多路复用（Frequency Division Multiplexing，FDM）、时分多路复用（Time Division Multiplexing，TDM）、波分多路复用（Wavelength Division Multiplexing，WDM）、码分多路复用（Code Division Multiplex Access，CDMA）等。

2.4.1　频分多路复用

　　频分多路复用就是将一条物理信道可以传输的频带分割成若干条较窄的频带，每个频带都可以分配给用户形成数据传输子路径。事实上，介质的可用带宽往往超过每个用户信号所需的带宽。因此，就可以把该介质的总带宽分割成若干个和传输的单个信号带宽相同的子信道，然后每个信道传输一个信号。频分多路复用的一般情况如图 2.15 所示。

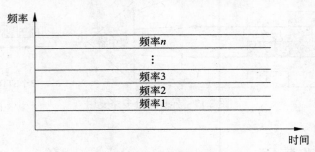

图 2.15　频分多路复用

2.4.2　时分多路复用

　　时分多路复用即通过一个自动分配系统将一条传输信道按照一定的时间间隔分割成多条独立的、速率较低的传输信道。每一个时间间隔叫做一个时间片，每个时间片由复用的一个信号占用。这样，利用每个信号在时间上的交叉，便可在同一物理信道上传输多个数字信号，这实际上是多个信号轮流使用物理介质。

　　时分多路复用技术又包括同步时分多路复用和异步时分多路复用两种。

1. 同步时分多路复用

　　同步时分多路复用就是对信道进行固定的时隙分配，不管终端是否有数据要发送，都会占用一个时隙。由于在发送端每路信号都在它们固定的时隙，所以接收端可以根据时隙的位置判断出是哪路信号。原理如图 2.16 所示，但事实上，并非所有终端在每个时隙都有数据需要输出，因此，这种方式的时隙利用率较低。

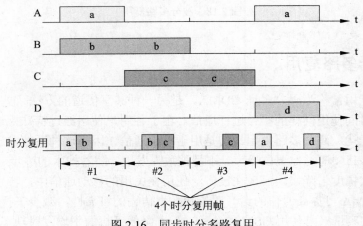

图 2.16　同步时分多路复用

2. 异步时分多路复用

异步时分多路复用也称为智能时分复用，它可以动态地按照需要来分配时隙，从而避免了同步时分多路复用中出现的浪费时隙的现象，从而提高了时隙的利用率，如图 2.17 所示。

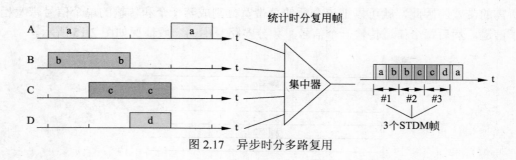

图 2.17 异步时分多路复用

2.4.3 波分多路复用

波分多路复用就是光的频分复用。波分多路复用的本质是在一条光纤中用不同颜色的光波来传输多路信号，而不同的色光在光纤中传输彼此互不干扰。波分多路复用是频分多路复用的一个变种，主要应用于全光纤网组成的通信系统中，如图 2.18 所示。

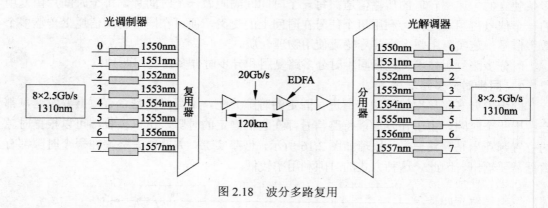

图 2.18 波分多路复用

2.4.4 码分多路复用

码分多路复用常称为码分多址 CDMA，是另一种共享信道的方法（见图 2.19）。每个用户可在同一时间使用同样的频带进行通信。由于各用户使用经过特殊挑选的不同码型，因此不会造成干扰。码分多路复用最初是用于军事通信，因为这种系统发送的信号有很强的抗干扰能力，其频谱类似于白噪声，不易被敌人发现。随着技术的进步，CDMA 设备的价格和体积都大幅度下降，因而现在已广泛使用在民用的移动通信中，特别是在无线局域网中。采用 CDMA 可提高通信的话音质量和数据传输的可靠性，减少干扰对通信的影响，增大通信系统的容量（是使用 GSM 的 4～5 倍），降低手机的平均发射功率。

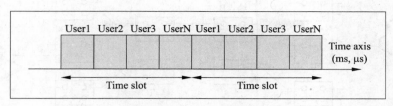

图 2.19　码分多路复用

2.5　交换方式

当通信结点较多而传输的距离较远时，在所有结点之间都建立固定的点对点的连接是不必要也是不切合实际的。在计算机网络中，常常需要通过有中间结点的线路来将数据从源地发送到目的地，以此实现通信。而这些中间结点并不关心数据内容，只是提供一种交换设备，将数据从一个结点转接到另一个结点，直到最终到达目的地，这个过程称为交换。在考虑网络结构时，一个重要因素就是怎样进行信息交换，即采用何种交换方式。

目前，通常使用的信息交换方式有 3 种：电路交换、报文交换和分组交换。

2.5.1　电路交换

电路交换（Circuit Switching）又称线路交换，是数据通信领域最早使用的交换方式。它是一种直接的交换方式，通过网络结点在通信双方之间建立专用的临时通信链路，即在两个工作站之间具有实际的物理连接。信道上的所有设备实际上只起开关作用，开关合即信道通，对信息传输没有额外的延时，而只有传播延时。在通信过程中，交换设备对通信双方的通信内容不做任何干预，即对信息的代码、格式和传输控制顺序等没有影响。最普通的电路交换的例子是电话通信系统。

电路交换过程包括 3 个阶段，即建立连接、数据传送和断开连接。

1.　建立连接

在进行任何信号传送之前，参与通信的两个站点间必须建立连接。其过程为：由主叫用户发出线路呼叫请求，在交换结点建立一条物理线路，然后接收方发出应答信号，这样就建立一条通信线路的连接。

2.　数据传送

建立好通信线路后，数据通信的双方便可以沿着已经建立好的线路传输数据。

3.　断开连接

在经过一段时间的数据传送后，通常由通信双方中的一方来发出拆线的请求，另外一方同意后，原来的线路就可以被释放了。

其物理连接及数据传输方式如图 2.20 所示。

电路交换的优缺点如下。

优点：

（1）传输延迟小，唯一的延迟是电磁信号的传播时间。

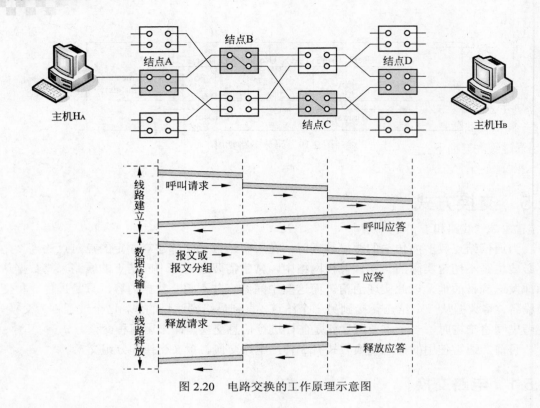

图 2.20　电路交换的工作原理示意图

（2）线路一旦接通，不会发生冲突。

（3）对于占用信道的用户来说，数据以固定的速率进行传输，可靠性和实时响应能力都很好，适用于交互式会话类通信。

缺点：

（1）电路交换建立线路所需的时间较长，有时需要 10～20 s 或更长。这对于电话通信来说并不算长，可是对于传送计算机的数据来说就太长了。另外，线路连接一旦建立就独占线路，因此线路的利用率低。

（2）与电话通信中使用的模拟信号不同的是计算机的数字信号是不连续的，并且具有突发性和间歇性，因此数字数据在传送过程中真正使用线路的时间不过 1%～10%，而电路交换时，数据通信一旦接通，双方便独占线路，造成信道浪费，因此，系统消耗费用高，利用率低。

（3）对于计算机通信系统来说，可靠性的要求是很高的，而电路交换系统不具备差错控制的能力，无法发现并纠正传输过程中的错误。因此，电路交换达不到计算机通信系统要求的指标。

（4）电路交换不具有数据存储能力，不能改变数据的内容，因此，很难适应具有不同类型、规格、速率和编码格式的计算机之间，或计算机与终端之间的通信。也不能自动调整和均衡通信流量。

因此根据电路交换的特点，它适用于高负荷的持续通信和实时性要求强的场合，尤其适用于会话、语音、图像等交互式通信类；而不适合传输突发性、间断型数字信号的计算机与计算机、计算机与终端之间的通信。

2.5.2　报文交换

　　计算机网络中经常要传送实时性要求不高的数据信息，中转结点可先把待传输的信息存储起来并进行必要的处理，等待信道空闲时再把信息转发给下一结点，下一结点如果仍为中转结点，则仍存储信息，并继续往目标结点方向转发。这种在中转结点把待传输的信息存储起来，然后通过缓冲器向下一结点转发的交换方式称为存储交换或存储转发（Store and Forward）。

　　报文交换（Message Switching），就是发送方先把待发送的信息分成多个报文正文，在报文正文上附加发送站、接收站地址及其他控制信息，形成一份份完整的报文。然后，以报文为单位在交换网络的各结点间传送。结点在接收整个报文后对报文进行缓存和必要的处理。等到指定输出端的线路和下一结点空闲时，再将报文转发出去，直到目的结点（见图 2.21）。

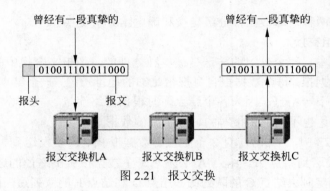

图 2.21　报文交换

　　报文交换的优缺点如下。

　　优点：

　　（1）电路利用率高。报文从源点传送到目的地采用"存储—转发"方式，在传送报文时，一个时刻仅占用一段通道。由于许多报文可以分时共享两个结点之间的通道，所以对于同样的通信量来说，对电路的传输能力要求较低。

　　（2）在电路交换网络上，当通信量变得很大时，就不能接收新的呼叫。而在报文交换网络上，通信量大时仍然可以接收报文，不过传送延迟会增加。

　　（3）报文交换系统可以把一个报文发送到多个目的地，而电路交换网络很难做到这一点。

　　（4）报文交换网络可以进行速度和代码的转换。

　　缺点：

　　（1）在交换结点中需要缓冲存储，报文需要排队，报文经过网络的延迟时间长且不定，所以不能满足实时或交互式的通信要求。

　　（2）有时结点收到过多的数据而无空间存储或不能及时转发时，就不得不丢弃报文。

2.5.3　分组交换

　　报文交换对传输的数据块（报文）的大小不加限制，当传输大报文时，单个报文可能占用一条线路长达几分钟，这样显然不适合交互式通信。为了更好地利用信道容量，并降低结点中数据量的突发性，可以将报文交换改进为分组交换。分组交换将用户的大报文分成若干个更小的等长的数据段，这数据段称为分组。如图 2.22 所示，每个分组限制为一千比特或几千比特。每一个报文分组均含有数据和目的地址，这个信息填写在分组的首部中。同一个报文的不同分组可以在不同的路径中传输，到达终点以后，再将它们重新组装成完整的长报文。

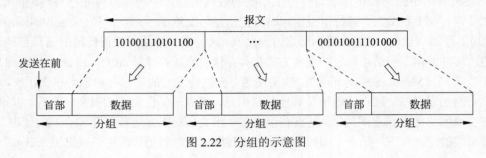

图 2.22　分组的示意图

分组交换包括两种，即数据报分组交换和虚电路分组交换。

1. 数据报分组交换

在数据报方式中，每个分组的传送是被单独处理的，像报文交换中的报文一样。每个分组被称为一个数据报，每个数据报自身携带足够的地址信息，一个结点接收到数据报后，将其原样地发送到下一结点。因为各个结点随时根据网络流量、故障等情况选择路径，从而各个数据报的到达也不保证是按时的，甚至有的数据报会丢失。

例如，在图 2.23 中，主机 H_A 有 2 个分组的数据报 P_1、P_2 要发送到主机 H_B，它按照分组的 P_1、P_2 次序发送到结点 A。结点 A 必须对每个数据报做出路径的选择。当数据报 P_1 进入时，结点 A 测定到去结点 C 的队列比去结点 D 和结点 F 的队列短，因此选择去结点 C 的路径。同样，结点 C 对数据报 P_1 也要做出路径的选择，发现去结点 E 的队列最短，故选择去结点 E。结点 E 也用同样的方法选择去结点 B，最后，把数据报 P_1 送到主机 H_B。但是对于数据报 P_2，结点 A 发现去结点 E 比去结点 C 和结点 F 的队列短，因此把数据报 P_2 发送到结点 E，同样，结点 E 对数据报 P_2 也要做出路径的选择，发现去结点 G 的队列最短，故选择去结点 G。结点 G 也用同样的方法选择去结点 B，最后，把数据报 P_2 送到主机 H_B。这样，具有同样目的地址的数据报不能遵循同样的路径，数据报 P_2 有可能正好抢在数据报 P_1 之前到达结点 B。于是这两个数据报可能不按发送顺序到达主机 H_B，也就是对到达主机 H_B 的数据报要再设法重新按顺序排列。

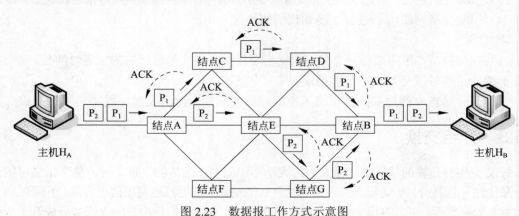

图 2.23　数据报工作方式示意图

这种分组交换方式简称为数据报方式，其基本传输的数据单元是小报文。数据报的特点：同一个报文的不同分组可以由不同的传输路径来传输；不同分组到达目标结点时可能会出现乱序、重复或丢失现象；数据报传输的延迟较大，只适用于突发性通信。

2. 虚电路分组交换

在虚电路分组交换方式中，在发送分组之前，需要在发送站和目的站之间建立一条逻辑连接（即虚电路）。它之所以是"虚"的，是因为这条电路不是专用的。此时每个分组除含有数据外，还有虚电路标识，所以在途经各结点时不进行路由选择，只需按照事先建立好的连接传输。数据传输完毕，可由任何一方发出清除请求分组，以终止本次连接。但是这条路径与电路交换中的专用通道不同，分组在每个结点仍需要缓冲，并排队等待转发。

例如，在图 2.24 中，假设主机 H_A 有一个或多个报文要发送到主机 H_B 站去，它首先要发送一个呼叫请求分组到结点 A，请求建立一条到主机 H_B 的连接。结点 A 决定到结点 B 的路径，结点 B 再决定到结点 C 的路径，结点 C 再决定到结点 D 的路径，结点 D 最终把呼叫请求分组传送到主机 H_B。如果主机 H_B 准备接收这个连接，就发送一个呼叫接收分组到结点 D。这个分组通过结点 C、B 和 A 返回主机 H_A。现在主机 H_A 和主机 H_B 可以在已建立的逻辑连接上或者说在虚电路上交换数据。这个分组除了包含数据之外还得包含一个标识符。在预先建立好的路径上的每个结点都知道把这些分组引导到哪里去，不再需要路径选择判定。于是来自主机 H_A 的每一个数据分组都通过结点 A、B、C 和 D；来自 H_B 站的每个数据分组都经过结点 D、C、B 和 A。最后，有一个站用清除请求分组来结束这次连接。

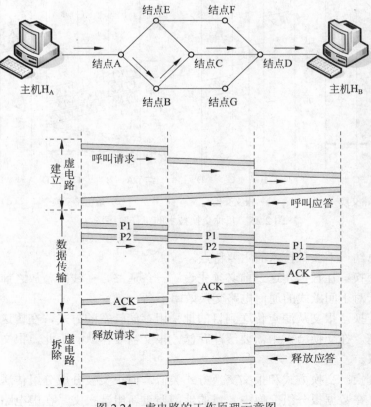

图 2.24　虚电路的工作原理示意图

　　知道虚电路和数据报的工作原理后，可以对这两种操作方式作一比较。虚电路分组交换适用于两端之间的长时间数据交换，尤其是在交互式会话中每次传送的数据很短的情况下，可免去每个分组要有地址信息的额外开销。它提供了更可靠的通信功能，保证每个分组正确到达，且保持原来顺序。还可对两个数据端点的流量进行控制，接收方在来不及接收数据时，可以通知发送方暂缓发送分组。但虚电路有一个弱点，当某个结点或某条链路出现故障而彻底失效时，则所有经过故障点的虚电路将立即被破坏。

　　数据报分组交换省去了呼叫建立阶段，它传输少数几个分组的速度要比虚电路方式简便灵活。在数据报方式中，分组可以绕开故障区而到达目的地，因此故障的影响面要比虚电路方式小得多。但数据报不保证分组的按序到达，数据的丢失也不会立即知道。

2.5.4　交换技术的比较

　　现将几种交换技术的工作时序以图 2.25 表示。可以从图 2.25 中看出几种交换方法的时间特点，不同交换技术适用于不同的场合。

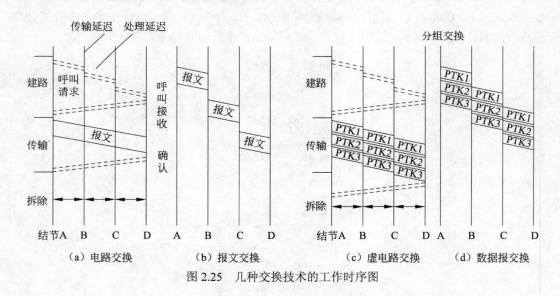

图 2.25　几种交换技术的工作时序图

　　最后简单总结一下 3 种技术的主要特点。

　　（1）电路交换：在数据传送之前必须先设置一条通路，在线路释放之前，该通路将由一对用户独占，对于间歇式的通信电路交换效率不高。

　　（2）报文交换：报文从源点传送到目的地采用存储转发的方式，在传送报文时，同时只占用一段通道。在交换节点中需要缓冲存储，报文需要排队。因此，报文交换不能满足实时通信的要求。

　　（3）分组交换：交换方式和报文交换方式类似，但报文被分成分组传送，并规定了最大的分组长度。在数据报分组交换中，目的地需要重新组装报文。在虚电路分组交换中，在数据传送之前必须通过虚呼叫设置一条虚电路。分组交换技术是在数据网络中最广泛使用的一种交换技术。

2.6　差错控制技术

人们总是希望在通信线路中能够正确无误地传输数据，但是，由于来自信道内外的干扰与噪声，数据在传输与接收的过程中，难免会发生错误。通常，把通过通信信道接收到的数据与原来发送的数据不一致的现象称为传输差错，简称差错。由于差错的产生是不可避免的，因此，在网络通信技术中必须对此加以研究和解决。为了解决上述问题，需要研究几方面的问题，包括是否产生差错，产生的原因以及纠正差错的方法。通常差错控制技术包括两个主要内容：差错的检查和差错的纠正。

2.6.1　差错的分类与差错出现的可能原因

（1）热噪声差错：热噪声差错是指由传输介质的内部因素引起的差错，如噪声脉冲、衰减和延迟失真等引起的差错。热噪声的特点是：时刻存在、幅度较小、强度与频率无关，但频谱很宽。因此，热噪声是随机类噪声，其引起的差错被称为随机差错。上述的线路传输差错是不可避免的，但应当尽量减小其影响。

（2）冲击噪声差错：冲击噪声差错是指由外部因素引起的差错，如电磁干扰、太阳噪声和工业噪声等引起的差错。与热噪声相比，冲击噪声具有幅度大、持续时间较长等特点，因此，冲击噪声是产生差错的主要原因。由于冲击噪声可能引起多个相邻数据位的突发性错误，因此，它引起的传输差错被称为突发差错。

综上所述，在通信过程中产生的传输差错是由随机差错与突发差错共同组成的。计算机网络通信系统对平均误码率的要求是介于 10^{-9} 到 10^{-6} 之间，若想达到这项要求，必须解决好自动检测差错以及自动校正差错的问题。为此，差错控制是数字通信系统研究的重要课题之一。

2.6.2　差错控制的方法

在数据通信系统中，差错控制包括差错检测和差错纠正两部分，常见差错控制的方法主要有以下 3 种。

1. 反馈重发检错方法

反馈重发检错方法又称自动请求重发（Automatic Repeat re Quest，ARQ）方法，如图 2.26 所示。它是由发送端发出能够发现（检测）错误的编码（即检错码），接收端依据检错码的编码规则来判断编码中有无差错产生，并通过反馈信道把判断结果用规定信号告知发送端。发送端根据反馈信息，把接收端认为有差错的数据再重新发送一次或多次，直至接收端正确接收到为止。接收端认为正确的数据，则发送端不再重发，继续发送其他信息。因 ARQ 方法只要求发送端发送检错码，接收端只需要检查有无错误，无须纠正错误，所以，该方法设备简单，容易实现。当噪声干扰严重时，发送端重发次数随之增加。多次重发某一信息的现象使信息传输效率降低，也使传输信息的连贯性变差。常用的检错编码有奇偶校验码、循环冗余校验码（CRC）等。

图 2.26　ARQ 方法原理图

2. 前向纠错方法

前向纠错方法（Forward Error Correcting，FEC）是由发送端发出能纠错的编码，接收端收到这些编码后，通过纠错译码器不仅能自动地发现错误，而且能自动地纠正传输中的错误，然后把纠错后的数据送到接收端高层处理，如图 2.27 所示。常用的纠错编码有 BCH 码、卷积码等。

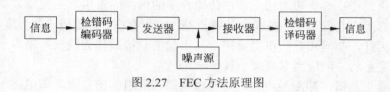

图 2.27　FEC 方法原理图

FEC 方法的优点是发送时不需要存储，不需要反馈信道，适用于单向实时通信系统。其缺点是译码设备复杂，所选纠错码必须与信道干扰情况紧密对应。

3. 混合纠错方法

混合纠错方法就是反馈重发检错和前向纠错两种方法的结合。混合纠错方法是由发送端发出同时具有检错和纠错能力的编码，接收端收到编码后检查差错情况，如差错在可纠正范围内，则自动纠正；如差错很多，超出了纠错能力，则经反馈信道送回发送端要求重发。

2.6.3　差错控制编码

为了让接收方能自行纠错就必须携带更多的纠错码，因而传输效率不高。在当今的网络中出错率其实并不高，因而网络中通常采用反馈重发检错方法。下面是常用的 3 种添加检错码的差错控制编码方法。

1. 奇偶校验

奇偶校验（Parity Checking）是以字符为单位的校验方法，也称垂直冗余校验（VRC）。一个字符由 8 位组成，低 7 位是信息字符的 ASCII，最高位（附加位）为奇偶校验码位。

奇偶校验又分为奇校验和偶校验两种。在偶校验时，发送方通过检验位的取值不同，从而保证传输字符代码中 1 的个数为偶数个。同理，奇校验时，发送方必须保证传输字符代码中 1 的个数为奇数个。接收端收到信号之后，对每个码组检查其中 1 的个数是否为偶数（偶校验）或奇数（奇校验），从而判断收到的数据是否出错。

表 2.2 就是偶校验和奇校验的应用示例。

表 2.2 奇偶校验位的设置

校验方式	校验位	ASCII 的位 7 6 5 4 3 2 1	ASCII	代码的字符
偶校验	0	1 0 1 1 0 0 1	89	Y
奇校验	1	1 0 1 1 0 0 1	89	Y

奇偶检验虽然简单，但并不是一种安全的差错控制方法。奇偶校验只能检测出奇数个比特位的错误，对偶数个比特位的错误则无能为力。一般地，在低速传输时，出错概率较低，效果还可以令人满意。而当传输数据速率很高时，噪声脉冲很可能破坏 1 位以上的数据位，差错检验的结果很可能是错误的。

2. 方块校验

方块校验也称水平垂直冗余校验（LRC），其工作原理的实质仍然是奇偶检验。LRC 是一种对行和列都进行上述奇偶校验的方法。它是一种在 VRC 校验法的基础上，进一步加强校验的方法，它的工作原理同 VRC 法十分相似。它在传送一批字符（如 7 个）之后，增加了一个称为方块校验字符的检验字符。

例如，传送 7 个字符代码及其偶校验位和 LRC 字符的工作方式如表 2.3 所示。方块校验字符在发送端产生并传输，接收方也产生同样的校验字符，并与从发送端收到的校验字符相比较，如果相同，就认为传输正确，否则通知对方重发。

表 2.3 LRC 的工作方式

字符	N 字符 1	E 字符 2	T 字符 3	w 字符 4	O 字符 5	R 字符 6	K 字符 7	LRC 字符（偶）
位 1	1	1	1	1	1	1	1	1
位 2	0	0	0	0	0	0	0	0
位 3	0	0	1	1	0	1	0	1
位 4	1	0	0	0	1	0	1	1
位 5	1	1	0	1	0	0	0	1
位 6	1	0	0	1	1	1	1	1
位 7	0	1	0	1	1	0	1	0
校验位（偶）	0	1	1	1	1	1	0	1

采用这种校验方法，如果有两位传输出错，则不仅从每个字符中的奇偶校验位中反映出来，同时，也在方块校验字符校验位中得到反映。因此，这种方法有较强的检错能力，基本能发现所有一位、两位或三位的错误，从而使误码率降低 2～4 个数量级。

3. 循环冗余校验

目前，最精确和最常用的差错控制技术是循环冗余校验（Cyclic Redundancy Check，

CRC）。CRC 是一种较复杂的校验方法，它是一种通过多项式除法检测差错的方法。CRC 的检错原理：收发双方用约定一个生成多项式 $G(x)$对信息码 $M(x)$做多项式除法，求出余数即 CRC 校验码；发送方在数据帧的末尾加上 CRC 校验码；这个带有校验码的帧的多项式一定能够被 $G(x)$整除。接收方收到后，用同样的 $G(x)$除收到的序列，若有余数，则传输有错。

CRC 的工作过程如下：

（1）设 $M(x)$为 k 位信息码多项式，$G(x)$为 r 阶生成码多项式，则 $R(x)$为 r 位校验码。

（2）用模 2 除法进行$(2^r \times M(x))/G(x)$，得到余式 $R(x)$。

（3）发送形成的比特序列：$(2^r \times M(x))+R(x)$。

（4）接收方收到后，用同样的 $G(x)$除收到的比特序列。若能被其整除，则表示传输无误；反之，表示传输有误，通知发送端重发数据，直至传输正确为止。

例如，若要传输的信息码为 110011，则信息码多项式 $M(x) = x^5 + x^4 + x + 1$；选用生成多项式 $G(x) = x^4 + x^3 + 1(r = 4)$，则生成码为 11001。按照步骤（2）可得出余式 $R(x)$的代码为 1001，计算方法如图 2.28 所示。

```
                        1 0 0 0 0 1  ← Q(x)
                 ─────────────────────
→ 1 1 0 0 1 )   1 1 0 0 1 1 0 0 0 0  ← M(x)×x^r
                1 1 0 0 1
                ─────────────────────
                          1 0 0 0 0
                          1 1 0 0 1
                          ───────────
                            1 0 0 1  ← R(x)（冗余码）
```

图 2.28　CRC 校验计算方法

由上可知最终传输的码字为 1100111001。如接收端接收到信息 1100111001 后，除以同样的生成多项式 $G(x) = x^4 + x^3 + 1$，若余式 $R(x)$为 0，则证明信息传输正确；若余式 $R(x)$不为 0，则证明信息传输有误。

使用 CRC 校验，可查出所有的单位错和双位错、所有具有奇数位的差错和所有长度少于生成多项式串长度的实发错误，能查出 99%以上更长位的突发性错误，由于误码率低，因此得到广泛的应用。但 CRC 校验码的生成和差错检测需要用到复杂的计算，用软件实现比较麻烦，而且速度慢，目前已有相应的硬件来实现这一功能。

小结

计算机网络是现代通信技术与计算机技术紧密相结合的产物，数据通信技术为计算机网络发展提供可靠的保障和基础，掌握相关的通信技术对我们更好地掌握计算机网络提供很好的帮助。

在数据通信技术中，数据编码技术、多路复用技术、数据交换技术和差错控制技术是需要重点掌握的通信技术。

习题

一、选择题

1．将一个信道按频率划分为多个子信道，每个子信道上传输一路信号的多路复用技术称为（　　）。

  A．时分多路复用   B．频分多路复用

  C．波分多路复用   D．空分复用

2．调制解调器的作用是（　　）。

  A．实现模拟信号在模拟信道中的传输   B．实现数字信号在数字信道中的传输

  C．实现数字信号在模拟信道中的传输   D．实现模拟信号在数字信道中的传输

3．接收端发现有差错时，设法通知发送端重发，直到正确的码字收到为止，这种差错控制方法称为（　　）。

  A．前向纠错   B．自动请求重发   C．冗余检验   D．混合差错控制

4．在同一个信道上的同一时刻，能够进行双向数据传送的通信方式是（　　）。

  A．单工   B．半双工   C．全双工   D．上述 3 种均不是

5．在 CRC 码计算中，可以将一个二进制位串与一个只含有 0 或 1 两个系数的多项式建立对应关系。与位串 101110 对应的多项式为（　　）。

  A．$x^6 + x^4 + x^3 + 1$ B．$x^5 + x^3 + x^2 + 1$

  C．$x^5 + x^3 + x^2 + x$ D．$x^6 + x^5 + x^4 + 1$

6．在码元传输速率为 1600 波特的调制解调器中，采用 4 相位技术，可获得的数据传输速率为（　　）。

  A．2400b/s   B．4800b/s   C．9600b/s   D．1200b/s

7．下列编码中，属于自同步码的是（　　）。

  A．单极性归零码   B．双极性归零码

  C．曼彻斯特编码   D．幅移键控编码

8．每个输入信号源的数据速率假设为 9.6Kb/s，现在有一条容量达 153.6Kb/s 的线路，如果采用同步时分复用，则可容纳（　　）路信号。

  A．2   B．4   C．8   D．16

9．数据报和虚电路属于（　　）。

  A．线路交换   B．报文交换   C．分组交换   D．信元交换

10．下列差错控制编码中（　　）是通过多项式除法来检测错误。

  A．水平奇偶校验   B．CRC

  C．垂直奇偶校验   D．水平垂直奇偶校验

二、填空题

1．调制解调器中使用的调制方式有_____、_____和相移键控 3 种。

2．用一对传输线传送多路信息的方法称为复用，常用的多路复用方式有_____、_____和波分复用。

3．一个数据通信系统有 3 个基本组成部分：源系统、_____和_____。

4．数据传输速率反映了数据通信系统的_____，而误码率则反映了数据通信系统的_____。

5．PCM 的工作过程包括_____、_____和编码 3 个阶段。

6．时分多路复用按照子通道动态利用情况又可再分为_____和_____。

7．数据通信的传输方式可分为_____和_____，鼠标采用前者进行通信，打印机采用后者进行通信。

8．字符 C 的 ASCII 码为 1100011，如果采用偶校验传输则传输码为_____，如果采用奇校验传输则传输码为_____。

三、简答题

1．什么是数据通信技术？数据通信系统的基本组成部分有哪些？

2．简述数据通信的几种交换方式和数据通信网络的主要特征。

3．简述模拟信号和数字信号的差异。

4．什么是数据编码技术？比较数字数据的模拟信号调制技术和数字信号编码技术。

5．请用曼彻斯特编码和差分曼彻斯特编码来表示数字数据 00110101。

6．什么是多路复用技术？多路复用的基本原理是什么？

7．多路复用常用的技术有哪几种？试分析它们不同的特点和使用范围。

8．有哪几种数据交换技术？请列举这些交换技术的实际应用。

9．比较线路交换和报文交换的特点和使用范围。

10．在数据传输过程中，采用循环冗余检验码，生成多项式为 $P(X) = X^5 + X^4 + X^2 + 1$，发送方要发送的信息为 1010001101，求出实际发送的码元，假设传输过程中无差错，写出接收方的检错过程。

第3章

网络体系结构

20 世纪 70 年代至 80 年代中期，第二代计算机网络技术得到迅猛的发展。20 世纪 70 年代中期，局域以太网诞生并推广使用。1974 年，IBM 公司研制了自己的系统网络体系结构，其他公司也相继推出本公司的网络体系结构，这些不同公司开发的系统网络体系结构只能连接本公司生产的设备，为了使不同体系结构的网络也能相互交换信息，国际标准化组织（ISO）于 1977 年成立专门机构并制定了世界范围内的网络互联标准，称为开放系统互连参考模型（Open Systems Interconnection/Reference Model，OSI/RM），简称 OSI。

3.1　基本概念

3.1.1　网络协议

计算机之间进行数据通信仅有传送数据的通路是不够的，还必须遵守一些事先约定好的规则，由这些规则明确所交换数据的格式及有关同步等问题。

计算机网络协议就是通信的实体之间有关通信规则约定的集合。只有遵守这个约定，计算机之间才能相互通信和交流。通常网络协议由 3 个要素组成，即：

（1）语法，即控制信息或数据的结构和格式。

（2）语义，即需要发出何种控制信息，完成何种动作以及何种应答。

（3）同步，即事件实现顺序的详细说明。

3.1.2　协议分层与体系结构

由于不同系统中的实体间通信的任务十分复杂，为了简化计算机网络设计的复杂程度，按照结构化的设计方法，将整个任务划分成多个子任务，然后分别实现各个子任务，这就形成了网络体系结构。

我们把计算机网络的层次划分及各层协议的集合称为计算机网络体系结构，简称网络体系结构。换句话说，所谓网络体系结构是指整个网络系统的逻辑结构和功能划分，它包含了硬件和软件的组织与设计所必须遵守的规定。

　　为了理解网络体系结构和协议分层的概念，下面以日常生活中的邮政通信系统为例进行说明。人们平常写信时，都有一个关于信件的格式和内容的约定。首先，写信时必须采用双方都懂的语言文字和文体，信件的开头是对方称谓，最后是落款等。这样，对方收到信后，才能看懂信中的内容，知道是谁写的，什么时候写的等。信写好之后，必须将信装入信封并交由邮局寄发，这样寄信人和邮局之间也要有约定，即约定信封的写法并粘贴邮票。在中国寄信一般先写收信人地址和姓名，然后再写寄信人的地址和姓名。邮局收到信后，首先进行信件的分拣和分类，然后交付运输部门进行运输，如航空信交民航，平信交给铁路或公路运输部门。这时，邮局和运输部门之间也有约定，如到站地点、时间、包裹形式等。信件运送到目的地后进行相反的过程，最终将信件送到收信人手中，收信人依照约定的格式才能读懂信件。在邮政通信的整个过程中，主要涉及 3 个子系统，即用户子系统、邮政子系统和运输子系统，如图 3.1 所示。

图 3.1　邮政系统分层模型

　　从上例可以看出，各种约定都是为了达到将信件从一个源点送到某一个目的点这个目标而设计的，这就是说，它们是因信息的流动而产生的。可以将这些约定分为同等机构间的约定，如用户之间的约定、邮政局之间的约定和运输部门之间的约定，以及不同机构间的约定，如用户与邮政局之间的约定、邮政局与运输部门之间的约定。虽然两个用户、两个邮政局、两个运输部门分处甲、乙两地，但它们都分别对应同等机构，同属一个子系统；而同处一地的不同机构则不在一个子系统内，而且它们之间的关系是服务与被服务的关系。很显然，这两种约定是不同的，前者为部门内部的约定，而后者是不同部门之间的约定。

　　在计算机网络中，两台计算机中两个进程之间通信的过程与邮政通信的过程极为相似。网络中同等层之间的通信规则就是该层使用的协议，如有关第 N 层的通信规则的集合，就是第 N 层的协议。而同一计算机功能层之间的通信规则称为接口，如在第 N 层和第 $(N+1)$ 层之间的接口称为 $N/(N+1)$ 层接口。总的来说，协议是不同机器同等层之间的通信约定；而接口是同一机器相邻层之间的通信约定。不同的网络体系结构中，分层的数量、各层的名称和功能及协议都各不相同。但是，在所有的网络中，每一层的目的都是向它的上一层提供一定的服务。

　　计算机网络采用分层结构还有利于交流、理解和标准化。具体优点如下：

　　（1）各层之间是独立的。某一层并不需要知道它的下一层是如何实现的，而仅仅需要知道该层通过层间的接口（即界面）所提供的服务。

（2）灵活性好。当任何一层发生变化时（例如由于技术的变化），只要层间接口关系保持不变，则在这层以上或以下各层均不受影响。此外，对某一层提供的服务还可以修改。当某一层提供的服务不再需要时，甚至还可以取消。

（3）结构上可以分割开。各层都可以采用最合适的技术来实现。

（4）易于实现和维护。这种结构使得实现和调试一个庞大而又复杂的系统变得易于处理，因为整个系统已经被分割为若干个独立的子系统。

（5）能促进标准化工作。因为每一层的功能及其所提供的服务都已经有了明确的说明。

3.2 OSI 参考模型

在网络发展过程中，已建立的网络体系结构很不一致，互不相容，难以相互连接。为了使网络系统标准化，国际标准化组织（International Standards Organization，ISO）在 20 世纪 80 年代初正式公布了一个网络体系结构模型作为国际标准，称为开放系统互连参考模型（Open System Interconnection/Reference Model，OSI/RM）。

3.2.1 模型结构

开放系统互连参考模型 OSI/RM 是抽象的概念，而不是一个具体的网络。它将整个网络的功能划分成 7 个层次，由下到上分别为物理层、数据链路层、网络层、传输层、会话层、表示层和应用层。每层各自完成一定的功能。两个终端通信实体之间的通信必须遵循这 7 层结构。

发送进程发送给接收进程的数据，实际上是经过发送方各层从上到下传递到物理介质；通过物理介质传输到接收方后，再经过从下到上各层的转递，最后到达接收进程。层次结构和数据的实际传递过程如图 3.2 所示。

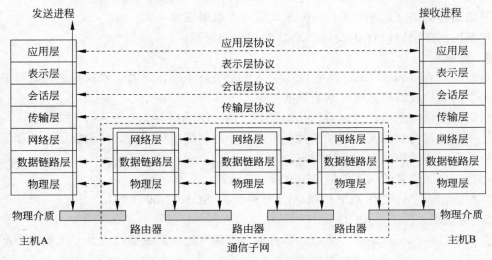

图 3.2 OSI 参考模型示意图

3.2.2　各层功能

1. 物理层

物理层（Physical Layer）是整个 OSI 参考模型的最低层，它为数据链路层提供透明传输比特流的服务。

具体地说，它涉及用什么物理信号代表 1 和 0，一个比特持续多少时间，传输是双向的、还是单向的，一次通信中发送方和接收方如何应答，设备之间连接件的尺寸和接头数以及每根连线的用途等。

物理层传送信息的基本单位是比特，也称为位。

典型的物理层协议有 RS-232 系列、RS-449、V.24 和 X.21 等。

2. 数据链路层

数据链路层（Data Link Layer）是 OSI 参考模型的第 2 层，它的主要功能是实现无差错的传输服务。

物理层只提供了传输能力，但信号不可避免地会出现畸变和受到干扰，造成传输错误。数据链路层通过校验、确认和反馈重发等手段，将不可靠的物理链路改造成对网络层来说无差错的数据链路。

数据链路层传送信息的基本单位是帧。

常见的数据链路层协议有点对点协议（Point-to-Point Protocol，PPP）、高级数据链路控制规程（High-level Data Link Control，HDLC）。

3. 网络层

网络层（Network Layer）是 OSI 参考模型的第 3 层，它解决的是网络与网络之间，即网际的通信问题。

网络层关心的是通信子网的运行控制，主要解决如何使数据分组跨越通信子网从源主机传送到目的主机的问题，这就需要在通信子网中进行路由选择。此外，网络层还要具备地址转换（将逻辑地址转换为物理地址）、报告有关数据包的传送错误等功能。

网络层传送信息的基本单位是分组（或称为数据包）。

典型的网络层协议有 IP 协议、X.25 分组级协议等。

4. 传输层

传输层（Transport Layer）是 OSI 参考模型的第 4 层，它的主要功能是完成网络中不同主机上的用户或进程之间可靠的数据传输。

传输层提供端到端的透明数据传输服务，使高层用户不必关心通信子网的存在，由此使用统一的传输协议编写的高层软件便可运行于任何通信子网上。传输层还要处理端到端的差错控制、流量控制和拥塞控制问题。

传输层传送信息的基本单位是报文段。

典型的传输层协议有 TCP 协议、UDP 协议和 ISO8072/8073 等。

5. 会话层

会话层（Session Layer）是 OSI 参考模型的第 5 层，其主要功能是组织和同步不同的主机上各种进程间的通信（也称为对话）。

用户或进程间的一次连接称为一次会话，如一个用户通过网络登录到一台主机，或一个正在用于传输文件的连接等都是会话。会话层负责提供建立、维护和拆除两个进程间的会话连接。并对双方的会话活动进行管理。会话层还提供在数据流中插入同步点的机制，使得数据传输因网络故障而中断后，可以不必从头开始而仅重传最近一个同步点以后的数据即可。

会话层使用的协议是 ISO8326/8327。

6. 表示层

表示层（Presentation Layer）是 OSI 参考模型的第 6 层，其主要功能是解决用于信息语法表示问题。

并不是每个计算机都使用相同的数据编码方案，例如，小型机一般采用美国标准信息交换代码（ASCII），而大型机多采用扩展二进制交换码（EBCDIC）。表示层将计算机内部的表示形式转换成网络通信中采用的标准表示形式，从而提供不兼容数据编码格式之间的转换。数据压缩和加密也是表示层可提供的表示变换功能。

表示层使用的协议是 ISO8822/8823/8824/8825。

7. 应用层

应用层（Application Layer）是 OSI 体系结构的最高层次，它直接面向用户以满足用户的不同需求。

在整个 OSI 参考模型中，应用层是最复杂的，所包含的协议也最多的。它利用网络资源，唯一向应用程序提供直接服务。应用层提供的服务主要取决于用户的各自需求，常用的有文件传输、数据库访问和电子邮件等。

常用的应用层协议有文件传送协议 FTP、简单邮件传送协议 SMTP、用于作业传送和操纵的 ISO8831/8832 等。

3.2.3 模型中的数据传输

OSI 参考模型中数据的传输方式如图 3.3 所示。所谓数据单元是指各层传输数据的最小单位。图 3.3 中最左边一列交换数据单元名称，是指各个层次对等实体之间交换的数据单元的名称。所谓协议数据单元（Protocol Data Unit，PDU）就是对等实体之间通过协议传送的数据。应用层的协议数据单元叫 APDU（Application Protocol Data Unit），表示层的协议数据单元叫 PPDU（Presentation Protocol Data Unit），以此类推，直到网络层的协议数据单元 NPDU（Network Protocol Data Unit），除了 NPDU 外，通常人们把上述数据单元称为数据分组或数据包（Packet），数据链路层是数据帧（Frame），物理层是比特（Bit）。

图 3.3 中自上而下的实线表示的是数据的实际传送过程。发送进程需要发送某些数据到达目标系统的接收进程，数据首先要经过本系统的应用层，应用层在用户数据前面加上自己的标识信息（H7），叫做头信息。H7 加上用户数据一起传送到表示层，作为表示层的数据部分，表示层并不知道哪些是原始用户数据、哪些是 H7，而是把它们当作一个整体对待。同样，表示层也在数据部分前面加上自己的头信息 H6，传送到会话层，并作为会话层的数据部分。这个过程一直进行到数据链路层，数据链路层除了增加头信息 H2 以外，还要增加一个尾部 T2，然后整个作为数据部分传送到物理层。物理层不再增加头（尾）信息，

而是直接将二进制数据通过物理介质发送到下一个结点的物理层。下一个结点的物理层收到该数据后，逐层上传到接收进程，其中数据链路层负责去掉 H2 和 T2，网络层负责去掉 H3，一直到应用层去掉 H7，把最原始用户数据传递给了接收进程。

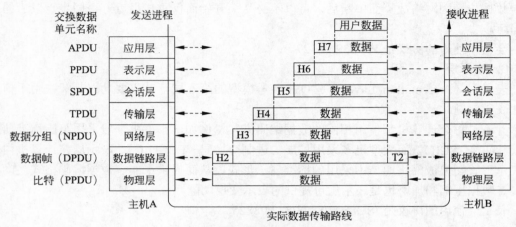

图 3.3   OSI 参考模型中的数据传输

这个在发送结点自上而下逐层增加头（尾）信息，而在目的结点又自下而上逐层去掉头（尾）信息的过程叫做封装。

3.2.4   OSI 模型的评价

OSI 参考模型在计算机网络的发展过程中起到了非常重要的指导作用，作为一种参考模型和完整的网络体系结构，它仍对今后计算机网络技术朝着标准化、规范化方向发展具有指导意义。

但是，OSI 模型设计者的初衷是让其作为全世界计算机网络都遵循的标准，然而这种情况并没有发生，虽然在 OSI 框架中已经开发了很多有用的协议，但 7 层模型作为一个整体却没有兴旺起来。相反，TCP/IP 体系结构逐渐在市场中占据了支配地位。

造成这一局面有很多原因，最重要的原因是 OSI 标准的制定周期太长，当 TCP/IP 协议已经成熟并通过很好的测试时，OSI 协议还处在发展阶段；另一个原因是 OSI 模型的设计过于复杂，层次划分也不完全合理，协议实现复杂且运行效率低。

3.3   TCP/IP 参考模型与协议

由于历史的原因，现在得到广泛应用的不是 OSI 模型，而是 TCP/IP（Transmission Control Protocol/Internet Protocol）协议。TCP/IP 协议最早起源于 1969 年美国国防部赞助研究的网络 ARPANET——世界上第一个采用分组交换技术的计算机通信网。它是 Internet 采用的协议标准。Internet 的迅速发展和普及，使得 TCP/IP 协议成为全世界计算机网络中使用最广泛、最成熟的网络协议，并成为事实上的工业标准。

从字面上看，TCP/IP 包括两个协议：传输控制协议和网际协议。但 TCP/IP 实际上是一组协议，它包括上百个具有不同功能且互为关联的协议，而 TCP 和 IP 是保证数据完整传输的两个基本的重要协议，所以也可称之为 TCP/IP 协议簇。

3.3.1　模型结构

TCP/IP 协议模型从更实用的角度出发，形成了具有高效率的 4 层体系结构，即主机-网络层（也称网络接口层）、网络互联层（IP 层）、传输层（TCP 层）和应用层。网络互联层和 OSI 的网络层在功能上非常相似，图 3.4 展示了 TCP/IP 和 OSI 参考模型的对应关系。

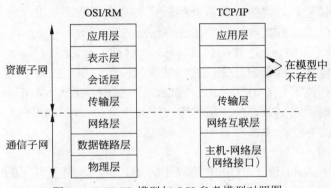

图 3.4　TCP/IP 模型与 OSI 参考模型对照图

3.3.2　各层功能

1. 网络接口层

网络接口层（Network Interface）是模型中的最低层。它负责将数据包透明传送到电缆上。

网络接口层协议定义了主机如何连接到网络，管理着特定的物理介质。在 TCP/IP 模型中可以使用任何网络接口，如以太网、令牌环网、FDDI、X.25、ATM、帧中继和其他接口等，网络接口层负责对上层屏蔽掉底层接口的不同。

2. 网络互联层

网络互联层（Network）是参考模型的第 2 层，它决定数据如何传送到目的地，主要负责寻址和路由选择等工作。

网络互联层所使用的协议中最重要的协议是网际协议 IP。它把传输层送来的消息组装成 IP 数据报文，并把 IP 数据报文传递给主机-网络层。IP 协议提供统一的 IP 数据报格式，以消除各通信子网的差异，从而为信息发送方和接收方提供透明的传输通道。该层还包括 4 个重要协议，即因特网控制消息协议 ICMP、地址解析协议 ARP、逆地址解析协议 RARP 和因特网组管理协议 IGMP。

- 网际协议 IP：负责在主机和网络之间寻址和传送数据报。
- 地址解析协议 ARP：获得同一网段中的主机物理地址，使主机的 IP 地址与之相匹配。
- 逆地址解析协议 RARP：获得同一网段中的主机 IP 地址，使主机的物理地址与之相匹配。

- 因特网控制消息协议 ICMP：传送消息，并报告有关数据包的传送错误。
- 因特网组管理协议 IGMP：报告主机组从属关系，以便依靠路由支持多播发送。

3. 传输层

传输层（Transport）是参考模型的第 3 层，它负责在应用进程之间的端-端通信。传输层主要有两个协议，即传输控制协议 TCP 和用户数据报协议 UDP。

TCP 协议是面向连接的，以建立高可靠性的消息传输连接为目的，它负责把输入的用户数据（字节流）按一定的格式和长度组成多个数据报进行发送，并在接收到数据报之后按分解顺序重新组装和恢复用户数据。为了完成可靠的数据传输任务，TCP 协议具有数据报的顺序控制、差错检测、校验以及重发控制等功能。TCP 还要进行流量控制，以避免快速的发送方"淹没"低速的接收方而使接收方无法处理。

UDP 是一个不可靠的、无连接的协议，只是"尽最大努力交付"。主要用于不需要 TCP 的排序和流量控制能力、而是自己完成这些功能的应用程序。它被广泛地应用于端主机和网关以及 Internet 网络管理中心等的消息通信，以达到控制管理网络运行的目的，或者应用于快速递送比准确递送更重要的应用程序，例如传输语音或视频图像。

这两种服务方式在实际中都很有用，各有其优缺点。

4. 应用层

应用层（Application）位于 TCP/IP 协议中的最高层次，用于确定进程之间通信的性质以满足用户的要求。它直接面向用户，按照用户的需求定义应用程序如何提供服务，如浏览程序如何与 WWW 服务器沟通、邮件软件如何从邮件服务器下载邮件等。

应用层是 TCP/IP 协议中最复杂，协议最多的一层。常用的应用层协议有以下几种。

- 远程终端协议 Telnet：实现互联网中远程登录功能。
- 文件传输协议（File Transfer Protocol，FTP）：用于实现互联网中的交互式文件传输功能。
- 简单邮件传输协议（Simple Mail Transfer Protocol，SMTP）：实现互联网中电子邮件的传送功能。
- 域名系统（Domain Name System，DNS）：实现网络设备名字到 IP 地址映射的网络服务。
- 简单网络管理协议（Simple Network Management Protocol，SNMP）：管理与监视网络设备。
- 超文本传输协议（Hyper Text Transfer Protocol，HTTP）：用于 WWW（万维网）服务。
- 路由信息协议（Routing Information Protocol，RIP）：在网络设备（路由器）之间交换路由信息。

3.3.3　OSI 与 TCP/IP 比较

虽然 OSI 参考模型和 TCP/IP 参考模型都采用了层次结构的概念，但是它们的差别却是很大的，不论在层次划分还是协议使用上，都有明显的不同。

1. OSI 参考模型与 TCP/IP 参考模型的对照关系

OSI 参考模型与 TCP/IP 参考模型都采用了层次结构，但 OSI 采用的是 7 层模型，而

TCP/IP 是 4 层结构（实际上是 3 层结构）。

TCP/IP 参考模型的网络接口层实际上并没有真正的定义，只是一些概念性的描述。而 OSI 参考模型不仅分了两层，而且每一层的功能都很详尽。

TCP/IP 的互联层相当于 OSI 参考模型网络层中的无连接网络服务。

OSI 参考模型与 TCP/IP 参考模型的传输层功能基本类似，都是负责为用户提供真正的端到端的通信服务，也对高层屏蔽了底层网络的实现细节。所不同的是 TCP/IP 参考模型的传输层是建立在互联层基础之上的，而互联层只提供无连接的服务，所以面向连接的功能完全在 TCP 协议中实现，当然 TCP/IP 的传输层还提供无连接的服务，如 UDP；相反 OSI 参考模型的传输层是建立在网络层基础之上的，网络层既提供面向连接的服务，又提供无连接服务，但传输层只提供面向连接的服务。

在 TCP/IP 参考模型中，没有会话层和表示层，事实证明，这两层的功能确实很少用到。因此，OSI 中这两个层次的划分显得有些画蛇添足。

2. OSI 参考模型与 TCP/IP 参考模型的优缺点比较

OSI 参考模型的抽象能力高，适合于描述各种网络，它采取的是自上向下的设计方式，先定义了参考模型，才逐步去定义各层的协议，由于定义模型时对某些情况预计不足，造成了协议和模型脱节的情况；TCP/IP 正好相反，它是先有了协议之后，人们为了对它进行研究分析，才制定了 TCP/IP 参考模型，当然这个模型与 TCP/IP 的各个协议吻合得很好，但不适合用于描述其他非 TCP/IP 网络。

OSI 参考模型的概念划分清晰，它详细地定义了服务、接口和协议的关系，优点是概念清晰，普遍适应性好；缺点是过于繁杂，实现起来很困难，效率低。TCP/IP 在服务、接口和协议的区别上不清楚，功能描述和实现细节混在一起，因此 TCP/IP 参考模型对采取新技术设计网络的指导意义不大，也就使它作为模型的意义逊色很多。

TCP/IP 的网络接口层并不是真正的一层，在数据链路层和物理层的划分上基本是空白，而这两个层次的划分是十分必要的；OSI 的缺点是层次过多，事实证明会话层和表示层的划分意义不大，反而增加了复杂性。

总之，OSI 参考模型虽然一直被人们所看好，但由于没有把握好实际，技术不成熟，实现起来很困难，因而迟迟没有一个成熟的产品推出，大大影响了它的发展；相反，TCP/IP 虽然有许多不尽如人意的地方，但近 30 年的实践证明它还是比较成功的，特别是近年来国际互联网的飞速发展，也使它获得了巨大的支持。

3.4　TCP/IP 协议簇

TCP/IP 实际上是指作用于计算机通信的一组协议，这组协议通常被称为 TCP/IP 协议簇。TCP/IP 协议簇包括了地址解析协议 ARP、逆向地址解析协议 RARP、Internet 协议 IP、网际控制报文协议 ICMP、用户数据报协议 UDP、传输控制协议 TCP、超文本传输协议 HTTP、文件产生协议 FTP、简单邮件管理协议 SMTP、域名服务协议 DNS、远程控制协议 TELNET 等众多的协议。协议簇的实现是以协议报文格式为基础，完成对数据的交换和传输。图 3.5 是对 TCP/IP 协议簇层次结构的简单描述。

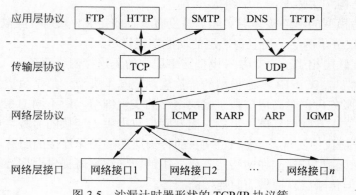

图 3.5　沙漏计时器形状的 TCP/IP 协议簇

下面对 TCP/IP 协议簇中一些重要协议进行介绍。

3.4.1　网络接口层相关协议

网络接口层不是 TCP/IP 协议的一部分，但它是 TCP/IP 赖以存在的各种通信网与 TCP/IP 之间的接口，这些通信网包括多种广域网如 ARPANET、X.25 公用数据网，以及各种局域网，如 Ethernet、IEEE 的各种标准局域网等。IP 层提供了专门的功能，解决与各种网络物理地址的转换。

一般情况下，各物理网络可以使用自己的数据链路层协议和物理层协议，不需要在数据链路层上设置专门的 TCP/IP 协议。但是，当使用串行线路连接主机与网络，或连接网络与网络时，例如，用户使用电话线和 modem 接入或两个相距较远的网络通过数据专线互联时，则需要在数据链路层运行专门的串行线路接口协议 SLIP 和点对点协议 PPP。

1. SLIP 协议

SLIP 协议提供在串行通信线路上封装 IP 分组的简单方法，以使远程用户通过电话线和 modem 能方便地接入 TCP/IP 网络。

SLIP 是一种简单的组帧方式，使用时还存在一些问题。首先，SLIP 不支持在连接过程中的动态 IP 地址分配，通信双方必须事先告知对方 IP 地址，这给没有固定 IP 地址的个人用户连接 Internet 带来了很大的不便；其次，SLIP 帧中无协议类型字段，因此它只能支持 IP 协议；SLIP 帧中无校验字段，因此链路层上无法检测出传输差错，必须由上层实体或具有纠错能力的 modem 来解决传输差错问题。

2. PPP 协议

为了解决 SLIP 存在的问题，在串行通信应用中又开发了 PPP 协议。PPP 协议是一种有效的点对点通信协议。

由于 PPP 帧中设置了校验字段，因而 PPP 在链路层上具有差错检验的功能。PPP 中的 LCP 协议提供了通信双方进行参数协商的手段，并且提供了一组 NCP 协议，使得 PPP 可以支持多种网络层协议，如 IP、IPX 等。另外，支持 IP 的 NCP 协议提供了在建立连接时动态分配 IP 地址的功能，解决了个人用户连接 Internet 的问题。

3.4.2 网络层相关协议

网络层中含有 4 个重要的协议：IP 协议、因特网控制信息协议 ICMP、地址解析协议 ARP 和反向地址解析协议 RARP。

网络层的功能主要由 IP 来提供。除了提供端到端的分组分发功能外，IP 还提供了很多扩充功能。例如，为了克服数据链路层对帧大小的限制，网络层提供了数据分块和重组功能，这使得很大的 IP 数据报能以较小的分组在网上传输。

网络层的另一个重要服务是在互相独立的局域网上建立互联网络，即网际网。网间的报文来往根据它的目的 IP 地址通过路由器传到另一网络。

1. IP 协议

IP 协议是 TCP/IP 协议簇中最为核心的协议。所有的 TCP、UDP、ICMP 及 IGMP 数据都以 IP 数据分组的格式传输。IP 协议提供一种不可靠、无连接的数据分组传输服务。

不可靠的意思是它不能保证 IP 分组能成功地到达目的地。IP 协议仅提供最好的传输服务。如果发生某种错误时，如某个路由器暂时用完了缓冲区，IP 协议有一个简单的错误处理算法，即丢弃该分组，然后发送 ICMP 消息报文给信源。任何要求的可靠性必须由上层来提供（如 TCP 协议）。

无连接这个术语的意思是 IP 协议并不维护任何关于后续分组的状态信息。每个 IP 分组的处理是相互独立的。这也说明，IP 分组可以不按发送顺序接收。如果某个信源向相同的信宿发送两个连续的 IP 分组（先是分组 A，然后是分组 B），每个分组都是独立地进行路由选择，可能选择不同的路线，因此分组 B 可能在分组 A 到达之前先到达。

IP 协议的基本任务是通过互联网传送数据分组，在传送时，高层协议将数据交给 IP 协议，IP 协议再将数据封装为 IP 分组，并通过网络接口层协议进入链路层传输。若目的主机在本地网络中，则 IP 分组可直接通过网络将分组传送给目的主机；若目的主机在远地网络中，则通过路由器将 IP 分组传送到下一个路由器直到目的主机为止。因而，IP 协议完成点对点的网络层通信，并通过网络接口层为传输层屏蔽物理网络的差异。

IP 分组的格式如图 3.6 所示。普通的 IP 首部长为 20 字节，另外可以含有选项字段。

0 3	7	11 15	19 23 27 31		
版本	首部长度	服务类型	总长度		
标识			标志	片偏移	
生存时间		协议	首部校验和		
源IP地址					
目的IP地址					
可变长度的任选项				填充	
数据…					

图 3.6 IP 分组的格式

来分析一下 IP 首部。最高位在左边，记为 0 位，最低位在右边，记为 31 位。

- 版本：4 位，指 IP 协议的版本，通信双方要求使用的 IP 协议版本相同。目前 IP 协议版本号是 4，因此 IP 协议有时也称作 IPv4。
- 首部长度：4 位，首部长度指的是首部占 32 位，包括任何先期选项。由于它是一个 4 位字段，因此首部最大为 60 字节，而普通 IP 分组（没有任何选择项）该字段的值是 5，首部长度为 20 字节。
- 服务类型：8 位，服务类型字段包括一个 3 位的优先权子字段（现在已被忽略），4 位的子字段，和 1 位必须置 0 的未用位。
- 总长度：16 位，指 IP 分组的长度，单位是字节，一个 IP 分组最大为 65 535 字节。利用首部长度字段和总长度字段，就可以知道 IP 分组中数据内容的起始位置和长度。
- 标识：16 位，标识字段用来唯一地标识主机发送的每一个 IP 分组，通常每发送一个分组它的值就会加 1。这样可以方便分片后的 IP 分组可以准确的重装。
- 标志：3 位，目前只有前两位有意义，第 1 位记为 MF，置 1 表示后面还有分片的 IP 分组；第 2 位记为 DF，只有置 0 时才允许分片。
- 片偏移：13 位，片偏移标出较长分组在分片后，某片在原分组中的确切位置。片偏移以 8 字节为单位。
- 生存时间：8 位，生存时间字段 TTL 设置了 IP 分组可以经过的最多路由器数。它指定了分组的生存时间。TTL 的初始值由源主机设置（通常为 32 或 64），一旦经过一个处理它的路由器，它的值就减去 1。当该字段的值为 0 时，分组就被丢弃，并发送 ICMP 报文通知源主机。
- 协议：8 位，协议字段指出分组携带的数据是何种协议，以方便 IP 分组的提交。常用的协议和协议字段值有 ICMP（1）、GGP（3）、EGP（8）、IGP（9）、TCP（6）、UDP（17）。
- 首部校验和：16 位，首部校验和字段是根据 IP 首部计算的校验和。它不对首部后面的数据进行计算。由于首部长度不长（一般只有 20 字节），校验不采用 CRC 校验方式，而是先将校验和字段置 0，再进行简单的 16 位字求和，并将反码记入校验和。收方收到后再次进行 16 位字求和，若首部没错，则结果为全 1，否则即有错，将丢弃该分组。
- 地址：源地址和目的地址都占 32 位，关于 IP 地址下面将会介绍。
- 任选项：这是一个长度可变的任选项，是 IP 分组中的一个可变长的可选信息。
- 填充：任选项字段一直都是以 32 位作为界限，在必要的时候插入值为 0 的填充字节。这样就保证 IP 首部始终是 32 位的整数倍（这是首部长度字段所要求的）。

2. IP 地址分类及表示方法

1）ABC 分类 IP 地址（详细介绍见第 6 章）

IP 地址具有固定、规范的格式。当前 Internet 使用的 IPv4 地址（IP 地址的第 4 个版本，以下简称 IP 地址）。IP 地址长 32 位。Internet 地址并不采用单一层次，而是采用网络-主机这样的二级层次。5 类不同的 IP 地址如图 3.7 所示。

这些 32 位的地址通常写成 4 个十进制的数，其中每个整数对应一个字节。这种表示方法称作"点分十进制表示法"。例如，一个 C 类地址，它表示为：204.15.237.4。

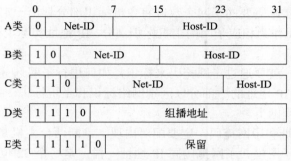

图 3.7　5 类不同的 IP 地址

区分各类地址的最简单方法是看它的第一个十进制整数。下面列出了各类地址的起止范围。

A 类：1.0.0.0～126.255.255.255

B 类：128.0.0.0～191.255.255.255

C 类：192.0.0.0～223.255.255.255

D 类：224.0.0.0～239.255.255.255

E 类：240.0.0.0～247.255.255.255

由于 Internet 上的每个接口要有一个唯一的 IP 地址，因此需要有一个管理机构为接入 Internet 的网络分配 IP 地址。这个管理机构就是 Internet 网络信息中心 INIC。INIC 只负责分配网络号，主机号的分配由系统管理员负责。

A 类、B 类、C 类地址是通常使用的 IP 地址；D 类地址是组播地址，主要留给 Internet 体系委员会 IAB 使用；E 类地址则保留在今后使用。

在 IP 地址中，还有些特殊的地址需要做专门的说明，如表 3.1 所示。

表 3.1　特殊的 IP 地址

Net-ID	Host-ID	源　地　址	目　的　地　址	说　　　明
全 0	全 0	可	不	本地网络-本地主机
全 0	Host-ID	可	不	本地网络-某个主机
全 1	全 1	不	可	本地网络广播（受路由限制）
Net-ID	全 0	不	不	某个网络
Net-ID	全 1	不	可	对某个网络广播
127	x	可	可	软件回送测试
10	x.x.x	可	可	内部局域网保留地址（不进入 Internet）
172.16 - 172.31	x.x	可	可	
192.168.x	x	可	可	

2）子网掩码

32 位的 IP 地址所表示的网络数量是有限的，解决问题的办法是制定编码方案时采用子网寻址技术。根据实际需要的子网个数，将主机标识部分划出一定的位数用做子网的标识位，剩余的主机标识作为相应子网的主机标识部分。IP 地址实际上被划分为网络、子网、主机 3 部分。

要进行子网划分，就要通过子网掩码来标识是如何进行子网划分的。子网掩码是一个32 位地址，用于屏蔽 IP 地址的一部分以区别网络标识和主机标识，并说明该 IP 地址是在局域网上，还是在远程网上。

有子网时，IP 地址和子网掩码一定要配对出现。判断两台主机是否在同一个子网中，需要用到子网掩码或子网模。子网掩码同 IP 地址一样，是一个 32 位的二进制数，只是网络部分（包括 IP 网络和子网）全为 1，主机部分全为 0。判断两个 IP 地址是否在同一个子网中，只需判断这两个 IP 地址与子网掩码做逻辑"与"运算的结果是否相同，相同则说明在同一个子网中，如图 3.8 所示。

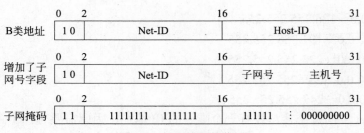

图 3.8　子网掩码的作用

3. ICMP 协议

从 IP 协议的功能可知，IP 协议提供的是一种不可靠的无连接报文分组传送服务。若路由器或故障使网络阻塞，就需要通知发送主机采取相应措施。为了使互联网能报告差错，或提供有关意外情况的信息，在 IP 层加入了一类特殊用途的报文机制，即 ICMP 协议。

分组接收端通过发送 ICMP 数据报来通知 IP 模块发送端的某些方面需要修改。ICMP数据报通常是由发现别的站发来的报文有问题的接收站点产生，例如可由目的主机或中继路由器来发现问题并产生有关的 ICMP 数据报。如果一个分组不能传送，ICMP 数据报便可以被用来警告分组源，说明有网络、主机或端口不可达。ICMP 数据报也可以用来报告网络阻塞。ICMP 协议是 IP 正式协议的一部分，ICMP 数据报通过 IP 送出，因此它在功能上属于网络第三层，但实际上它是像第四层协议一样被编码的。

4. ARP 协议

在 TCP/IP 网络环境下，每个主机都分配了一个 32 位的 IP 地址，这种互联网地址是在国际范围标识主机的一种逻辑地址。为了让报文在物理网上传送，必须知道彼此的物理地址。

这样就存在把互联网地址变换为物理地址的地址转换问题。以以太网环境为例，为了正确地向目的站传送报文，必须把目的站的 32 位 IP 地址转换成 48 位以太网目的地址。这就需要在网络层有一组服务将 IP 地址转换为相应物理网络地址，这组协议就是 ARP协议。

每一个主机都有一个 ARP 高速缓存，存储 IP 地址到物理地址的映射表，这些都是该主机目前所知道的地址。例如，当主机 A 欲向本局域网上的主机 B 发送一个 IP 数据报时，就先在 ARP 高速缓存中查看有无主机 B 的 IP 地址。如果存在，就可以查出其对应的物理地址，然后将该数据报发往此物理地址；如果不存在，主机 A 就运行 ARP，按照下列步骤查找主机 B 的物理地址：

（1）ARP 进程在本局域网上广播发送一个 ARP 请求分组，目的地址为主机 B 的 IP 址；

（2）本局域网上的所有主机上运行的 ARP 进程都接收到此 ARP 请求分组；

（3）主机 B 在 ARP 请求分组中见到自己的 IP 地址，就向主机 A 发送一个 ARP 响应分组，并写入自己的物理地址；

（4）主机 A 收到主机 B 的 ARP 响应分组后，就在其 ARP 高速缓存中写入主机 B 的 IP 地址到物理地址的映射。工作原理如图 3.9 所示。

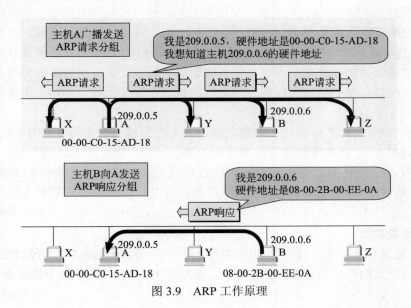

图 3.9　ARP 工作原理

在互联网环境下，为了将报文送到另一个网络的主机，数据报先定向发送到所在网络 IP 路由器。因此，发送主机首先必须确定路由器的物理地址，然后依次将数据发往接收端。除基本 ARP 机制外，有时还需在路由器上设置代理 ARP，其目的是由 IP 路由器代替目的站对发送端 ARP 请求做出响应。

5. RARP 协议

RARP 协议用于一种特殊情况，即如果站点初始化以后，只有自己的物理地址而没有 IP 地址，则它可以通过 RARP 协议发出广播请求，征求自己的 IP 地址，而 RARP 服务器则负责回答。这样，无 IP 地址的站点可以通过 RARP 协议取得自己的 IP 地址，这个地址在下一次系统重新开始以前都有效，不用连续广播请求。RARP 广泛用于获取无盘工作站的 IP 地址。

3.4.3　传输层相关协议

TCP/IP 协议簇在传输层提供了两个协议：TCP 和 UDP。TCP 和 UDP 是两个性质不同的通信协议，主要用来向高层用户提供不同的服务。两者都使用 IP 协议作为其网络层的传输协议。TCP 和 UDP 的主要区别在于服务的可靠性。TCP 是高度可靠的，而 UDP 则是一个简单的、尽力而为的数据报传输协议，不能确保数据报的可靠传输。两者的这种本质区别也决定了 TCP 协议的高度复杂性，因此需要大量的开销，而 UDP 却由于它的简单性获得了较高的传输效率。TCP 和 UDP 都是通过端口来与上层进程进行通信，下面先介绍端口的概念。

1. 端口的概念

TCP 和 UDP 都使用了与应用层接口处的端口（Port）来与上层的应用进程进行通信。端口是个非常重要的概念，因为应用层的各种进程都是通过相应的端口与传输实体进行交互的。因此，在传输协议单元（即 TCP 报文段或 UDP 用户数据报）的首部中要写入源端口号和目的端口号。传输层收到 IP 层上交的数据后，要根据其目的端口号决定应当通过哪一个端口上交给目的应用进程。

在 OSI 的术语中，端口就是传输层服务访问点 TSAP。端口的作用就是让应用层的各种应用进程能将其数据通过端口向下交付给传输层，以及让传输层知道应当将其报文段中的数据向上通过端口交付给应用层相应的进程。从这个意义上讲，端口是用来标志应用层的进程。

应用进程在利用 TCP 协议传送数据之前，首先需要建立一条到达目的主机的 TCP 连接。TCP 协议将一个 TCP 连接两端的端点叫做端口。端口用一个 16 位的二进制数表示。实际上，应用进程利用 TCP 进行数据传输的过程就是数据从一台主机的 TCP 端口流入，经 TCP 连接从另一主机的 TCP 端口流出的过程。TCP 可以利用端口提供多路复用功能。一台主机可以通过不同的端口建立到多个主机的连接，应用进程可以使用一个或多个 TCP 连接发送或接收数据。

在 TCP 的所有端口中，可以分为两类：一类是由因特网指派名字和号码公司 ICANN 负责分配给一些常用的应用层程序固定使用，叫做熟知端口。其数值一般为 0～1023，如表 3.2 所示。

表 3.2　应用协议对应的熟知端口

应用协议	FTP	TELNET	SMTP	DNS	TFTP	HTTP	SNMP
熟知端口	21	23	25	53	69	80	161

"熟知端口"就是这些端口是被 TCP/IP 体系确定并公布的，是所有用户进程都知道的。在应用层中的各种不同的服务器不断地检测到分配给它们的熟知端口，以便发现是否有某个客户进程要和它通信。另一类则是一般端口，用来随时分配给请求通信的客户进程。

下面通过一个例子说明端口的作用。设主机 A 要使用简单邮件传送协议 SMTP 与主机 C 通信，SMTP 使用面向连接的 TCP。为了找到目的主机中的 SMTP，主机 A 与主机 C 建立的连接中，要使用目的主机中的熟知端口号 25。主机 A 也要给自己的进程分配一个端口号 500。这就是主机 A 和主机 C 建立的第一个连接。图 3.10 中的连接画成虚线，表示这种连接不是物理连接而只是个虚连接。

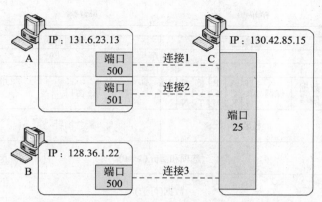

图 3.10 主机 A 与主机 C 建立 3 个 TCP 连接

现在主机 A 中的另一个进程也要和主机 C 中的 SMTP 建立连接。目的端口号仍为 25，但其源端口号不能与上一个连接重复。设主机 A 分配的这个源端口号为 501。这是主机 A 和主机 C 建立的第二个连接。

设主机 B 现在也要和主机 C 的 SMTP 建立连接。主机 B 选择源端口号为 500，目的端口号当然还是 25，这是和主机 C 建立的第三个连接。这里的源端口号与第一个连接的源端口号相同，但纯属巧合。各主机都独立地分配自己的端口号。

为了在通信时不致发生混乱，就必须把端口号和主机的 IP 地址结合在一起使用。在图 3.10 所示的例子中，主机 A 和 B 虽然都使用了相同的源端口号 500，但只要查一下 IP 地址就可以知道是哪一个主机的数据。因此，TCP 使用"连接"（而不仅仅是"端口"）作为最基本的术语抽象。一个连接由它的两个端口来标识，这样的端口就叫做插口（socket）。插口的概念并不复杂，但非常重要。插口包括 IP 地址（32 位）和端口号（16 位），共 48 位。在整个 Internet 中，在传输层通信的一对插口必须是唯一的。

例如，在图 3.10 中的连接 1 的一对插口是：（131.6.23.13，500）和（130.42.85.15，25）。而连接 2 的一对插口是：（131.6.23.13，501）和（130.42.85.15，25）。

上面的例子是使用面向连接的 TCP。若使用面向无连接的 UDP，虽然在相互通信的两个进程之间没有一条虚连接，但每一个方向一定有发送端口和接收端口，因而也同样可以使用插口的概念。只有这样才能区分同时通信的多个主机中的多个进程。

2. 传输控制协议 TCP（参考第 6 章介绍）

TCP 所处理的报文段分为首部和数据两部分。TCP 的全部功能都体现在首部各字段的作用上。图 3.11 展示了 TCP 报文段的格式。

TCP 报文段首部的前 20 字节是固定的，后面的 4N 字节根据需要而增加。固定部分各字段的含义如下。

1）源端口和目的端口

这些端口用来将高层协议向下复用，也可以将传输层协议向上分用。

2）发送序号

占 4 字节，TCP 是面向数据流操作的，它所传送的报文可看作连续的数据流，其中每个字节对应一个序号。首部中的序号指本报文段所发送数据的第一个字节的序号。

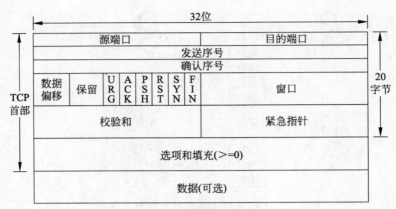

图 3.11   TCP 报文段的格式

3）确认序号

占 4 字节，期望收到对方的下一个报文段数据第一个字节的序号，即期望收到下一个报文段首部的序号字段的值。

4）数据偏移

占 4 字节，它指出数据开始的地方离 TCP 报文段的起始处有多远。实际就是报文段首部的长度。但应注意，"数据偏移"的单位不是字节而是比特。

5）保留

占 6 位，保留今后使用，目前置 0。

6）紧急比特 URG

当 URG = 1 时，紧急指针字段有效，这时它告诉系统报文段中有紧急数据，应尽快传送，而不要按原来的顺序排队传送。当使用紧急比特并将 URG 置 1 时，发送应用进程就告诉 TCP 这两个字符是紧急数据。于是发送 TCP 就将这两个字符插入到报文段的数据的最前面，其余的数据都是普通数据。

7）确认比特 ACK

只有 ACK = 1 时确认序号字段才有效。当 ACK = 0 时，确认序号无效。

8）推送比特 PSH

发送端将 PSH 置 1，并创建一个报文段发送出去。接收端收到推送比特置 1 的报文段，就尽快交付给接收应用进程，而不再等整个缓存都填满了再交付。有时 PSH 也称急迫比特。

9）复位比特 RST

当 RST = 1 时，表明 TCP 连接中出现严重差错，必须释放连接，然后重新建立传输连接。复位比特也称重建比特或重置比特。

10）同步比特 SYN

当 SYN = 1 而 ACK = 0 时，是一个连接请求报文段。若对方同意建立连接，则响应的报文段中 SYN = 1 和 ACK = 1。

11）终止比特 FIN

当 FIN = 1 时，表明报文段发送端数据已传送完毕，要求释放传输连接。

12）窗口

大家知道在网络中通常利用接收端接收数据的能力来控制发送端数据的发送量。TCP 也是这样进行流量控制的，TCP 连接的一端根据自己的缓存的空间大小来确定接收窗口的大小。

13）检验和

占 2 字节，检验和字段检验的范围包括首部和数据区两部分。在计算检验和时要在报文段的前面加上 12 字节的伪首部。伪首部就是这种首部不是真正的数据报首部，只是在计算校验和时，临时和 TCP 报文段连接在一起，得到一个过渡的数据报，检验和就是按照这个过渡的报文段来计算的，伪首部既不向下传递，也不向上递交。

14）选项

长度可变。TCP 只规定了一种可选项，即最大报文段长度 MSS。它告诉对方的 TCP："我的缓存所能接收的报文段的数据字段的最大长度是 MSS 字节"。

前面已讲过，TCP 是面向连接的协议。传输连接存在 3 个阶段，即连接建立、数据传输和连接释放。传输连接管理就是使传输连接的建立和释放都能可靠地进行。在连接建立过程中要解决以下 3 个问题：

（1）要使每一方都能够确知对方的存在；

（2）要允许双方协商一些参数（如最大报文段长度、最大窗口大小、服务质量等）；

（3）能够对传输实体资源（如缓存大小、连接数等）进行分配。

为确保连接建立和终止的可靠性，TCP 使用了三次握手法。所谓三次握手法就是在连接建立和终止过程中，通信的双方需要交换 3 次报文。可以证明，在数据包丢失、重复和延迟的情况下，三次握手法中的初始序号和确认序号保证了建立连接的过程中不会造成混淆。建立连接的一般过程如下所述。

- 第一次握手：源端主机发送一个带有本次连接序号的请求。
- 第二次握手：目的端主机收到请求后，如果同意连接，则发回一个带有本次连接序号和源端主机连接序号的确认。
- 第三次握手：源端主机收到含有两次初始序号的应答后，再向目的主机发送一个带有两次连接序号的确认。当目的主机收到确认后，双方就建立了连接。

图 3.12 展示了 TCP 利用三次握手法建立连接的正常过程。在三次握手的第一次中，主机 A 向主机 B 发出连接请求报文段，其中包含主机 A 选择的初始序列号 x，此数值表明在后面传送数据时第一个数据字节的序号；第二次，主机 B 收到请求报文段后，如同意连接，则发回连接确认报文段，其中包含主机 B 选择的初始序号 y，用来标志自己发送的报文段，以及主机 B 对其主机 A 初始序列号 x 的确认，确认序号为 $x+1$；第三次，主机 A 向主机 B 发送序号为 $x+1$ 的数据，其中包含对主机 B 初始序列号 y 的确认，确认序号为 $y+1$。

3. 用户数据报协议 UDP

与传输控制协议 TCP 相同，用户数据报协议 UDP 也位于传输层。但是，它的可靠性远没有 TCP 高。

从用户的角度看，用户数据报协议 UDP 提供了面向无连接的、不可靠的传输服务。它使用 IP 数据报携带数据，但增加了对给定主机上多个目标进行区分的能力。由于 UDP

是面向无连接的，因此它可以将数据封装到 IP 数据报中直接发送。这与 TCP 发送数据前需要建立连接有很大的区别。由于发送数据之前不需要建立连接，所以减少了开销和发送数据之前的时延。

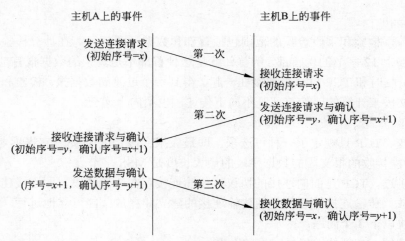

图 3.12　TCP 连接的正常建立过程

UDP 既不使用确认信息对数据的到达进行确认，也不对收到的数据进行排序。因此，利用 UDP 协议传送的数据有可能会出现丢失、重复或乱序现象，一个使用 UDP 的应用程序要承担可靠性方面的全部工作。

UDP 协议的最大优点是运行的高效性和实现的简单性。尽管可靠性不如 TCP 协议，但很多著名的应用协议还是采用了 UDP，如表 3.3 所示。

表 3.3　协议

传输层协议	应用层协议	描　　述
TCP	FTP	文件传输协议
	TELNET	远程登录协议
	SMTP	简单邮件传输协议
	HTTP	超文本传输协议
	POP3	邮局协议
	NNTP	新闻传输协议
TCP UDP	DNS	域名解析系统
UDP	BOOT	引导协议
	TFTP	简单文本传输协议
	SNMP	简单网络管理协议

其报文格式如图 3.13 所示。

用户数据报 UDP 包括两个字段：数据字段和首部字段。首部字段有 8 字节，由 4 个字段组成，每个字段均为两字节。

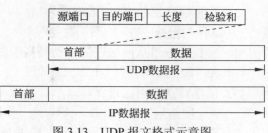

图 3.13　UDP 报文格式示意图

（1）源端口字段：源端口号。

（2）目的端口字段：目的端口号。

（3）长度字段：UDP 数据报的长度。

（4）检验和字段：防止 UDP 数据报在传输中出错。

3.4.4　应用层相关协议

TCP/IP 协议没有会话层和表示层，传输层的上面是应用层，它包含所有的高层协议。应用层最早引入的是虚拟终端协议（Telnet）、文件传输协议（FTP）和电子邮件协议（SMTP）。虚拟终端协议允许一台机器上的用户登录到远程机器上并且进行工作。文件传输协议提供了有效地把数据从一台机器移动到另一台机器的方法。电子邮件协议最初仅指文件传输，但是后来为它提出了专门的协议。这些年来，应用层又增加了不少的协议，例如域名系统服务（Domain Name Server，DNS）用于把主机名映射到网络地址，NMTP 协议用于传递新闻文章，还有 HTTP 协议用于在万维网（WWW）上获取主页等。从应用开发角度来看，Internet 上已开发了许多实用程序，如 Netscape、Internet Explorer 等。这些实用程序通过 Socket 接口与各种应用协议相连接，例如 TCP/IP 基于 Windows 的应用程序接口为 Winsock。

小结

网络体系结构是错综复杂的网络世界必须遵守的网络标准，而 OSI 参考模型和 TCP/IP 模型则是典型的代表，因此网络体系结构的掌握对于我们更好地认识计算机网络提供帮助。

本章对 OSI 参考模型和 TCP/IP 模型的整个体系及每层的主要工作进行了详细介绍和对比，并对 TCP/IP 模型中的主要协议和重要知识点进行了详尽讨论。

习题

一、选择题

1. 在下列有关网络分层的原则中，不正确的是（　　　）。

　　A．每层的功能应明确

　　B．层数要适中

　　C．层间的接口必须清晰，跨越接口的信息量应尽可能少

　　D．同一功能可以由多个层共同实现

2. 在 OSI 参考模型中，网络层的上一层是（　　　）。

　　A．物理层　　　　　B．会话层　　　　　C．传输层　　　D．数据链路层

3．数据链路层的 PDU 通常称为（　　）。

    A．数据报　　　　　B．数据帧　　　　　C．数据包　　　D．数据段

4．当数据分组从网络底层移动到高层时，其首部会被逐层（　　）。

    A．加上　　　　　B．去除　　　　　C．重新安排　　D．修改

5．语法转换和语法选择是（　　）应完成的功能。

    A．网络层　　　　B．传输层　　　　C．表示层　　　D．会话层

6．在 TCP/IP 协议中，服务器上提供 HTTP 服务的端口号是（　　）。

    A．21　　　　　B．23　　　　　C．25　　　　D．80

7．Telnet 主要工作在（　　）。

    A．数据链路层　　B．网络层　　　　C．传输层　　　D．应用层

8．每个输入信号源的数据速率假设为 9.6Kb/s，现在有一条容量达 153.6KB/s 的线路，如果采用同步时分复用，则可容纳（　　）路信号。

    A．2　　　　　B．4　　　　　C．8　　　　D．16

9．以下 IP 地址中属于 B 类地址的是（　　）。

    A．10.20.30.40　　　　　　　　B．172.16.26.36

    C．192.168.200.10　　　　　　D．202.101.244.101

10．把网络 202.112.78.0 划分为多个子网（子网掩码 255.255.255.192）则所有子网中可用的主机地址总数和是（　　）。

    A．254　　　　B．180　　　　C．128　　　D．124

二、填空题

1．开放系统互联参考模型简称_____。

2．OSI 参考模型分为_____层，分别是_____、_____、_____、_____、_____、_____、_____。

3．物理层传送数据的单位是_____，数据链路层传送数据的单位是_____，网络层传送数据的单位是_____，传输层传送数据的单位是_____，应用层传送数据的单位是_____。

4．网络协议的三个组成要素是_____、_____和_____。

5．物理地址的长度为_____位，目前 IP 地址的长度为_____位。

6．TCP 和 UDP 报文中的端口号字段占_____位，因此端口号编号的取值范围是_____。其中熟知端口的范围是_____。

7．在 TCP/IP 参考模型的传输层中，_____协议提供可靠的、面向连接的数据传输服务，_____提供不可靠的、无连接的数据传输服务。

8．WWW 服务是以_____协议为基础。

9．A 类地址的标准子网掩码是_____，写成二进制是_____。

10．已知某主机的 IP 地址为 132.102.101.28，子网掩码为 255.255.255.0，那么该主机所在子网的网络地址是_____。

三、简答题

1．简述网络协议和计算机网络结构体系的概念。

2．为什么要对网络结构体系进行分层设计？分层设计有什么优点？

3．试用网络层次结构的思想解释甲方和乙方打电话的通信过程。

4．请对比两个国际标准的体系结构。

5．什么是物理地址，什么是 IP 地址？两者在数据传输中起什么作用？在 Internet 中通过什么协议可以知道某一 IP 地址的 MAC 地址？

6．端口指什么？数据传送到主机后为什么还要按照端口号寻址？

7．简述 TCP 和 UDP 的异同之处。

8．简述 ICMP 的作用。

第4章

局域网技术

早期的计算机通信系统大都使用点对点通信方式，即每一个通信信道只连接两台计算机，并只被这两台计算机占用。点对点网络具有如下特点：第一，因为每个连接都是独立的，所以能使用任何合适的硬件；第二，由于连接的计算机独占线路，所以它们能确切地决定怎样通过连接来传输数据；第三，由于只有这两台计算机能使用信道，通信具有较强的安全性和私有性。但是，点对点连接方案的缺点也很明显，当多于两台的计算机需要相互通信时，所需连接的数量随着计算机数量的增长而迅速增长。

在 20 世纪 70 年代初期，研究人员发展了局域网的技术，该技术作为固定的昂贵的点对点连接的替代物，在基本原理上同远程网络是不同的，因为它依赖于共享网络。每一个局域网包括一种共享媒体，许多计算机都连在上面，计算机按某种顺序使用共享媒体来传输数据。由于共享消除了重复性，降低了费用，所以允许计算机共享媒体的局域网技术变得流行起来，并且得到了飞速发展。

4.1 局域网的概述

那么什么是局域网呢？局域网（Local Area Net，LAN）是一个数据通信系统，它在一个适中的地理范围内，把若干独立的设备连接起来，通过物理通信信道，以适当的数据速率实现各独立设备之间的平等通信，实现资源共享。可以看出局域网具有如下特点：

- 局域网是一种实现各独立设备的通信网络。
- 局域网能使若干独立的设备相互进行直接通信。这表明局域网支持多对多的通信，即连接在 LAN 中的任何一个设备都能与网上的任何其他设备直接进行通信。
- 局域网概念中的"设备"是广义的，它包括在传输媒体上通信的任何设备，如计算机、终端、各种数据通信设备和信号转换设备等。
- 局域网的地域范围是在一个适中的地理范围内，通常在方圆 10km 之内。
- 局域网是通过物理通信组成的，通常的物理信道媒体是双绞线、同轴电缆、光纤等。
- 局域网的信道以适当的数据速率进行数据传输。

局域网主要由网络服务器、用户工作站、网络适配器和传输媒体等 4 部分组成。其中网络服务器是网络控制的核心，一个局域网至少需要配备一台服务器。在网络环境中，工作站是网络的前端窗口，用户通过工作站来访问网络的共享资源。而工作站或服务器连接到网络上，实现网络资源共享和相互通信都要通过网卡。传输媒体是网络通信的物质基础之一，传输媒体的性能特点对信息传输速率、通信的距离、连接的网络结点数目和数据传输的可靠性等均有很大的影响。因此，必须根据不同的通信要求，合理地选择传输媒体。

局域网中使用的基本网络拓扑结构有总线、环状和星状几种，其中每种基本拓扑各有其优点和缺点。环状拓扑使计算机容易协调使用以及容易检测网络是否正确运行，然而，如果其中一根电缆断掉，整个环状网络都要失效。星状网络能保护网络不受一根电缆损坏的影响，因为每根电缆只连接一台机器。总线拓扑所需的布线比星状拓扑结构少，但是有和环状拓扑一样的缺点：如果某人偶然切断总线，网络就要失效。

局域网与广域网（Wide Area Net，WAN）有着重要的区别。广域网通常是应用公共远程通信设施，为用户提供远程用户之间的快速信息交换的系统，相对通信范围要大得多。局域网与广域网的不同之处主要表现在如下几方面。

1. 覆盖范围

局域网的覆盖范围通常在一座办公大楼或集中的宿舍区内，为一个部门所有，涉及范围一般只有几千米。而广域网的覆盖范围通常是一个地区、一个国家乃至全球范围。

2. 传输介质

局域网通信所选用的传输媒体通常是双绞线、同轴电缆或光纤等传输介质。而广域网通信所选用的传输介质则是通过公用线路实现，如电话线等。

3. 通信方式

局域网通信使用的传输通常是用来对数字信号进行传输的专用线路，所以局域网通信通常采用的是数字通信方式。广域网通信通常是利用公用线路，如公用电话线。电话线传输的信号是模拟信号，所以广域网通信通常采用模拟通信方式；而借助卫星进行通信的系统所实施的是微波通信；还有借助光纤通信系统实施的光纤远程高速信息通信。

4. 通信管理

局域网信息传输延时小，信息响应快，所以局域网的通信管理相对简单。而广域网信息传输延时大，远程通信要配置较强功能的计算机，配置各种通信软件和通信设备，通信管理复杂。

5. 通信效率

局域网数据传输效率高，传输误码率低，一般在 $10^{-8}\sim10^{-11}$ 之间。而广域网数据传输误码率要比局域网传输误码率高得多。

6. 服务范围

局域网的服务对象是一个或几个拥有网络管理和使用权的特定用户，它不是一种公用的或商用的设施。通常局域网是为某个部门或单位的特殊业务工作的需要而建造的网络，所以它是具有专用性质的专用网络。广域网不仅具有专用服务特性，它还具有公用服务特性。

7. 网络性能

局域网和广域网它们都具有共同的网络功能特性。但从整体上分析，局域网与广域网的侧重点是不完全一样的。局域网侧重共享信息的处理，而广域网侧重的却是共享信息准确无误、安全的传输。

8. 投资

局域网投资少，不需要很高的运行费用。而广域网不仅建设投资大，而且需要高额的运行费用。

4.2　传输介质

在局域网中，要使网络中的计算机能正常通信，必须提供一条正常的物理通道。在这条通道上，信息可以通过某种形式从一台计算机传递到另一台计算机。这条通道在网络中称为传输介质。传输介质决定了网络的传输速率、网络段的最大长度、传输的可靠性及网卡的复杂性。

通常意义上的网络传输介质可按以下方式进行分类，如图 4.1 所示。

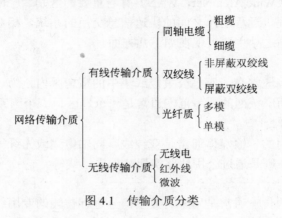

图 4.1　传输介质分类

4.2.1　双绞线

双绞线（Twisted Pair Cable）是局域网中最常用的一种传输介质，它由两根具有绝缘保护层的铜导线组成，把它们互相拧在一起可以降低信号干扰的程度。一根双绞线电缆中可包含多对双绞线，连接计算机终端的双绞线电缆通常包含 4 对双绞线。

双绞线既可以传输模拟信号也可以传输数字信号。

双绞线可分为屏蔽双绞线，如图 4.2（b）所示和非屏蔽双绞线，如图 4.2（a）所示两种。屏蔽双绞线的内部信号线外面包裹着一层金属网，在屏蔽层外面是绝缘外皮，屏蔽层能够有效地隔离外界电磁信号的干扰。和非屏蔽双绞线相比，屏蔽双绞线具有较低的辐射，且其传输速率较高。

国际电气工业协会 EIA 为非屏蔽双绞线制定了布线标准，该标准包括 5 类非屏蔽双绞线，这 5 类线分别为：

- 1 类线　主要用于电话传输。
- 2 类线　可用于电话传输和最高为 4Mb/s 的数据传输，内部包含有 4 对双绞线。
- 3 类线　多用于 10Mb/s 以下的数据传输。
- 4 类线　可用于 16Mb/s 的令牌环网和大型 10Mb/s 的以太网，内部包含有 4 对双绞线。
- 5 类线　5 类线既可支持 100Mb/s 的快速以太网连接，也可支持 150Mb/s 的 ATM 数据传输，是连接桌面设备的首选传输介质。

● 超 5 类双绞线：和普通的 4 类双绞线相比，超 5 类双绞线的衰减更小、串扰更小，性能得到了较大的提高。

（a）非屏蔽双绞线　　　　　　　　（b）屏蔽双绞线

图 4.2　双绞线

网络中最常用的是 3 类线和 5 类线。其中 3 类线在局域网中常用做 10Mb/s 以太网的数据和语音传输，5 类线在目前的市场上使用最为广泛，其最高传输速率可达 100Mb/s。

不同类型的非屏蔽双绞线的主要技术参数和用途如表 4.1 所示。

表 4.1　非屏蔽双绞线的主要参数和用途

类　别	最高工作频率/MHz	最高数据传输率/Mb/s	主　要　用　途
3 类	16	10	10M 网络
4 类	20	16	10M 网络
5 类	100	100	10M 和 100M 网络
超 5 类	100	155	10M 和 100M 网络

4.2.2　同轴电缆

同轴电缆也是局域网中被广泛使用的一种传输介质，如图 4.3 所示。同轴电缆由内部导体和外部导体组成，内部导体可以是单股的实心导线，也可以是多股的绞合线。外部导体可以是单股线，也可以是网状线。同轴电缆可以用于长距离的电话网络、有线电视信号的传输信道以及计算机局域网络。

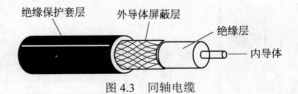

图 4.3　同轴电缆

根据带宽和用途的不同，可以将同轴电缆分为基带同轴电缆和宽带同轴电缆。基带同轴电缆的屏蔽线是用铜做成的，其特征阻抗值为 50Ω，常用于计算机局域网中；宽带同轴电缆的屏蔽线是用铝冲压成的，其特征阻抗值为 75Ω。

按直径的不同，同轴电缆可分为粗缆和细缆两种。细缆近年来发展较快，如图 4.4（a）所示。细缆一般用于总线型布线连接。利用 T 型 BNC 接口连接器连接 BNC 接口网卡，两端需安装终端电阻器。细缆网络每段干线长度最大为 185m，每段干线最多接入 30 个用户。如要拓宽网络范围，需使用中继器，如采用 4 个中继器连接 5 个网段，使网络最大距离达到 925m。细缆安装较容易，而且造价较低，但因受网络布线结构的限制，其日常维护不甚方便，一旦一个用户出故障，便会影响其他用户的正常工作。

粗缆多应用于较大局域网的网络干线，布线距离较长，可靠性较好，如图 4.4（b）所示。用户通常采用外部收发器与网络干线连接。粗缆局域网中每段长度可达 500m，采用 4 个中继器连接 5 个网段后最大可达 2500m。用粗缆组网，如需直接与网卡相连，网卡必须带有 AUI 接口（15 针 D 型接口）。用粗缆组建局域网虽然各项性能较高，具有较大的传输距离，但是网络安装、维护等方面比较困难，造价较高。

（a）细缆与BNC接头　　　　　　　　　　（b）粗缆

图 4.4　细缆与粗缆

4.2.3　光纤

在现在的大型网络系统中，几乎都采用光导纤维即光纤（Fiber Optic Cable）作为主干网络传输介质。相对于其他传输介质，光纤具有高带宽、低损耗、抗电磁干扰性强、安全性高等优点，如图 4.5 所示。在网络传输介质中，光纤是发展最为迅速的，也是最有前途的一种网络传输介质。

光纤是采用超纯的熔凝石英玻璃拉成的极细的芯线。通常光缆都是由若干根光纤组成的。光纤的横截面为圆形，由纤芯和包层两部分构成。包层比纤芯的折射率低，使光线全反射至纤芯内，经过多次反射来达到传导光波的目的。转发原理如图 4.6 所示。

图 4.5　光纤

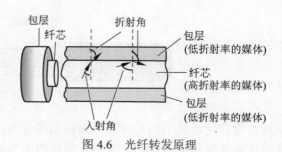

图 4.6　光纤转发原理

每根光纤只能单向传送信号，因此，光缆中至少要包括两条独立的纤芯，一条用于发送信号，另一条用于接收信号。

按光在光纤中的传输模式可分为：单模光纤和多模光纤。多模光纤中心玻璃芯较粗（50或 62.5μm），可传多种模式的光。但其模间色散较大，这就限制了传输数字信号的频率，而且随距离的增加会更加严重。因此，多模光纤传输的距离就比较近，一般只有几千米。单模光纤中心玻璃芯很细（芯径一般为 9 或 10μm），只能传一种模式的光。因此，其模间色散很小，适用于远程通信，但还存在着材料色散和波导色散，这样单模光纤对光源的谱宽和稳定性有较高的要求，即谱宽要窄，稳定性要好。

单模光纤与多模光纤的比较如图 4.7 所示。

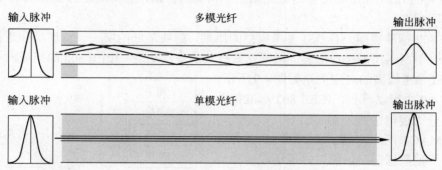

图 4.7　单模光纤与多模光纤的比较

4.2.4　无线传输介质

无线传输介质主要包括红外线、激光、微波或其他无线电波等无形介质（见图 4.8）。无线传输技术特别适用于连接难以布线的场合或远程通信。

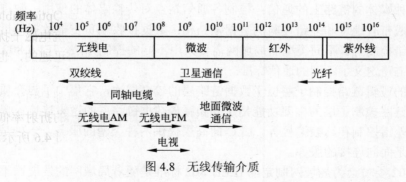

图 4.8　无线传输介质

微波频率在 100MHz 以上，它能沿着直线传播，具有很强的方向性。因此，发射天线和接收天线必须精确地对准，构成远距离通信系统的核心。

红外线链路只需要一对发送/接收器，这种收发器必须在视线范围内。它既可以安装在屋顶，又可以安装在建筑物内部，具有很强的方向性，不易被窃听、插入数据和干扰。在几千米内，通常只需要几 Mb/s 的数据传输率。

卫星通信就是利用人造卫星来进行中转的一种通信方式。商用卫星通常被发射在赤道上方 3.6 万千米的轨道上。卫星通信最大的特点是适合于远距离的数据传输，如在国际之间；其缺点是传输延时较大，通常在 500ms 左右，且费用昂贵。

目前无线局域网采用的传输媒体主要有两种，即微波与红外线。

4.3 局域网的标准

局域网出现后不久，其产品的数量和品种迅速增多，用户为了能在不同厂家生产的局域网间很方便地进行通信，迫切希望有一个局域网的标准。美国电气和电子工程师学会1980 年成立的 IEEE 802 委员会，对此做出了积极的贡献，它所制定的 IEEE 802 标准已逐步成为国际标准。

IEEE 802 标准遵循 ISO/OSI 参考模型的原则，解决最低两层——物理层和数据链路层的功能以及与网络层的接口服务、网际互联有关的高层功能。IEEE 802 的局域网参考模型与 ISO/OSI 参考模型的对应关系如图 4.9 所示。

从图 4.9 中可以看到，IEEE 802 标准把数据链路层分为逻辑链路控制（LLC）和介质访问控制（MAC）两个功能子层。这种功能分解主要是为了使数据链路层能更好地适应多种局域网标准，同时使数据链路功能中与硬件有关的部分和与硬件无关的部分分开，从而降低研究成本。

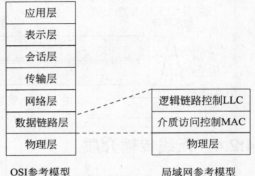

图 4.9 局域网参考模型与 OSI 参考模型的比较

局域网的媒体访问控制子层位于数据链路层的较低层次，它的主要功能是控制对传输媒体的访问。具体来讲，介质访问控制子层负责管理基于各种媒体的链路上的通信；控制各通信站点对传输媒体的使用；数据发送端负责把数据组装成带有地址和差错校验的数据帧结构；数据接收端负责把数据帧拆封；进行地址识别和差错控制等。不同类型的局域网需要采用不同的控制方法，IEEE 802 标准中针对不同媒体的链路定义了不同的通信标准。

局域网的逻辑链路控制子层位于数据链路层的较高层次，它集中了与介质访问无关的部分。逻辑链路控制子层的主要功能是建立和释放数据链路层的逻辑连接；提供与高层的接口；进行差错控制和给帧编号等。LLC 向高层提供两种类型的服务，一种是无连接的服务，另一种是面向连接的服务。

IEEE 802 委员会为局域网制定的 IEEE 802 标准是随着局域网的发展而不断完善的标准系列。下面介绍已经制定出的主要 IEEE 802 标准。

- IEEE 802.1 标准：该标准对 IEEE 802 系列标准做了介绍，并且对接口进行了规定，另外还包括局域网体系结构、局域网互联、网络管理和性能测试等方面内容。
- IEEE 802.2 标准：该标准描述了局域网的逻辑链路控制子层的功能与服务，采用的协议是逻辑链路控制协议。
- IEEE 802.3 标准：该标准定义了以太网介质访问控制子层与物理层的规范。
- IEEE 802.3u 标准：高速以太网（100Mb/s）标准。

- IEEE 802.3z 标准：千兆以太网（1Gb/s）标准。
- IEEE 802.4 标准：该标准定义了令牌总线介质访问控制子层与物理层的规范。
- IEEE 802.5 标准：该标准定义了令牌环介质访问控制子层与物理层的规范。
- IEEE 802.6 标准：该标准定义了城域网介质访问控制子层与物理层的规范。
- IEEE 802.7 标准：该标准定义了宽带局域网介质访问控制子层与物理层的规范。
- IEEE 802.8 标准：该标准定义了光纤分布式数据接口 FDDI 介质访问控制子层与物理层的规范。
- IEEE 802.9 标准：该标准定义了语音与数据综合局域网技术。
- IEEE 802.10 标准：该标准定义了可互操作的局域网安全性规范。
- IEEE 802.11 标准：该标准定义了无线局域网介质访问控制子层与物理层的规范。
- IEEE 802.12 标准：该标准定义了 100VG-AnyLAN 介质访问控制子层与物理层的规范。

上述各 IEEE 802 标准之间的关系如图 4.10 所示。从图中可以看到，其中的高层标准 802.10 和 802.1，以及逻辑链路控制子层的标准 802.2 对所有的局域网是公用的；而不同类型的局域网定义了不同的介质访问控制子层与物理层标准（802.3～802.12），这些标准是相互独立的。

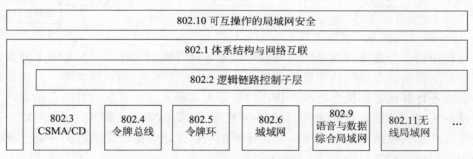

图 4.10　IEEE 802 标准之间的关系

4.4　局域网介质访问技术

介质访问控制方法即信道访问控制方法，IEEE 802 规定了局域网中最常用的介质访问控制方法，包括 IEEE 802.3 载波监听多路访问/冲突检测（CSMA/CD）总线网、IEEE 802.4 令牌总线（Token Bus）网和 IEEE 802.5 令牌环（Token Ring）网。

4.4.1　CSMA/CD 介质访问控制

在总线型局域网中，所有的结点都直接连接到同一条物理信道上，当时认为这样的连接方法既简单又可靠。总线方式具有的特点是当一台计算机发送数据时，总线上的所有计算机都能检测到这个数据。这种通信方式为广播通信，但我们并不总是希望使用广播通信。为了在总线上实现一对一的通信，可以给每一台计算机分配一个唯一的地址。在发送数据帧时，帧的首部字段写明接收站的地址，仅当数据帧的目的地址与计算机的地址一致时，该计算机才能接收这个数据帧；计算机对不是发送给自己的数据帧，则一律不接收（即丢弃该帧）。图 4.11 示意了上述概念，图 4.11 中计算机 B 正在向 D 发送数据，总线上每一个工作的计算机都能检测到 B 发送的数据信号，但由于只有计算机 D 的地址与数据帧首部写入的地址一致，因此只有 D 才接收这个数据帧，而其他所有计算机（A、C 和 E）都检测到不是发送给它们的数据帧，因此它们就丢弃这个数据帧。这样，具有广播特性的总线上就实现了一对一的通信。

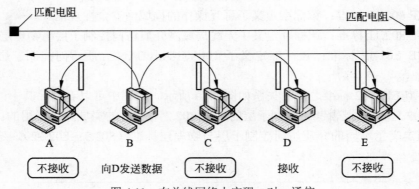

图 4.11　在总线网络上实现一对一通信

以太网中的一个重要问题是如何协调总线上各计算机的工作。因为总线上只要有一台计算机在发送数据，总线的传输资源就被占用，因此在同一时刻只能允许一台计算机发送数据。否则各计算机之间就会互相干扰，结果是大家都无法正常发送数据。以太网中采用一种特殊的协议，即载波侦听多路访问/冲突检测（CSMA/CD）来解决这个问题。该协议主要处理在共享传输信道的情况下，哪台计算机可以发送数据、发送时会不会出现冲突、出现冲突后如何处理等问题。

载波侦听多路访问（CSMA）有两方面的控制功能：载波侦听的功能是指查看或检测传输信道上有无信号正在传输；多路访问的功能是允许多个站点同时侦听信道是否空闲。按照 CSMA 的控制方式，以太网中的所有站点在发送数据之前，首先侦听信道的状态，若侦听到当前信道的状态为空闲，则可以发送数据。若站点侦听到信道的状态为忙，则一直坚持侦听，直到信道空闲时发送数据。

在共享传输信道的情况下，由于 CSMA 允许多个站点同时侦听信道状态，若多个站点同时侦听到信道空闲，则会出现多个站点同时发送数据的情况，这种情况下就会出现数据的碰撞。除此之外，还有一种会发生碰撞的情况：如果某个站点已经发出了数据，而由于信道的传播存在时延，因此另一个站点没有侦听到信道的忙状态，也将数据发送了出去。由此看来，按照 CSMA 的控制方式进行工作，发生数据碰撞的概率总是存在，这种数据碰撞现象称为冲突。为了保证数据传输的正确性，在数据发送出去之后要马上进行冲突检测（即 CD），查看发送出去的数据在信道上是否发生了碰撞。若检测到碰撞，则立即停止数据的发送，随机延迟一段时间后再发送。再发送的过程仍然按照 CSMA/CD 的控制过程进行。常用的检测冲突的方法有两种：一种是利用网络电压值在碰撞发生时升高的现象来检测冲突；另一种是利用编码违例判决法来检测冲突。

这里将 CSMA/CD 媒体访问控制规则的工作过程总结如下：

（1）发送数据前先侦听信道，如果信道空闲，则可进行发送，否则转到步骤（2）；

（2）如果信道忙，则继续侦听信道，一旦发现信道空闲，就进行发送；

（3）如果在发送过程中检测到冲突，则立即停止正常发送，转而发送一个短的干扰信号，其目的是使网络上其他站点都知道出现了冲突；

（4）发送了干扰信号后，退避一段随机时间，重新尝试发送，转到步骤（1）。

下面介绍 CSMA/CD 中使用的退避算法。先考虑这样一种情况：当某个站点正在发送数据时，有另外两个站点有数据要发送，这两个站点进行载波侦听，发现总线忙，于是就等待；当它们发现总线变为空闲时就立即发送自己的数据，而这次必然会产生碰撞；在冲突检测后发现了碰撞，停止发送；然后再重新发送，再次产生碰撞；如此下去一直不能发送成功。因此必须解决这个问题。CSMA/CD 中一般使用截断二进制指数类型退避算法来解决这一问题。

使用截断二进制指数类型退避算法很简单，就是让发生碰撞的站点在停止数据发送后，不是立即再发送数据，而是推迟（即退避）一段随机的时间，这样做的目的是为了使重传时再次发生冲突的概率减小。具体算法如下：

① 确定基本退避时间，假设为 d；

② 定义参数 k，它等于重传次数，但不超过 10，即 $k = \text{Min}$［重传次数，10］；

③ 从离散的整数集合［0，1，…，$(2k-1)$］中随机选取一个数，记为 r，重传等待的时延设为 r 倍的基本退避时间，即 $r \times d$；

④ 当重传次数达 16 次仍不成功时，则丢弃该帧，并向上层报告。

可以看出 CSMA/CD 是一种“争用”型的媒体访问控制方式，即各站点争先抢用传输信道，谁先占有信道谁先发送数据。但是数据发出之后可能产生冲突，冲突后就必须推迟一段时间重新发送，因此它不能保证一定在某一时间之内能够将数据成功发送出去。CSMA/CD 的这一特点称为发送的不确定性。由于 CSMA/CD 发生冲突的概率会随着网络中站点数量的增加而增加，因此以太网在组网时对网络中站点的数目有限制，它在网络数据负荷量不太大的场合下才能发挥出较好的性能。

4.4.2　令牌环

令牌环网即符合 IEEE 802.5 标准，它是一种典型的环状拓扑结构的网络。

令牌环网的网络结构如图 4.12 所示。它由许多称为环接口的设备和各环接口间的点对点链路组成，各个站点通过环接口连接到网络上。发送数据站的环接口将数据发送到输出链路上，数据沿环单方向流经各个站点，其余站的环接口从输入链路上接收数据，同时照原样将数据转发到输出链路上，数据返回到发送站环接口时被取消。由此可见，尽管环是由一系列点对点链路组成的，但环上发送的数据能被所有站点接收到，而且在任何时刻也只能允许一个站点发送数据，因而令牌环网也存在发送权的争用问题。

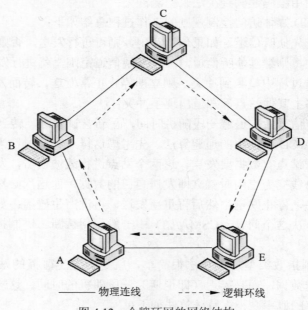

——— 物理连线   - - - - → 逻辑环线

图 4.12   令牌环网的网络结构

为了解决发送权的争用问题,使用一个称为令牌(Token)的特殊帧,并规定只有获得令牌的站点才有权利发送数据,数据发送完后立即释放令牌供其他站使用。由于环中只有一个令牌,因此任何时刻最多只有一个站点发送,不会产生冲突。同时令牌周而复始地在环中巡游,各站点捕获令牌的机会相等,因此令牌环网是公平的,使得各个站点能够公平地共享环路带宽。

令牌环网的工作过程如下:

(1)当网络空闲时,令牌在环上巡游,其状态为空闲。

(2)当一个站点有数据要发送时,必须等待令牌通过且状态为空闲,这时该站点将令牌状态翻转为忙,然后发送数据;如果令牌状态为忙,只有耐心等待。

(3)每个站点一边转发数据,一边检查数据帧中的目的地址,如果自己是接收站点则同时将数据接收下来。

(4)数据回到发送站时,发送站将其从环上取消。

(5)发送站发完数据之后(所发数据全部从环上取消后),重新产生令牌,将其释放到环上。

令牌环网中不会出现数据冲突,在数据负荷较高时传输效率很高,另外令牌沿环巡游一周的时间是固定的,因而实时性较好。

4.4.3   令牌总线

IEEE 802.4 标准定义了总线拓扑结构的令牌总线(Token Bus)介质访问控制方法与相应的物理规范。令牌总线网结合了以太网和令牌环网的特性,它在物理上按照总线结构来连接,但在逻辑上是一个环状结构。令牌总线和令牌环按同样的原理进行操作,站点被逻辑地组织成一个环，令牌在这个逻辑环上传递，一个站点想要发送数据就必须等待令牌的到来。但是在这里，站点之间的通信是通过公共总线进行的，如同在以太网中的那样。图 4.13 展示了这种物理总线逻辑环的结构，图 4.13 中共 6 个站点（A～F），连接到一根总线上，它们之间逻辑顺序依次为 A→B→C→D→E→F→A 循环传递。

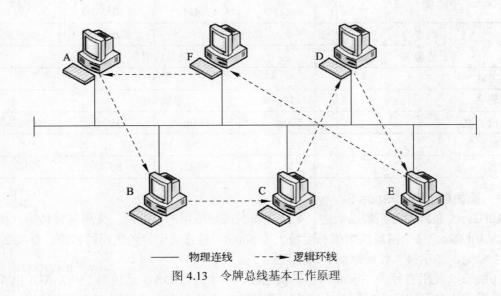

图 4.13　令牌总线基本工作原理

　　于是从 A 开始沿着总线发送一个令牌到 B，同以太网一样，每个站点可以获得这个令牌，但是令牌的目的地址说明了哪个站点要得到它；当 B 收到令牌时，可以发送数据，若 B 没有数据要发送，就将令牌传递给 C；同样地，C 或者将令牌传递给 D，或者发送数据，如此继续下去。

　　需要注意的是，由于在物理连接上令牌总线仍属于总线结构，因此结点是将数据发送到总线上的，总线上所有的结点都能够监测到数据，但只有目标结点才可以接收并处理数据。

4.5　以太网技术

4.5.1　传统以太网

　　以太网是最主要的局域网，其核心思想是使用共享的公共传输信道。以太网是由 Xerox 公司创立的，后来经 Xerox 公司、Intel 公司及 DEC 公司三家公司公布了以太网蓝皮书，称为 DIX（三家公司名字的首字母）版以太网 1.0 规范。

　　在 IEEE 802.3 中，10Mb/s 以太网是最先稳定并得到成功应用的 LAN 技术。10Mb/s 以太网包括多种子类型标准，不同子类型以太网的主要区别在于传输媒质的选择上有所不同。表 4.2 列出了以太网的主要类型及其技术特征。

表 4.2　各类 10Mb/s 以太网的主要技术特征

类　　型		10Base-5	10Base-2	10Base-T	10Base-F
传输速率		10Mb/s			
传输媒质		标准同轴电缆 （50Ω）	细同轴电缆 （50Ω）	UTP （3 类以上）	光纤
拓扑	物理	总线型		星状/树状	点对点
	逻辑	总线型			
传输方式		基带			
线路码		曼彻斯特			
最大段长度		500m	185m	100m	500m/2km
数据帧长度		56～1518 字节			
连接器		N	BNC	RJ-45	ST

1. 粗缆以太网 10Base-5

10Base-5 通常称为粗缆以太网，是最先得到成功应用的以太网，采用基带传输，传输速率为 10Mb/s。每个网段的电缆长度最大为 500m，通常采用黄色包层的粗缆，每隔 2.5m 有一个标记，指示接入收发器插头的位置。

10Base-5 使用直径为 10mm 的粗同轴电缆，网卡经过 DB-5 连接器、9 线 AUI 电缆和外部收发器连接到粗以太网同轴电缆上。粗同轴电缆的两端必须使用 50Ω电阻的终结器，且一端必须接地。10Base-5 网络的连接图如图 4.14 所示。

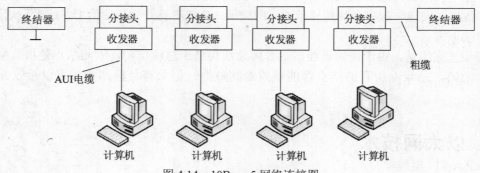

图 4.14　10Base-5 网络连接图

10Base-5 网络的组网技术参数如下：
- 采用总线拓扑结构（物理拓扑与逻辑拓扑相同）。
- 传输介质为 RG-11 型 50Ω粗同轴电缆。
- 使用 CSMA/CD 介质访问控制方式。
- 网段最大长度为 500m，每段最多站点数为 100 个，站点间最短距离为 2.5m。
- 可通过中继器扩展网段长度，但整个网络最多允许使用 4 个中继器连接 5 个网络段。

10Base-5 网络的特点是可靠性高，抗干扰能力强，中继距离较长。但电缆较为昂贵，网络投资较大，安装也不太方便。

2. 细缆以太网 10Base-2

10Base-2 称为细缆以太网，采用基带传输，传输速率为 10Mb/s，每个网段的电缆长度最大为 185m。它使用直径为 5mm 的细同轴电缆，网卡通过一个无源的 BNC 头和 T 型头与电缆直接相连。10Base-2 网络的连接图如图 4.15 所示（其网络结构与粗缆以太网基本相同，只是组网的硬件设备不同）。

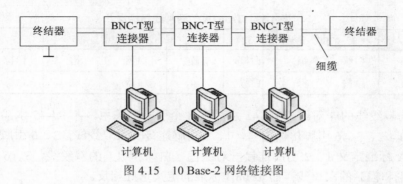

图 4.15　10 Base-2 网络链接图

10Base-2 网络的组网技术参数如下：

- 采用总线拓扑结构（物理拓扑与逻辑拓扑相同）。
- 传输介质为 RG-58 型 50Ω 细同轴电缆。
- 使用 CSMA/CD 介质访问控制方式。
- 网段最大长度为 185m，每段最多站点数为 30 个，站点间最短距离为 0.5m。
- 可通过中继器扩展网段长度，但整个网络最多允许使用 4 个中继器连接 5 个网络段。

10Base-2 网络采用工业标准的 BNC 连接器组成 T 形接头，因而比较简单、灵活，细以太电缆价格低廉、安装方便，但是它覆盖的范围较为有限，而且每段电缆内连接的站点数目也有限。另外，10Base-5 和 10Base-2 网络有一个共同的缺点，就是连接可靠性差，一旦电缆上一个点出现故障会使整个网络瘫痪，而且不易查找。

3. 10Base-T 网络

10Base-T 称为双绞线以太网网络，它是典型的物理拓扑结构与逻辑拓扑结构不同的网络，其物理拓扑结构是星状结构，而逻辑拓扑结构的总线结构。10Base-T 网络是目前应用最为广泛的以太网，其连接图如图 4.16 所示。

10Base-T 集线器是一个具有中继器功能的有源多端口转发器，其原理是接收某一端口的信号，将其整形、放大后再转发给其他所有端口。除此之外，有些集线器还提供基本维护与管理、网络故障自动隔离和端口分区等功能。按交换方式划分，集线器可分为共享式集线器和交换式集线器，10Base-T 共享式集线器又可分为固定式集线器和堆叠式集线器两种。固定式集线器是最简单、最便宜的一种，其特点是集线器端口固定，共享单独的网段。堆叠式集线器可通过外部电缆连接扩展端口，每个可堆叠式集线器既可以单独使用，也可堆叠起来使用。堆叠式

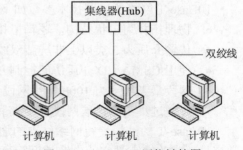

图 4.16　10Base-T 网络链接图

集线器的优点是端口扩展不受 10Base-T 集线器的限制，同时安装、使用简单方便。

10Base-T 多使用非屏蔽双绞线作传输媒体，在电缆两端制作有 RJ-45 连接器（俗称水晶头）。带有水晶头的 UTP 电缆分别插入网卡与集线器的 RJ-45 端口中，从而实现工作站与集线器的连接。UTP 电缆的制作在国际上遵循 TIA/EIA 的两种线序标准：T568A 标准和 T568B 标准。这两种标准的线序如表 4.3 所示。

表 4.3　TIA/EIA 的两种线序标准

引　脚　号	1	2	3	4	5	6	7	8
T568A 标准	白绿	绿	白橙	蓝	白蓝	橙	白棕	棕
T568B 标准	白橙	橙	白绿	蓝	白蓝	绿	白棕	棕

表 4.3 为双绞线的 4 对线与 RJ-45 水晶头 8 个引脚的关系。在 RJ-45 水晶头的 8 个引脚中，只有 1、2、3、6 引脚传输信号，1、2 引脚连接一对双绞线，3、6 引脚连接一对双绞线。T568A 标准定义 1、2 引脚连接一对绿色（白绿和绿）的双绞线，3、6 引脚连接一对橙色（白橙和橙）的双绞线；而 T568B 标准的定义正好相反。

网线分为两类，即标准线和交叉线（如图 4.17 所示），分别用于连接不同的设备与端口。将双绞线电缆的两端水晶头按照相同的线制标准制作（即两端都按照 T568A 标准或都按照 T568B 标准制作）的缆线称为标准线或直通线。标准线用于网卡与集线器普通端口之间的连接。

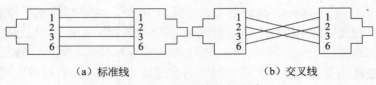

（a）标准线　　　　　　　　（b）交叉线

图 4.17　RJ-45 的线序关系

将双绞线电缆的一端水晶头按照 T568A 标准制作，另一端按照 T568B 标准制作的双绞线称为交叉线。交叉线的作用是使 RJ-45 接口上原发送端 1、2 引脚的信号通过线序的交叉送到接收端的 3、6 引脚，同样原发送端 3、6 引脚的信号通过线序的交叉送到接收端的 1、2 引脚。交叉线用于直接连接两块网卡或是通过普通端口进行两个集线器的级联。

10Base-T 网络的组网技术参数如下：

- 物理拓扑为星状结构，逻辑拓扑为总线结构。
- 传输介质为 3 类以上非屏蔽双绞线或屏蔽双绞线。
- 使用 CSMA/CD 介质访问控制方式。
- 网段最大长度为 100m，每网段最多站点数为 1。
- 可通过集线器扩展网段长度，最大网段数目：5 个，其中 3 个可以连接设备。

10Base-T 的结构使得网络结点的加入和移去都变得十分简单，对电缆故障的检测也非常容易，它的缺点是它的电缆长度距离集线器只有 100m。尽管如此，由于 10Base-T 易于维护，它的应用变得越来越广泛。

4. 10Base-F

10Base-F 称为光纤以太网，是 IEEE 802.3 中关于光纤作为媒体的系统的规范。该规范中，每条传输线路均使用一条光纤，每条光纤采用曼彻斯特编码传输一个方向上的信号。每一位数据经过编码后，转换为一对光信号元素（有光表示高、无光表示低），所以，一个 10Mb/s 的数据流实际上需要 20Mb/s 的信号流。10Base-F 具有很好的抗干扰性，常常用于远程办公室或工作站的连接，但 10Base-F 的连接器和终结器价格比较昂贵。

4.5.2　快速以太网

随着信息技术的飞速发展，尤其是多媒体技术和应用的普及，人们对网络的传输带宽的要求越来越高，传统的低于 10Mb/s 的局域网已经不能满足需要，许多计算机通信和网络厂商都在努力开发速度更快的网络产品。我们把传输速率在 100Mb/s 以上的局域网称为高速局域网。1995 年 9 月，IEEE 802 委员会正式批准了快速以太网标准 802.3u。目前已经开发出的高速局域网有快速以太网、千兆位以太网、100VG-AnyLAN 局域网和 FDDI 网络等。

100Base-T 快速以太网可以看成是 10Base-T 的直线升级，保留了 10Base-T 的基本特征，采用相同的逻辑链路控制子层；媒体访问控制子层采用相同的 CSMA/CD 协议和相同的帧格式。由于传输速率提高到 100Mb/s，因此快速以太网在物理层的工作频率、编码方式、物理媒体及接口等方面与 10Base-T 有较大差异。100Base-T 主要特点归纳如下。

- 采用与 100Base-T 相同 LLC 子层、帧格式及 CSMA/CD 介质访问控制协议。
- MAC 子层与物理层之间采用介质无关接口 MII，MII 接口的存在使得物理层的变化对其上层数据链路层的工作方式没有影响。
- 采用与 10Base-T 相同的星状拓扑结构，即所有快速以太网都是基于集线器的，不再使用带有插入式分接头或 BNC 接头的同轴电缆。
- 传输速率较 10Base-T 快 10 倍，即 100Mb/s。
- 可采用 UTP 和光缆媒体。
- 网络最大传输距离为 205m。

快速以太网支持 3 种不同的物理层标准，它们分别是 100Base-T4、100Base-TX 和 100Base-FX。

表 4.4 给出了快速以太网 3 种不同的物理层标准。

表 4.4　快速以太网的 3 种物理层标准

物理层标准	100Base-T4	100Base-TX	100Base-FX
媒体类型	3、4、5 类 UTP	5 类 UTP 或 STP	多模或单模光纤
接口类型	RJ-45	RJ-45 或 DB9	MIC、ST 或 SC
电缆对数	4	2	2
信号频率/MHz	25	125	125
编码方法	8B/6T	4B/5B	4B/5B
最大距离/m	100	100	400 或 2000
支持全双工	否	是	是

4.5.3　吉位以太网

尽管快速以太网具有高可靠性、低成本等优点，但在桌面电视会议、3D 图形与高清晰度图像的应用中，快速以太网还不能满足要求，吉位以太网就应运而生了，吉位以太网保留着传统的 100Base-T 所有特征，如相同的数据格式、介质访问控制方法和组网方法，只是将以太网每个比特的发送时间从 100ns 降低到了 1ns。由于 10Mb/s 以太网、100Mb/s 以太网和吉位以太网有很多相似之处，因此，一些企业可以轻易地将其局域网系统从 10Mb/s 升级到 100Mb/s 或 1Gb/s。

吉位以太网技术现有两个标准：IEEE 802.3z 和 IEEE 802.3ab。EEE 802.3z 制定了光纤和短程铜线连接方案的标准。IEEE 802.3ab 制定了 5 类双绞线上较长距离连接方案的标准。

吉位以太网主要特点归纳如下。

- 与 10Base-T 和 100Base-T 技术向后兼容，使用 802.3 协议规定的帧格式。
- 允许在 1000Mb/s 下全双工和半双工两种方式工作，在半双工方式下使用 CSMA/CD 协议，而在全双工方式下不需要使用 CSMA/CD 协议。
- 传输媒体可采用光纤媒体和铜缆媒体。
- 采用星状网络结构，使用、管理、维护和升级都非常灵活。
- 保持了以太网的结构化布线系统、安装、维护和管理方法，网络具有很高的可靠性。
- 采用 SNMP 协议及传统以太网的故障查找和排除工具，因此具有可管理性和可维护性。

吉位以太网支持 4 种不同的物理层标准，它们分别是 1000Base-SX、1000Base-LX、1000Base-CX 和 100Base-T。

表 4.5 给出了千兆位以太网 4 种不同的物理层标准。

表 4.5　吉位以太网的四种物理层标准

物理层标准	100Base-SX	100Base-LX	100Base-CX	100Base-T
媒体类型	多模光纤	多模　单模光纤	STP	5 类 UTP
光纤直径/μm	62.5.50	62.5.50.9	—	—
工作波长/nm	850	1300	—	—
最大距离/m	275.550	275.550.3000	25	100
编码方法	8B/10B	8B/10B	8B/10B	PAM5

吉位以太网核心设备是吉位以太网集线器或交换机，其组网最通用的办法是采用三层设计。最下面一层由 10Mb/s 以太网交换机加 100Mb/s 上行链路组成；第二层由 100Mb/s 以太网交换机加 1000Mb/s 上行链路组成；最高层由千兆位以太网交换机组成（如图 4.18 所示）。在每一层，交换机逐步提高干线速率。这种设计的意图是一般由低廉的交换机完成 10Mb/s 工作站的连接，昂贵的大容量交换机只用在最核心层。在这一层由于交换的信息量大，价格相对高一些也合理。

就在吉位以太网标准通过后不久，在 1999 年 3 月，IEEE 成立了高速研究组 HSSG，其任务是致力于万兆以太网（又称为 10 吉比特以太网）的研究。万兆以太网的标准由

IEEE 802.3ae 委员会进行制定，其正式标准已在 2002 年 6 月完成。

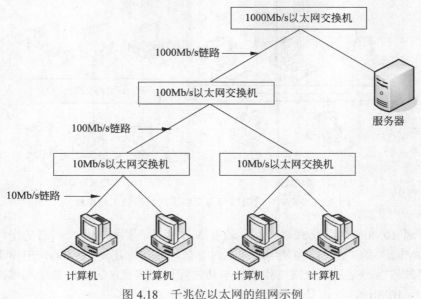

图 4.18　千兆位以太网的组网示例

有关万兆位以太网的内容本书不作详细介绍，有兴趣的读者可参考相关文献。

4.6　交换式局域网与虚拟局域网

4.6.1　交换式局域网

传统的共享式局域网局限于许多站点共享一个公共通信媒体进行访问。当用户数增多时，分到每个用户的带宽就将减少，难以满足大量用户需要。根据一般常识，在一个共享的网段中，当用户数目超过 50 个时，系统的响应速度就会急剧下降。

交换技术就是为终端用户提供专用点对点连接，它把传统局域网一次只能为一个用户服务的"独占"的网络结构，转变成一个平行处理系统，为每个用户提供一条交换通道，把它们连接到一个高速背板总线，所有设备之间都能以端口速度互相访问，每个与网络连接的设备均可独立与交换机连接。

交换式以太网中的设备是通过交换机连接起来的。交换机从连接源设备的端口将数据接收进来，从与目标设备相连的端口将数据转发出去，数据不会传输到不相干的端口去，从而大大提高了网络传输效率。从一般的局域网集线器升级到交换机并不需要改变局域网的原有线路或网卡，能比共享式集线器提供更高的网络性能和传输效率，可以节省用户网络升级的费用。

1．交换机的主要特点

交换机的主要特点是所有端口平时都不连通。当工作站需要通信时，交换机能同时连通许多对的端口，使每一对相互通信的工作站都能像独占通信媒体那样，进行无冲突的数据传输，通信完成后就断开连接，如图 4.19 所示。

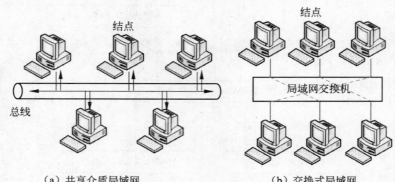

（a）共享介质局域网   （b）交换式局域网

图 4.19   共享介质局域网与交换式局域网的工作原理

对于普通 10Mb/s 的共享式以太网，若有 N 个用户，则每个用户占有的平均带宽只有总带宽（10Mb/s）的 $1/N$。而在使用交换机时，虽然数据率还是 10Mb/s，但由于一个用户在通信时是独占而不是和其他网络用户共享传输媒体的带宽，因此，整个局域网总的可用带宽就是 $N \times 10$Mb/s，这正是交换机的最大优点。

2. 交换机存在的问题

局域网交换机的引入，使得网络站点间可独享带宽，消除了无谓的碰撞检测和出错重发，提高了传输效率，在交换机中可并行地维护几个独立的、互不影响的通信进程。在交换网络环境下，用户信息只在源结点与目的结点之间进行传送，其他结点是不可见的。

交换机存在的问题是：当某一结点在网上发送广播或多目广播时，或某一结点发送了一个交换机不认识的 MAC 地址封包时，交换机上的所有结点都将收到这一广播信息，整个交换环境构成一个大的广播域，广播风暴会使网络的效率大打折扣。

交换式局域网中可以配置虚拟局域网技术解决这个问题。

4.6.2   虚拟局域网

虚拟局域网（Virtual LAN，VLAN）其实只是局域网给用户提供的一种服务，而并不是一种新型局域网。虚拟局域网是以交换式网络为基础的一种新型的局域网技术，这种技术的核心是路由器和交换机，通过这些交换设备将整个物理网络在逻辑上分成许多个虚拟工作组，这种逻辑上划分的虚拟工作组就是虚拟局域网。

前面提到过，当交换机收到一个广播帧，或者收到一个普通数据帧但 MAC 地址表中没有该帧目的地址的端口映射信息时，数据帧会被转发到所有端口发送该帧的端口除外）。因此，在主机发送大量广播帧或交换机的 MAC 地址表容量较小时，这种情况就会频繁出现，造成网络带宽的极大浪费。同时随着网络规模的扩大，网络内主机的数量急剧增加，而一个局域网内的主机属于同一个广播域（是指本地广播帧所能到达的一个网络范围）。

那么，如何降低广播帧对网络带宽的消耗呢？怎样才能避免网络利用率下降的情况呢？首先可以将大的广播域隔离成多个较小的广播域，这样主机发送的广播报文就只能在自己所属的广播域内传播，从而提高整个网络的带宽利用率。

VLAN 就是用来解决这个问题的方法，它是将局域网上的用户或资源按照一定的原则进行划分，把一个物理的网络划分成若干个小的"逻辑工作组"，这些小的网络形成各自的广播域，也就是虚拟局域网 VLAN。每一个 VLAN 的帧都有一个明确的标识符，指明发送这个帧的工作站属于哪一个 VLAN，而交换机在转发这个广播帧的时候就只往与发送此帧的主机 VLAN 相同的端口发，从而降低了广播域。

虚拟局域网在功能和操作上与传统局域网基本相同，图 4.20 和图 4.21 为虚拟局域网的物理结构和逻辑结构示意图。

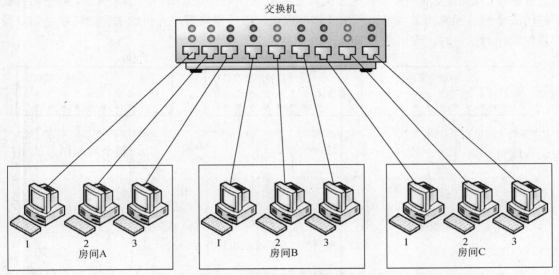

图 4.20 虚拟局域网的物理结构

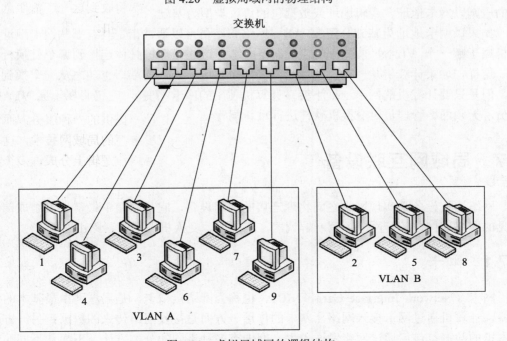

图 4.21 虚拟局域网的逻辑结构

通常，通过以太网交换机就可以配置 VLAN。以太网交换机的每个端口都可以分配一个 VLAN，同处一个 VLAN 的端口共享广播域，处于不同 VLAN 的端口不共享广播域，这将全面提高网络的性能。

VLAN 的组网方法包括静态 VLAN 和动态 VLAN 两种。

静态 VLAN 按端口来进行划分，即静态地将以太网交换机上的一些端口划分给某一个 VLAN。这些端口一直保持这种配置关系直到人工改变它们。

虚拟局域网既可以在单台交换机中实现，也可以跨越多台交换机，如图 4.22 所示。尽管静态 VLAN 需要网络管理员通过配置交换机软件来改变其成员的隶属关系，但它们有良好的安全性、配置简单并可以直接监控，因此，很受网络管理人员的欢迎。特别是站点设备位置相对稳定时，应用静态 VLAN 是一种最佳选择。

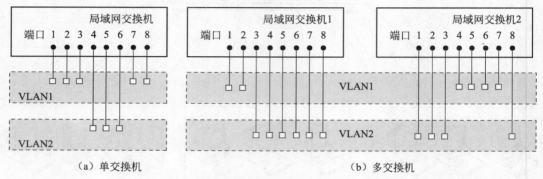

图 4.22　单交换机和跨交换机划分 VLAN

动态 VLAN 按网卡地址来进行划分，交换机上的 VLAN 端口是动态分配的。动态分配的原则以网卡地址、逻辑地址或数据包的协议类型为基础。

如果以网卡地址为基础分配 VLAN，网络管理员可以通过指定具有哪些网卡地址的计算机属于哪一个 VLAN 来进行配置，而不必考虑这些计算机具体连接到哪个交换机的端口。这样，如果计算机从一个位置移动到另一个位置，连接的端口也随之从一个换到另一个，但是只要计算机的网卡地址不变（计算机使用的网卡不变），它仍将属于原 VLAN 的成员，无须网络管理员对交换机软件进行重新配置。

4.7　局域网互联设备

网络连接设备是实现网络之间物理连接的中间设备，它是网络中最基础的组成部分，常见的网络连接设备有网卡、调制解调器、集线器、交换机、网桥、路由器等。

4.7.1　网卡

网卡（Network Interface Card，NIC），也称为网络接口卡，是局域网中最基本的连接设备，计算机通过网卡接入网络。网卡的作用一方面是接收网络传来的数据；另一方面是将本机的数据打包后通过网络发送出去。网卡有多种不同的分类方法，下面从不同的角度对网卡进行分类。在宽带接入日渐普及的今天，网卡的使用越来越普及，已不仅仅局限于局域网。

1. 按总线类型分类

按照总线类型可以将网卡分为以下 3 种。

1）ISA 网卡

20 世纪 90 年代中期以前的计算机多使用 ISA 总线，这种总线的速度较低，对计算机 CPU 的占用率较高。ISA 接口网卡多用于早期的 586 以下的计算机上，目前较新的计算机上一般很少使用 ISA 接口的网卡。ISA 接口网卡的最高速度只有 10Mb/s，所以 10Mb/s 的网卡多采用 ISA 总线，如图 4.23 所示。另外，虽然 ISA 总线的网卡在今天看来已显得有些落伍，但在组建无盘工作站网络时，ISA 接口网卡因配置比较简单，所以应该是首选。

2）PCI 网卡

自 1994 年以来，PCI 总线架构日益成为网卡的首选总线，并已牢固地确立了在服务器和桌面机中不可替代的地位，而曾经辉煌一时的 ISA 网卡正逐渐淡出市场。运行在 33MHz 下的 PCI 总线，其数据传输率可达到 132Mb/s，而 64 位的 PCI 最大数据传输率可达到 267Mb/s，目前 100Mb/s 和 10/100Mb/s 网卡一般都是 PCI 接口，如图 4.24 所示。与 ISA 接口网卡不同的是，PCI 接口网卡占用 CPU 的资源较小，安装和配置较为方便，是目前局域网网卡的主流产品。

图 4.23　ISA 网卡

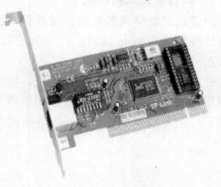

图 4.24　PCI 网卡

另外，PCI 总线的自动配置功能省掉了跳线设置，而是将 I/O 地址和 IRQ 值的分配等操作全部在系统初启时交给系统 BIOS 处理，从而简化了网卡安装的烦琐和难度。

对于许多初学者而言，可能还无法正确识别 PCI 总线和 ISA 总线，其实 PCI 总线与 ISA 总线在计算机中是非常容易区别的。打开机箱，主板上较长、且呈黑色的扩展槽就是 ISA 总线，而较短且呈白色的插槽就是 PCI 总线。另外，目前较新的计算机主板已淘汰了 ISA 总线，所以用户在选择网卡时一定要根据计算机主板所能够提供的总线类型来确定。

3）PCMCIA 网卡

PCMCIA（Personal Computer Memory Card International Association）网卡适用于笔记本电脑中，是个人计算机内存卡国际协会制定的便携机插卡标准。这种网卡和信用卡大小一样，厚度在 3～4 mm 之间。32 位的 PCMCIA 网卡不仅具有更快的传输速率，而且独立于 CPU，可与内存间直接交换数据，如图 4.25 所示。

2. 根据接口类型分类

针对不同的传输介质，网卡提供了相应的接口。按照电缆接口类型划分，可以将网卡分为 RJ-45 接口网卡、BNC 细缆接口网卡、AUI 粗缆接口网卡、光纤接口网卡，还有将上述几种类型综合的二合一或三合一网卡。

3. 根据传输速率分类

根据网卡所支持的传输速率，可以将网卡分为 10Mb/s、100Mb/s、10/100Mb/s 自适应网卡以及 1000Mb/s 网卡几种类型。

图 4.25　PCMCIA 网卡

4.7.2　调制解调器

调制解调器又称为 modem，它是计算机网络通信中极为重要的设备。如用户的计算机需要通过调制解调器来访问 Internet，调制解调器是同时具有调制和解调两种功能的设备。在计算机网络的通信系统中，计算机发出的是数字信号，而在电话线上传输的是模拟信号，因此必须将数字信号转换成模拟信号才能实现其传输，这种操作就称为调制；反之，电话线上的模拟信号要想传输到信宿的计算机，也需要将其变换成数字信号，即解调。根据安装方式，可以将调制解调器分为内置式和外置式两种模式。

1. 内置式调制解调器

内置式调制解调器安装在计算机内部的扩展槽上。它主要有两个接口：一个是用于连接电话线接头的 Line 接口；另一个是用于连接电话机的 Phone 接口，如图 4.26 所示。

2. 外置式调制解调器

外置式调制解调器有与计算机、电话等连接的接口。它放置在机箱的外部，直接连接在计算机的串口上，安装方便、便于携带、性能稳定，且可以通过调制解调器面板上的各种指示灯来观察其工作状态，但价格通常要比内置式调制解调器高，如图 4.27 所示。

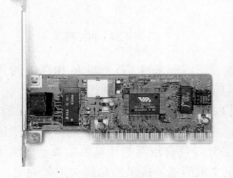

图 4.26　内置式调制解调器

图 4.27　外置式调制解调器

4.7.3　中继器

中继器（Repeater）是一种最简单的网络互联设备，其主要作用是完成信号的放大和再生。由于信号在传输电缆上传送时，会产生损耗，这种损耗会引起信号的衰减，当信号衰减到一定程度时，就会出现信号失真，从而导致错误的传输。中继器就是为了解决这个问题而设计的，它对衰减的信号进行放大，让信号保持与原数据相同，驱动信号在长电缆上传输，以达到延伸电缆长度的目的，如图 4.28 所示。

图 4.28　中继器

使用中继器连接局域网时，应该遵循以太网的 5-4-3 规则，即无论是粗缆以太网，还是细缆以太网都最多只能有 5 个电缆段，使用 4 个中继器，其中只能有 3 个网段能连接计算机。另外，如果中继器的两个接口相同时，可以连接两种使用相同介质的网段；如果两个接口不同时，则可以连接两种使用不同介质的网段，图 4.29 为使用中继器来连接 10Base-5 和 10Base-2。

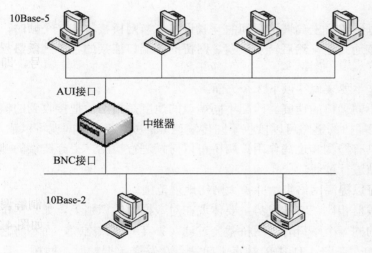

图 4.29　用中继器链接 10Base-5 和 10Base-2

4.7.4　集线器

集线器也称为 hub，用于连接双绞线介质或光纤介质的以太网系统。集线器在 OSI 七层模型中处于物理层，其实质是一个中继器。它的主要功能是对接收到的信号进行再生放大，以扩大网络的传输距离。正是因为集线器只是一个信号放大和中转的设备，所以它不具备交换功能。但是由于集线器价格便宜，组网灵活，所以基于集线器的网络仍然存在。集线器采用星状布线，如果一个工作站出现问题，不会影响整个网络的正常运行，如图 4.30 所示。

按照集线器端口连接介质的不同，集线器可以连接同轴电缆、双绞线和光纤。很少见到使用光纤的集线器，目前市场上的大多数集线器都是以双绞线作为连接介质的。

一些集线器上除带有 RJ-45 接口外，还带有 AUI 接口和 BNC 接口。传统集线器每个端口的速率通常为 10Mb/s 或 100Mb/s。

图 4.30　集线器

因为以太网遵循 CSMA/CD 协议，所以计算机在发送数据前首先要进行载波侦听。当确定网络空闲时，才能发送数据；当一个站点多次检测线路均为载波时，将自动放弃该帧的发送，从而造成丢包。因此，当网络中的站点过多时，网络的有效利用率将会大大降低。根据经验，采用 10Mb/s 集线器的站点不宜超过 25 个，采用 100Mb/s 集线器的站点不宜超过 35 个。当网络再大时，则只能用交换机才能保证每台计算机拥有足够的网络带宽。

4.7.5　网桥

网桥是数据链路层上局域网之间的互联设备。当网桥接收到一个帧时，它首先检查该帧是否已经完整地到达，然后转发该帧。网桥的各端口连接的各个网段必须位于同一个逻辑网络。

网桥的功能主要表现在以下 3 个方面：

（1）匹配不同端口的速度。匹配不同端口的速度是指网桥把接收到的帧存储在存储缓冲区中，只要其端口的链路可以接收不同传输速率的帧，各端口间就可以输入或输出该帧。

（2）对帧具有检测和过滤作用。网桥可以对帧进行检测，丢弃错误的帧；网桥还能够对某类特定的帧进行过滤。

（3）网桥可以提高网络带宽并扩大网络地理范围。

网桥与集线器相比，它的优势主要体现在对数据帧的识别上。如果网桥发现源和目标站点处于网桥的同一个端口时，网桥就会过滤（丢弃）该数据帧，而不将它转发到网桥的另一端口。例如，在图 4.31 中的站点 1 向站点 2 发送数据帧时，网桥一旦发现它们处于自己的同一个端口 E0 上，就会过滤该数据帧，因为没有必要将数据帧转发给另一端口 E1；如果网桥发现源和目标站点处于不同端口上，便将数据帧从适当的端口转发出去。例如在图 4.31 中站点 1 向站点 4 发送数据帧时，网桥会将数据帧从自己的 E1 端口转发出去，因为站点 4 连接在网桥的 E1 端口上。

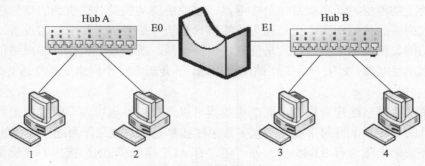

图 4.31　用网桥连接两个 Hub

由于网桥需要存储处理数据进而决定是否转发，因此增加了时延。而且在 MAC 子层并没有流量控制功能，可能出现缓存放不下而丢包的情况。

4.7.6　交换机

交换机是一个较复杂的多端口透明网桥。在处理转发决策时，交换机和透明网桥是类似的，但是交换机在交换数据帧时，有着不同的处理方式。下面是交换机与网桥之间存在的主要差别：

（1）网桥一般只有两个端口，而交换机通常有多个端口。

（2）网桥的速度要比交换机慢。

（3）网桥在发送数据帧前，通常要接收到完整的数据帧并执行帧检验（FCS），而交换机在一个数据帧接收结束前就可以发送该数据帧。

采用交换机作为中央连接设备的以太网称为交换式以太网。交换机的主要特点是提高了每个工作站的平均占有带宽并提高了网络整体的集合带宽，具有高通信流量、低延时、低价格等优点，是目前局域网中使用最多的一种网络设备，如图 4.32 所示。

图 4.32　交换机

4.7.7　路由器

路由器是一种连接多个网络或网段的设备，它能够将使用相同或不同协议的网段或网络连接起来，实现相互之间的通信，扩大了网络的连接范围。应该说路由器不属于局域网设备，而是属于局域网之间，局域网与广域网之间，广域网与广域网之间互联所采用的设备。目前连接范围最大的 Internet，就是通过无数个路由器将分布在全球各个角落的主机或局域网互联起来后形成的。由此可以看出路由器在今天网络连接中的重要性。

路由器和交换机的区别主要表现在以下几个方面：

（1）交换机工作在 OSI 七层模型的第 2 层，即数据链路层；而路由器则工作在 OSI 七层模型的第 3 层，即网络层。所以交换机的工作原理比较简单，而路由器具有更多的智能功能，例如它可以自动选择最佳的线路来传播数据，还可以通过配置访问控制列表（access list）来提供必要的安全性，所以路由器的工作原理比较复杂，而且许多功能是交换机所不具有的。

（2）交换机利用物理地址（MAC 地址）来确定是否转发数据；而路由器则是利用不同的位于第 3 层的寻址方法来确定是否转发数据，使用 IP 地址或者说逻辑地址，而不是 MAC 地址。这是因为 IP 地址是在软件中实现的，描述的是设备所在的网络，有时这些第 3 层的地址也称为协议地址或者网络地址。

（3）传统的交换机只能分割冲突域，而无法分割广播域；而路由器可以分割广播域。

（4）交换机主要是用来连接网络中的各个段；而路由器则可以通过端到端的路由选择来连接不同的网络，并可实现与 Internet 的连接，如图 4.33 所示。

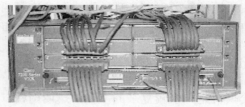

图 4.33　路由器

　　路由器最主要的功能就是路径选择，即保证将一个进行网络寻址的报文正确地传送到目的网络中。完成这项功能需要路由协议的支持，路由协议是为在网络系统中提供路由服务而开发设计的，每个路由器通过收集其他路由器的信息来建立自己的路由表以决定如何把它所控制的本地系统的通信表传送到网络中的其他位置。

　　路由器的功能还包括存储、转发、过滤、流量管理、媒体转换等。

4.7.8　网关

　　网关（Gateway）又称网间连接器、协议转换器。网关在传输层上以实现网络互联，是最复杂的网络互联设备，仅用于两个高层协议不同的网络互联。网关的结构也和路由器类似，不同的是互联层。网关既可以用于广域网互联，也可以用于局域网互联。

　　在早期的因特网中，网关即指路由器，是网络中超越本地网络的标记。公共的基于 IP 的广域网的出现和成熟促进了路由器的成长，现在路由器变成了多功能的网络设备，失去了原有的网关概念，然而作为网关仍然沿用了下来，它不断地应用到多种不同的功能中。网关按功能来划分，主要有三种类型的网关：协议网关、应用网关和安全网关。

　　1. 协议网关

　　顾名思义，此类网关的主要功能是在不同协议的网络之间的进行协议转换。网络发展至今，通用的已经有好几种，如 IEEE 802.3、红外线数据联盟 IrDa、广域网 WAN 和 IEEE 802.5、X.25，IEEE 802.11a、IEEE 802.11b、IEEE 802.11g、WAP 等，不同的网络，具有不同的数据封装格式，不同的数据分组大小，不同的传输率。然而，这些网络之间相互进行数据共享、交流却是必不可免的。为消除不同网络之间的差异，使得数据能顺利进行交流，我们需要一个专门的"翻译人员"，也就是协议网关。依靠它使得一个网络能理解其他网络，也是依靠它来使不同的网络连接起来成为一个巨大的因特网。

　　2. 应用网关

　　应用网关主要是针对一些专门的应用而设置的一些网关，其主要作用将某个服务的一种数据格式转化为该服务的另外一种数据格式，从而实现数据交流。这种网关常作为某个特定服务的服务器，但是又兼具网关的功能。最常见的此类服务器就是邮件服务器了。我们知道电子邮件有好几种格式，如 POP3、SMTP、FAX、X.400、MHS 等，如果 SMTP 邮件服务器提供了 POP3、SMTP、FAX、X.400 等邮件的网关接口，那么就可以毫无顾忌地通过 SMTP 邮件服务器向其他服务器发送邮件了。

　　3. 安全网关

　　最常用的安全网关就是包过滤器，实际上就是对数据包的源地址、目的地址和端口号、网络协议进行授权。通过对这些信息的过滤处理，让有许可权的数据包传输通过网关，而对那些没有许可权的数据包进行拦截甚至丢弃。这跟软件防火墙有一定意义上的雷同之处，但是与软件防火墙相比较安全网关数据处理量大，处理速度快，可以很好地对整个本地网络进行保护而不对整个网络造成瓶颈，参见图 4.34 和图 4.35。

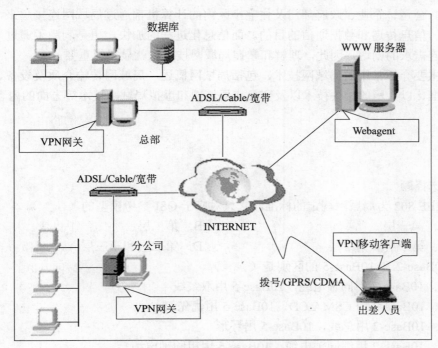

图 4.34　网关拓扑图

图 4.35　硬件 VPN 网关

除此之外，最近微软从网关的日常功能出发，也提出了他自己的分类方案：数据网关（主要用于进行数据吞吐的简单路由器，为网络协议提供传递支持）、多媒体网关（除了数据网关具有的特性外，还提供针对音频和视频内容传输的特性）、集体控制网关（实现网络上的家庭控制和安全服务管理）。

通常，一个网关并不严格属于某一种分类。一般都是几种功用的集合。比如说常见的视频宽带网的网关就是数据网关跟多媒体网关的集合。还有一般迁入了教育网的学校的网关它既充当数据网关的角色，同时又是一个安全网关。

小结

　　局域网是计算机网络的重要组成部分，是当今计算机网络技术应用与发展非常活跃的一个领域。公司、企业、政府部门及住宅小区内的计算机都通过局域网连接起来，以达到资源共享、信息传递和数据通信的目的。而信息化进程的加快，更是刺激了通过局域网进行网络互连需求的剧增。因此，理解和掌握局域网技术也就显得很重要。

　　本章主要介绍常用的局域网技术，包括局域网概述、局域网传输介质及设备、局域网的现行标准、以太网的相关技术以及交换式局域网和虚拟局域网技术等方面的内容。

习题

一、选择题

1. IEEE 802 为局域网规定的标准，它只对应于 OSI 参考模型的（　　　）。

　　A．第一层　　　　　　　　　　　　B．第二层

　　C．第一层和第二层　　　　　　　　D．第二层和第三层

2. 10Base-2 和 10Base-5 的区别是（　　　）。

　　A．10Base-2 用同轴电缆，10Base-5 用双绞线

　　B．10Base-2 用 CSMA/CD，10Base-5 用优先级

　　C．10Base-2 用总线，10Base-5 用环形

　　D．10Base-2 用细同轴电缆，10Base-5 用粗同轴电缆

3. 在环状网结构中，工作站间通过（　　　）协调数据传输。

　　A．CSMA/CD　　　　　　　　　　　B．RARP

　　C．令牌　　　　　　　　　　　　　D．优先级

4. IEEE 802.3 物理层标准中的 10Base-T 采用的传输媒体为（　　　）。

　　A．光纤　　　　　　　　　　　　　B．基带粗同轴电缆

　　C．基带细同轴电缆　　　　　　　　D．双绞线

5. 10Base-5 以太网单网段的最大长度为（　　　）。

　　A．100m　　　　　　　　　　　　　B．185m

　　C．500m　　　　　　　　　　　　　D．205m

6. 以下各项中，是令牌总线介质访问控制方法的标准是（　　　）。

　　A．IEEE 802.3　　　　　　　　　　B．IEEE 802.4

　　C．IEEE 802.5　　　　　　　　　　D．IEEE 802.6

7. VLAN 在现代组网技术中占有重要地位，在由多个 VLAN 组成的一个局域网中，以下哪种说法是不正确的（　　　）。

　　A．站点从一个 VLAN 转移到另一个 VLAN 时，一般不需要改变物理连接

　　B．VLAN 中的一个站点可以和另一个 VLAN 中的站点直接通信

　　C．当站点在一个 VLAN 中广播时，其他 VLAN 中的站点不能收到

D．VLAN 可以通过 MAC 地址、交换机端口等进行定义

8．局域网中最常使用的有线通信媒体是（　　　）。

    A．双绞线和基带同轴电缆

    B．基带同轴电缆和宽带同轴电缆

    C．宽带同轴电缆和双绞线

    D．光缆和宽带同轴电缆

9．（　　　）是实现局域网—广域网互联的主要设备。

    A．集线器　　　　　　　　　　　　B．路由器

    C．路由器或网关　　　　　　　　　D．网关

10．网桥仅根据（　　　）地址来过滤通信量的。

    A．IP 地址　　　　　　　　　　　　B．域名地址

    C．硬件地址　　　　　　　　　　　D．端口号

二、填空题

1．在 IEEE 803 局域网体系结构中，数据链路层被细分为_____和_____两个子层。

2．网络常用的传输媒体有_____、_____、_____（列举 3 种）。

3．网络适配器又称_____，英文简写为_____。

4．采用非屏蔽双绞线与集线器组建局域网时，从结点到集线器的非屏蔽双绞线的最大长度为_____。

5．载波侦听多路访问技术，是为了减少_____。它是在源站点发送报文之前，首先侦听信道是否_____，如果侦听到信道上有载波信号，则_____发送报文。

三、简答题

1．局域网的主要特点是什么？

2．试分析 CSMA/CD 介质访问控制技术的工作原理。

3．请说明虚拟局域网的优点。

4．简述共享式局域网与交换式局域网的区别。

5．比较中继器与集线器、网桥与交换机、路由器、网关的工作原理与层次。

第5章

广域网技术

上一章讨论了局域网的相关技术，当计算机之间的距离较远时，例如相隔几十或上百千米，甚至几千千米，局域网就无法完成计算机的通信任务。这时就需要采用另一种结构的网络，就是广域网技术。

5.1 广域网概述

广域网（Wide Area Net，WAN）也称为远程网，所覆盖的范围比城域网（MAN）更广，它一般是在不同城市之间的 LAN 或者 MAN 网络互联，地理范围可从几百千米到几千千米。因为距离较远，信息衰减比较严重，所以这种网络一般是要租用专线，通过 IMP（接口信息处理）协议和线路连接起来，构成网状结构，解决循径问题。

在广域网中，通信子网由一些专用的通信处理机（即结点交换机）及其运行的软件、集中器等设备和连接这些结点的通信链路组成。资源子网由上网的所有主机及其外部设备组成。

近年来，计算机通信网的重要组成部分——广域网（WAN）得到了很大的发展。20 世纪 80 年代以来，ISO 公布了 OSI 参考模型，提供了计算机网络通信协议的结构和标准层次划分，使得异种计算机的互联网络有了一个公认的协议准则；另外，微机的高速发展，促进了 LAN 的标准化、产品化，使它成为 WAN 的一个可靠的基本组成部分。WAN 不仅在地理范围上超越城市、省界、国界、洲界形成世界范围的计算机互联网络，而且在各种远程通信手段上有许多大的变化，如除了原有的电话网外，已有分组数据交换网、数字数据网、帧中继网以及集话音、图像、数据等为一体的 ISDN 网、数字卫星网（Very Small Aperture Terminal，VSAT）和无线分组数据通信网等；同时 WAN 在技术上也有许多突破，如互联设备的快速发展，多路复用技术和交换技术的发展，特别是 ATM 交换技术的日臻成熟，为广域网解决传输带宽这个瓶颈问题展现了美好的前景。

5.1.1 广域网的概念

广域网是将地理位置上相距较远的多个计算机系统，通过通信线路按照网络协议连接起来，实现计算机之间相互通信的计算机系统的集合。

广域网由交换机、路由器、网关、调制解调器等多种数据交换设备、数据连接设备构成。

具有技术复杂性强、管理复杂、类型多样化、连接多样化、结构多样化、协议多样化、应用多样化的特点。

1. 广域网与局域网的比较

广域网是由多个局域网相互连接而成的。局域网可以利用各种网间互联设备，如中继器、网桥、路由器等，构成复杂的网络，并扩展成广域网。

局域网与广域网不同之处如下所示。

1）作用范围

局域网的网络通常分布在一座办公大楼、实验室或者宿舍大楼中，为一个部门所有，涉及范围一般在几千米以内。广域网的网络分布通常在一个地区、一个国家甚至全球的范围。

2）结构

局域网的结构简单，局域网中计算机数量少，一般是规则的结构，可控性、可管理性以及安全性都比较好。广域网由众多异构、不同协议的局域网连接而成，包括众多各种类型的计算机，以及上面运行的种类繁多的业务。因此广域网的结构往往是不规则的，且管理和控制复杂，安全性也比较难于保证。

3）通信方式

局域网多数采用广播式的通信方式，采用数字基带传输。广域网通常采用分组点对点的通信方式，无论是在电话线传输、借助卫星的微波通信以及光纤通信采用的都是模拟传输方式。

4）通信管理

局域网信息传输的时延小、抖动也小，传输的带宽比较宽，线路的稳定性比较好，因此通信管理比较简单。在广域网中，由于传输的时延大、抖动大，线路稳定性比较差，同时，通信设备多种多样，通信协议也种类繁多，因此通信管理非常复杂。

5）通信速率

局域网的信息传输速率比较高，一般能达到 100Mb/s、1000Mb/s，甚至能够达到万兆。传输误码率比较低。而在广域网中，传输的带宽与多种因素相关。同时，由于经过了多个中间链路和中间结点，传输的误码率也比局域网高。

6）工作层次

广域网是由结点交换机以及连接这些交换机的链路组成。结点交换机执行分组存储转发的功能。结点之间都是点对点的连接。从层次上看，局域网和广域网主要区别是：局域网使用的协议主要在数据链路层，广域网技术主要体现在 OSI 参考模型的下 3 层：物理层、数据链路层和网络层，重点在于网络层。

2. 广域网的类型

广域网能够连接距离较远的结点。建立广域网的方法有很多种，如果以此对广域网进行分类，广域网可以被划分为电路交换网、分组交换网和专用线路网等。

1）电路交换网

电路交换网是面向连接的网络，在数据需要发送时，发送设备和接收设备之间必须建立并保持一个连接，等到用户发送完数据后中断连接。电路交换网只有在每个通话过程中建立一个专用信道。它有模拟和数字的电路交换服务。典型的电路交换网是电话拨号网和 ISDN 网。

2）分组交换网

分组交换网使用无连接的服务，系统中任意两个结点之间被建立起来的是虚电路。信息以分组的形式沿着虚电路从发送设备传输到接收设备。大多数现代的网络都是分组交换网，例如 X.25 网、帧中继网等。

3）专用线路网

专用线路网是指两个结点之间建立一个安全永久的信道。专用线路网不需要经过任何建立或拨号进行连接，它是点对点连接的网络。典型的专用线路网采用专用模拟线路、E1 线路等。

5.1.2　广域网相关技术

彼此通信的多个设备构成了数据通信网。通信网可以分为交换网络和广播网络，在交换网络中又分为电路交换网络和分组交换网络（包括帧中继和 ATM）；而在广播网络中包括总线网络、环状网络和星状网络。由于广域网中的用户数量巨大，而且需要双向的交互，如果采用广播网会产生广播"风暴"，导致网络失效。因此，在广域网中主要采用的是分组交换网络（第 2 章已讨论）。

与数据广域网相关的技术问题主要有 2 个：

（1）路由选择。由于源和目的站不是直接连接的，因此网络必须将分组从一个结点选择路由传输到另一个结点，最后通过整个网络。

（2）拥塞控制。进入网络的通信量必须与网络的传输量相协调，以获得有效、稳定、良好的性能。

1．路由选择的基本概念

由于广域网是由众多结点通过通信链路连接成一个任意的网格形状。当分组报文从一个主机传输到另一个主机时，可以通过很多条路径传输。在这些可能的路径中如何选择一条最佳的路径（跳数最小、端到端的延时最小或者最大可用带宽）？路由算法的目的就是根据所定义的最佳路径含义来确定出网络上两个主机之间的最佳路径。

为了实现路由的选择，路由算法必须随时了解网络状态的以下信息。

（1）路由器必须确定它是否激活了对该协议组的支持。

（2）路由器必须知道目的地网络。

（3）路由器必须知道哪个外出接口是到达目的地的最佳路径。

那么该如何得到到达目的地的最佳路径呢？在计算机网络中，是由通过路由算法进行度量值计算来决定到达目的地的最佳路径。小度量值代表优选的路径；如果两条或更多路径都有一个相同的小度量值，那么所有这些路径将被平等地分享。通过多条路径分流数据流量被称为到目的地的负载均衡。一个好的路由算法通常要具备以下的条件。

（1）迅速而准确的传递分组：如果目的主机存在，它必须能够找到通往目的地的路由，而且路由搜索时间不能过长。

（2）能适应由于结点或链路故障而引起的网络拓扑结构的变化：在实际网络中，设备和传输链路都随时可能出现故障。因此，路由算法必须能够适应这种情况，在设备和链路出现故障的时候，可以自动地重新选择路由。

（3）能适应源和目的主机之间的业务负荷的变化：业务负荷在网络中是动态变化的。

路由算法应该能够根据当前业务负载情况来动态地调整路由。

（4）能使分组避开暂时拥塞的链路：路由算法应该使分组尽量避开拥塞严重的链路，最好还能平衡每段链路的负荷。

（5）能确定网络的连通性：为了寻找最优路由，路由算法必须知道网络的连通性和各个结点的可达性。

（6）低开销：通常路由算法需要各个结点之间交换控制信息来得到整个网络的连通性等信息。在路由算法中应该使这些控制信息的开销尽量小。

2. 路由算法的分类

路由算法是网络层软件的一部分，它负责确定一个进来的分组应该被传送到哪一条输出线路上。如果子网内部使用了数据报，那么路由器必须针对每一个到达的数据分组重新选择路径，因为从上一次选择了路径之后，最佳的路径可能已经改变了。如果子网内部使用了虚电路，那么只有当一个新的虚电路被建立起来的时候，才需要确定路由路径。因此，数据分组只要沿着已经建立的路径向前传递就行了。无论是针对每个分组独立地选择路由路径，还是只有建立新连接的时候才选择路由路径，一个路由算法应具备的特性有：正确性、简单性、健壮性、稳定性、公平性和最优性。

路由算法可以分为：非自适应的和自适应的。非自适应算法不会根据当前测量或者估计的流量和拓扑结构来调整它们的路由决策，这个过程也称为静态路由。相反，自适应算法则会改变它们的路由决策，以反映出拓扑结构的变化，通常也会反映出流量的变化情况，这个过程称为动态路由。

（1）静态路由算法：在静态路由算法中，首先要根据网络的拓扑结构确定路径，然后将这些路径填入路由表中，并且在相当长的时间内这些路径保持不变。这种路由算法适合于网络拓扑结构比较稳定而且网络规模比较小的网络中。当网络比较大的时候，静态路由算法就不太适用了，因为它不能根据网络的故障和负载的变化来做出快速反应。

（2）动态路由算法：在动态路由算法中，每个路由器通过与其邻居的通信，不断学习网络的状态。因此网络的拓扑结构变化可以最终传播到整个网络中的所有路由器。根据这些收集到的信息，每个路由器都可以计算出到达目的主机的最佳路径。但是这种算法增加了路由器的复杂性，并且增大了选路时延。在所有的分组交换网中都使用了某些自适应性路由选择技术。这就是说，路由选择的决定将随着网络情况的变化而变化。在自适应性路由选择技术中，影响路由选择的主要因素有以下两个方面。当一个结点或结点间链路出故障时，它就不能再被用作路径的一部分；当网络的某一部分出现严重的拥塞时，这时应使分组选择绕开拥塞区而不是通过拥塞区的路径。

路由算法根据控制方式还可以分为集中路由算法和分布式路由算法。

（1）集中路由算法：在集中式路由算法中，所有可选择的路由都由一个网控中心算出，并且由网控中心将这些信息加载到各个路由器中。这种算法只适用于小规模的网络。

（2）分布式路由算法：在分布式路由算法中，每个路由器自己进行各自的路由计算。并且通过路由消息的交换来互相配合。这种算法可以适应大规模的网络，但是容易产生一些不一致的路由结果。而这些不同路由器计算的不同路由结果可能会导致路由环路的产生。

路由可以是对每个分组进行单独选路或者在建立连接的时候确定路由。对于虚电路分组交换，路由也就是虚电路是在连接建立期间确定的。一旦虚电路建立好之后，属于该虚电路的所有分组都将沿着这个虚电路传输。这样的传输效率比较高，但是对于故障和拥塞处理的反应能力比较慢。对于数据报的分组交换，不必事先建立连接，每个分组的路由必须单独确定。这种方式的传输效率比较低，但是对于故障和拥塞避免的能力比较强。

3. 典型路由选择算法

在路由选择算法中，需要以某种尺度来衡量路径的"长度"。这些尺度可以是跳、成本、延时或者可用带宽。为了得到这些尺度值，路由器必须相互交换信息来协调工作。可以利用距离矢量和链路状态这两种算法来获得这些信息。

（1）距离矢量路由算法：这种算法要求相邻路由器之间交换路由表中的信息。这些信息说明到目的地的距离矢量。当相邻路由器交换了这些信息后，就可以寻找最优的路由。这种算法可以逐渐地与网络拓扑的变化相适配。主要以 RIP 协议为代表。

（2）链路状态路由算法：在这种算法中，每个路由器对连接它和相邻路由器的链路状态信息进行扩散，使每个路由器都可以得到整个网络的拓扑图。并根据这个拓扑图来计算最优路由，如 OSPF 协议。

目前最广泛使用的路由选择算法有 Bellman-Ford 算法和 Dijkstra 算法，还包括扩散法、偏差路由算法和源路由算法。

① Bellman-Ford 算法：这种算法的原理是 A 和 B 之间最短路径上的结点到 A 结点和 B 结点的路径也是最短的。这种算法容易分布实现，这样每个结点可以独立地计算该结点到每个目的地的最小费用，但是这种算法对链路故障的反应很慢。有可能会产生无穷计算的问题。

② Dijkstra 算法：这种算法比 Bellman-Ford 算法更有效，但是它要求每段链路的费用为正值。它的主要思想是在增加路径费用的计算中不断标记出离源结点最近的结点。这种算法要求所以链路的费用是可以得到的。

③ 扩散法：这种算法的原理是要求分组交换机将输入分组转发到交换机的所有端口。这样只要源和目的地之间有一条路径，分组就可以最终到达目的地。当路由表中的信息不能得到时，或者对网络的健壮性要求很严格时，扩散法是一种很有效的路由算法。但是扩散法很容易淹没网络。因此必须对扩散进行一些控制。

④ 偏差路由算法：这种算法要求网络为每一对源和目的地之间提供多条路径。每个交换机首先将分组转发到优先端口，如果这个端口忙或者拥塞，再将该分组转发到其他端口。偏差路由算法可以很好地工作在有规则的网络拓扑中。这种算法的优点是交换机可以不用缓存区，但是由于分组可以走其他替代路径，因此不能保证分组的按序传递。它是光纤网络中最强有力的候选算法。而且还可以实现许多高速分组交换。

⑤ 源路由算法：这种算法不要求中间结点保持路由表，但要求源主机承担更繁重的工作。它可以用在数据报或者虚电路的分组交换网中。在分组发送之前，源主机必须知道目的地主机的完整路由，并将该信息包含在分组头中。根据这个路由信息，分组结点可以将分组转发到下一个结点。

4. 拥塞控制

拥塞现象是指到达通信子网中某一部分的分组数量过多，使得该部分网络来不及处理，以致引起这部分乃至整个网络性能下降的现象，严重时甚至会导致网络通信业务陷入停顿，即出现死锁现象。这种现象跟公路网中经常所见的交通拥挤一样，当节假日公路网中车辆大量增加时，各种走向的车流相互干扰，使每辆车到达目的地的时间都相对增加（即延迟增加），甚至有时在某段公路上车辆因堵塞而无法开动（即发生局部死锁）。

网络的吞吐量与通信子网负荷（即通信子网中正在传输的分组数）有着密切的关系。当通信子网负荷比较小时，网络的吞吐量（分组数/秒）随网络负荷（每个结点中分组的平均数）的增加而线性增加。当网络负荷增加到某一值后，网络吞吐量反而下降，则表征网络中出现了拥塞现象。在一个出现拥塞现象的网络中，到达某个结点的分组将会遇到无缓冲区可用的情况，从而使这些分组不得不由前一结点重传，或者需要由源结点或源端系统重传。当拥塞比较严重时，通信子网中相当多的传输能力和结点缓冲器都用于这种无谓的重传，从而使通信子网的有效吞吐量下降。由此引起恶性循环，使通信子网的局部甚至全部处于死锁状态，最终导致网络有效吞吐量接近为零。

从原理上讲，寻找拥塞控制的方案无非是寻找使不等式：

$$\Sigma 对资源的需求 > 可用资源$$

不再成立的条件。

拥塞是由负载与资源的不匹配引起的，很显然，解决的方法有两个：增加资源和减小负载。增加资源可以是启用备用设备或线路，但这种方法并不是任何时候都奏效，特别是当没有备用资源可用时，因此最主要的解决方法就是减小负载。

对于广域网来说，由于网络状况非常复杂，很难进行控制，因此拥塞控制是最难以解决的一个问题。目前已经提出了各种拥塞控制算法，可以把拥塞控制分为两大类：开环控制算法和闭环控制算法。开环控制算法是通过保证源所产生的业务流不会把网络性能降低到规定的 QOS 以下，来防止拥塞的出现。如果预计当加入新的业务流使 QOS 无法得到保证，就必须拒绝。闭环算法通常是根据网络的状态来调整业务流。一般是当网络拥塞已经发生或者快要达到拥塞状态时，才采取某些策略来控制拥塞。这时网络状态要反馈到业务流的源点，由源点根据拥塞控制策略来调整业务流。

5.1.3 广域网接口介绍

路由器不仅能实现局域网之间连接，更重要的应用还是在于局域网与广域网、广域网与广域网之间的相互连接。路由器可将不同协议的广域网连接起来，使不同协议、不同规模的网络之间进行互通。而路由器与广域网连接的接口就被称为广域网接口（WAN 接口）。常见的广域网接口有以下几种。

1. RJ-45 端口

RJ-45 端口是最常见的端口（见图 5.1）。RJ-45 指的是由 IEC（60）603-7 标准化，使用由国际性的接插件标准定义的 8 个位置（8 针）的模块化插孔或者插头。RJ-45 是一种网络接口规范，类似的还有 RJ-11 接口，就是平常所用的"电话接口"，用来连接电话线。双绞线的两端必须都安装这种 RJ-45 插头，以便插在网卡（NIC）、交换机（Switch）的 RJ-45 接口上，进行网络通信。

2. 高速同步串口

在路由器早期的广域网连接中，应用最多的端口还要算"高速同步串口（SERIAL）"了（见图 5.2）。这种端口主要是用于连接以前应用非常广泛的 DDN、帧中继（Frame Relay）、X.25、PSTN（模拟电话线路）等网络连接模式。在企业网之间有时也通过 DDN 或 X.25

等广域网连接技术进行专线连接。这种同步端口一般要求速率相对较高，因为一般来说通过这种端口所连接的网络的两端都要求实时同步。在以后做的实验中，高速同步串口会经常出现。

 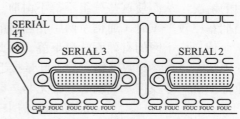

图 5.1　RJ-45 端口　　　　　　　　　　图 5.2　高速同步串口

3. 异步串口

异步串口（ASYNC）主要是应用于 modem 或 modem 池的连接，用于实现远程计算机通过公用电话网拨入网络（见图 5.3）。这种异步端口相对于上面介绍的同步端口来说在速率上要求宽松许多，因为它并不要求网络的两端保持实时同步，只要求能连续即可。所以人们在上网时所看到的并不一定就是网站上实时的内容，但这并不重要，因为毕竟这种延时是非常小的，重要的是在浏览网页时能够保持网页正常的下载。

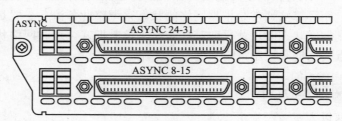

图 5.3　异步串口

4. ISDN BRI 端口

ISDN BRI 端口用于 ISDN 线路通过路由器实现与 Internet 或其他远程网络的连接，用于目前的大多数双绞线铜线电话线（见图 5.4）。ISDN BRI 的 3 个通道总带宽为 144Kb/s。其中两个通道称为 B（荷载 Bearer）通道，速率为 64Kb/s，用于承载声音、影像和数据通信。第 3 个通道是 D（数据）通道，是 16Kb/s 信号通道，用于告诉公用交换电话网如何处理每个 B 通道。ISDN 有两种速率连接端口，一种是 ISDNBRI（基本速率接口），另一种是 ISDNPRI（基群速率接口），基于 T1（23B＋D）或者 E1（30B＋D），总速率分别为 1.544Mb/s 或 2.048Mb/s。ISDNBRI 端口是采用 RJ-45 标准，与 ISDN NT1 的连接使用 RJ-45-to-RJ-45 直通线。

5. FDDI 端口

FDDI 光纤分布式数据接口。FDDI 的英文全称为 Fiber Distributed Data Interface，中文名为"光纤分布式数据接口"，它是 20 世纪 80 年代中期发展起来一项局域网技术，它提供

的高速数据通信能力要高于当时的以太网（10Mb/s）和令牌网（4 或 16Mb/s）的能力。FDDI
标准由 ANSI X3T9.5 标准委员会制订，为繁忙网络上的高容量输入输出提供了一种访问方
法（见图 5.5）。

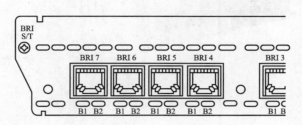

图 5.4　ISDN BRI 端口

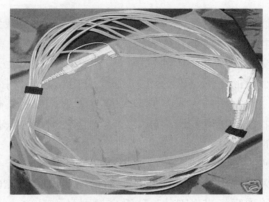

图 5.5　FDDI

　　FDDI 技术同 IBM 的 Tokenring 技术相似，并具有 LAN 和 Tokenring 所缺乏的管理、
控制和可靠性措施，FDDI 支持长达 2 km 的多模光纤。FDDI 网络的主要缺点是价格同前
面所介绍的"快速以太网"相比贵许多，且因为它只支持光缆和 5 类电缆，所以使用环境
受到限制，要从以太网升级更是面临大量移植问题。其接口类型主要是 SC 类型，由于它
的优势不明显，目前也基本上不再使用了。

6. 光纤端口

　　对于光纤这种传输介质虽然早在 100Base 时代就已开始采用这种传输介质，当时这种
百兆网络为了与普遍使用的百兆双绞线以太网 100Base-TX 区别，就称之为 100Base-FX，
其中的 F 就是光纤 Fiber 的第一个字母。不过由于在当时的百兆速率下，与采用传统双绞
线介质相比，优势并不明显，况且价格比双绞线贵许多，所以光纤在 100Mb/s 时代没有得
到广泛应用，它主要是从 1000Base 技术正式实施以来才得以全面应用，因为在这种速率下，
虽然也有双绞线介质方案，但性能远不如光纤好，且在连接距离等方面具有非常明显的优
势，非常适合城域网和广域网使用。

　　目前光纤传输介质发展相当迅速，各种光纤接口也是层出不穷，常见的有 SC 卡接式方型
（路由器交换机上用得最多）、LC（接头与 SC 接头形状相似，较 SC 接头小一些）、MT-RJ（方
型，两根光纤一个接头收发一体）等接口。目前最为常见的光纤接口主要是 SC 和 LC 类型，
无论是在局域网中，还是在广域网中，广域网中光纤占着越来越重要的地位（见图 5.6）。

图 5.6　光纤接口

5.2　X.25 网

从前面的学习中我们已经了解到，数据交换经历了从电路交换到报文交换再到分组交换的发展过程。所谓分组交换，实质上是一种建立在"存储-转发"基础上发展起来的数据交换技术。它兼有电路交换和报文交换的优点。分组交换在线路上采用动态复用技术传送按一定长度分割为许多小段的数据（即分组）。每个分组信息都有接收和发送地址的标识，在一条物理线路上采用多路复用的技术，同时传送多个数据分组。把来自用户发送短的数据暂存在交换机的存储器内，接着在网内转发。达到接收端，再去掉分组头将各数据字段按顺序重新装配成完整的报文。

分组交换比电路交换的电路利用率高，比报文交换的传输时延小，交互性好。

分组交换网是一种采用分组交换方式的数据通信网，1976 年 CCITT 的 X.25 协议就是针对分组交换网而制定的国际标准。因此，分组交换网又称 X.25 网。分组交换网通信质量高、传送速度快、接续时间短、兼有电路交换和报文交换的特点，可为客户提供各个计算机数据通信服务，还可开放电子信箱、可视图文、电子数据交换及数据库检索等各种增值业务。特别适合金融、贸易等单位使用。

事实上 X.25 只是一个对公用分组交换网接口的规约。许多人使用术语"X.25 网络"，这导致许多人错误地认为 X.25 定义了网络协议。但事实并非如此，X.25 只是定义了数据终端设备 DTE 与公用分组交换网相连的数据电路终端设备 DCE 之间的接口，如图 5.7 所示。

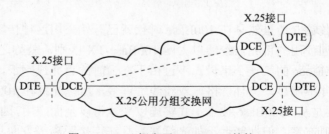

图 5.7　X.25 规定了 DTE-DCE 的接口

从 ISO/OSI 体系结构的观点看，X.25 包含了 OSI 七层模型中的下 3 层：物理层、数据链路层、网络层，定义了专用电路连接到公用数据网上的分组型数据终端设备（DTE）与数据电路终端设备（DCE）之间的接口标准。X.25 定义了一系列的规定，它们决定了分组型终端设备如何把控制信息和数据装入分组，建立呼叫，保持和拆除呼叫，以及传输的管理和流量的控制。X.25 定义了 3 级通信协议：物理级、链路级和分组级。

物理级：指的是 DTE 和网络之间的线路连接，X.25 标准可采用 V.24（即 RS-232）、V.25、G.703、X.21 等接口。本级规定了界面接口处的电气和规程等特性。

链路级：链路级负责 DTE-DCE 之间的初始化校验和控制物理链路上的数据传输。它采用高级数据链路控制（HDLC）规程将不可靠的物理链路提升为可靠的、无差错的逻辑链路。

分组级：为虚呼叫和固定虚呼叫指定数据终端和网内设备的逻辑通路号，建立和维持逻辑通路，实现数据交换、该协议的主要内容有分组级 DTE/DCE 接口的描述、虚电路规程、数据报规程、分组的格式、用户自选业务的规程与格式、分组级 DTE/DCE 接口状态变化等。

分组交换网一般由分组交换机、网络管理中心、远程集中器、分组装拆设备、用户接入设备和传输线路等基本设备组成。

1. 分组交换机

分组交换机是分组交换网的枢纽。它具有以下功能：提供网络的基本业务，如交换虚电路和永久虚电路及其他补充业务等；在端到端计算机之间通信时，进行路由选择，以及流量控制；提供多种通信规程，数据转发，维护运行，故障诊断，计费及一些网络的统计等。

2. 网络管理中心（NMC）

网络配置管理与用户管理，日常运行数据的收集与统计。路由选择管理，网络监测，故障告警与网络状态显示。根据交换机提供的计费信息完成计费管理。

3. 远程集中器（RCU）

允许分组终端和非分组终端接入，有规程变换功能，可以把每个终端集中起来接入至分组交换机的中、高速线路上交织复用。

4. 分组装拆设备（PAD）

将来自异步终端（非分组终端）的字符信息去掉起止位后组装成分组，送入分组交换网。在接收端再还原分组信息为字符，发送给用户终端。随着分组技术的发展，RCU 与 PAD 的功能已没有什么差别。

5. 用户接入设备

分组交换网的用户接入设备主要是用户终端。用户终端分为分组型终端和非分组型终端。分组终端是具有 X.25 协议的接口，能直接接入分组交换数据网的数据通信终端设备。它可通过一条物理线路与网络连接，并可建立多条虚电路，同时与网上的多个用户进行对话。对于那些执行非 X.25 协议的终端和无规程的终端称为非分组终端，非分组终端需经过分组装拆设备，才能连到交换机端口。通过分组交换网络，分组终端之间，非分组终端之间，分组终端与非分组终端之间都能互相通信。

6. 传输线路

传输线路是构成分组数据交换网的主要组成部分之一。目前，终极传输线路有 PCM 数字信道、数字数据传输、利用 ATM 连接及卫星通道。用户线路一般有数字数据电路或市话模拟线。

作为 X.25 网的代表中国公用分组交换网（CHINAPAC）于 1993 年建立，是由中国邮电部建设和经营的，能提供多种业务的全国分组交换网。CHINAPAC 由骨干网和省内网两级构成。骨干网以北京为国际出入口局，广州为港澳出入口局。以北京、上海、沈阳、武汉、成都、西安、广州及南京等 8 个城市为汇接中心，覆盖全国所有省、市、自治区。汇接中心采用全网状结构，其他结点采用不完全网状结构。网内每个结点都有 2 个或 2 个以上不同方向的电路，从而保证网路的可靠性。网内中继电路主要采用数字电路，最高速率达 34Mb/s。

同时各地的本地分组交换网也已延伸到了地、市、县，并与公用数字交换网、中国公众计算机互联网（CHINANET）、中国公用数字数据网（CHINADDN）、帧中继网（CHINAFRN）等网络互联，以达到资源共享，优势互补，为广大用户提供高质量的网络服务。对外与美国、日本、加拿大、韩国、香港等几十个国家和地区分组网相连，满足大中型企业、外商投资企业、外商在内地办事处等国际用户的需求。

用户进网方式有电话拨号入网和专线入网两种方式。普通用户用一个调制解调器通过公用电话网（PSTN）连到分组交换网上。专线用户可租用市话模拟线或数字数据专线，采用 X.28 或 X.25 规程，方便地进入 CHINAPAC。

分组交换技术比较适用于终端到主机的交互式通信、交易处理、需要进行协议转换的场合、跨国通信、要求高度安全的场合传输基础设施质量不高的地区等。

分组交换在商业中的应用较广泛，如银行系统在线式信用卡（POS 机）的验证。由于分组交换提供差错控制功能，保证了数据在网络中传输的可靠性。

5.3　综合业务数字网

综合业务数字网（Integrated Services Digital Network，ISDN）是一种公用电信网络，是由公用电话网发展起来的。为解决电话网速度慢，提供服务单一的缺点，ISDN 将其基础结构设计成能够提供综合的语音、数据、视频、图像及其他应用的服务。

早期的电信网络都是为一个特定的业务制定的体系，使用一套特定功能的网络。例如，提供电话服务的电话网、提供电视服务的有线电视网、提供数字传输服务的 X.25 网等。仅当通信和计算机密切结合以后，电信网络才向综合化和智能化方向发展。ISDN 就是一种能够同时提供多种服务的综合性网络。

ISDN 起源于 1967 年，但是直到 1984 年才被明确定义。国际电信标准化组织 CCITT（现 ITU-T）对 ISDN 是这样定义的："ISDN 是以综合数字电话网（IDN）为基础发展演变而成的通信网，能够提供端到端的数字连接，用来支持包括语音在内的多种电信业务，用户能够通过有限的一组标准化的多用途用户/网络接口接入网内。"

ISDN 按信道的传输速率可分为窄带 ISDN（N-ISDN）和宽带（B-ISDN）两类。通常，无特别说明，ISDN 指的是 N-ISDN。

与在电话网上使用 modem 设备接入的方法相比，ISDN 有 3 点好处：首先，使用 modem 需长时间地占用电话线，不能在使用电话时同时保持连接状态，这不是一种理想的接入方式，而 ISDN 能同时提供这两项服务；其次，ISDN 提供端到端的数字连接，为计算机类的数字终端进入网络提供了方便。而普通电话网用户线上传输的信号是模拟信号，必须在两侧终端增加 modem 设备完成 A/D、D/A 转化；最后，ISDN 可以提供高达数百千至 2 兆的全双工数据宽带，远高于电话网上通过 modem 所能达到的传输速率。

ISDN 网络体系结构是在普通电话网的基础上发展起来的，在交换机用户接口板和用户终端一侧都有相应的改进，而对网络的用户线来说，两者是完全兼容的，无须变换，从而使普通电话升级接入 ISDN 网所要付出的代价较低。ISDN 的用户网络接口（UNI）如图 5.8 所示。

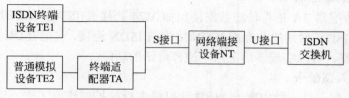

图 5.8　ISDN 的用户网络接口

图 5.8 中 ISDN 交换机完成信息交换功能。U 接口是用户网络线接口（User Interface），物理线路使用的是二线制的普通电话线。数据信息通过用户网络线到达网络端接设备（NT）。S 接口是由用户终端接入的标准接口（Standard Interface），由四线构成收发数据的两个回路，每个回路以时分复用方式形成 2B+D 的标准信道。

网络端接设备（NT）的主要功能是完成 U 接口到 S 接口之间的 2/4 线转换。ISDN 终端设备 TE1 是指那些支持 ISDN 标准 S 接口的用户设备，例如数字话机、带有 S 接口的 PC 终端、G4 传真机等。普通电话网上的设备不支持 ISDN 的 S 接口，可以通过终端适配器（Terminal Adapter，TA）接入 ISDN 网。这一类非标准的 ISDN 终端统称为第二类网络终端，即 TE2。

在 ISDN 的 UNI 中提供了两种类型的信道：一种是信息信道（如 B 通道），用来传送各种信息流；另一种是信令信道（如 D 通道），用来传送对用户的网络实施控制的信令信息。由于信道不同，它们的带宽和速度也不同，B 信道较宽、较快，速率为 64Kb/s，用来传送语音或数据资料，而 D 信道则可以用来传输信令信息，也可以用来传输低速数据，其传输速率只有 16Kb/s。

CCITT 规定了两种 UNI，即基本速率接口（BRI）和基群速率接口（PRI）。

基本速率接口是将现有的电话网的普通用户线作为 ISDN 用户线而规定的接口，也是 ISDN 的最基本的 UNI。它包括一个 D 通道及两个 B 通道，一般称为 2B+D。一般所说的"一线通"128Kb/s 的速率就是指的 2B 的速率。这 3 条信道被分时复用至 1 个数字化语音或一个数据。由于包括两个 B 信道，故基本速率接口能够使用户在传输数据的同时，利用一条电话线进行通话。

我国采用的基群速率接口为 2048Kb/s，它包括一个 D 通道及 30 个 B 通道，一般称为 30B+D。B 和 D 均为 64Kb/s 的数字信道。B 信道主要用于传送信息流；D 通道主要用于传送电路交换的信息。

ISDN 用户端设备主要有以下 4 种：ISDN 网络终端（NT1）、ISDN 终端适配器（TA）、ISDN 接入适配卡和 ISDN 数字电话机。

1. ISDN 网络终端

ISDN 网络终端是用户传输线路的终端装置。它是实现在普通电话线上进行数字信号传送和接收的关键设备。该设备安装于用户处，是实现 N-ISDN 功能的必要硬件。网络终端分为基本速率网络终端 NT1 和一次基群速率网络终端 NT2 两种。

NT1 向用户提供 2B+D 两线双向传输能力，它能以点对点的方式支持最多 8 个终端设备接入，可使多个 ISDN 用户终端设备合用一个 D 信道。NT2 主要提供 30B+D 的四线双向传输能力，定时完成网络的维护功能，常应用于 ISDN 小型交换机。

2. ISDN 终端适配器 TA

ISDN 终端适配器 TA 是将传统数据接口如 V.24 连接到 ISDN 线路的外部设备，使那些不能直接接入 ISDN 网络的非标准 ISDN 终端与 ISDN 连接，它把 ISDN 的线路转换成两路普通的模拟线路，可以实现一边上网一边打电话的功能。

3. ISDN 接入适配卡

ISDN 接入适配卡是一种内置卡，插进计算机主板的扩展槽内工作，卡上有 ISDN 线路的 RJ-11 接口。它将通用的 PC 适配到 ISDN 的 U 接口或 ISDN 的 S 接口上，也可以使单台 PC 连接到包含 ISDN 路由器的中央位置，实现 PC 与 Internet 或办公室的服务器连接，达到资源共享的目的。它能提供 128Kb/s 数据传输速率。

4. ISDN 数字电话机

数字电话机是标准的 ISDN 终端设备，可以直接接入 NT1 的 S/T 接口。

目前中国电信已经为用户开展提供国际宽带综合业务数字网（"一线通"业务），该网可以把各种电信业务（电话、电报、传真、数据图像等）综合在同一个网内处理并传输，并可在不同的业务终端之间实现互通。用户只要用一个电话端口即可实现电话、传真与图像的同时传送。用户可以经过一根电话线，一边在因特网（Internet）上漫游，一边打电话或者发传真，因此被称为"一线通"，使用 64～128Kb/s 的宽带电路还可以提供多媒体业务，并且用户终端的设备十分便宜。现在，ISDN 网上已开发了多种类型的业务。

ISDN 的基本业务主要包括：

（1）承载业务。承载业务是网络向客户提供的一种低层的信息转移能力，与终端的类型无关。承载业务又分为电路交换的承载业务和分组交换的承载业务。在电路交换的承载业务中有话音业务，二类/三类传真业务以及超高速传真和电视图像业务等。采用分组交换方式可以建立虚呼叫和永久性虚电路承载业务。

（2）用户终端业务。用户终端业务是指利用窄带综合业务数字网和一些特定的终端能够提供的业务。主要包括数字电话、智能用户电报、四类传真、混合通信、可视图文、用户电报、数据通信、视频业务。

5.4 DDN

数字数据网（Digital Data Network，DDN）是利用数字信道传输数据信号的数据传输网。他的传输媒介有光缆、数字微波、卫星信道以及用户端可用的普通和双绞线。通常是将数万、数十万条以光缆为主体的数字电路，通过数字电路管理设备，构成一个传输速率高、质量好、网络时延小、全透明、高流量的数据传输基础网络。

对于用户来说，DDN 可以向用户提供永久性和半永久性连接的数字数据传输信道，这两种信道既可用于计算机之间的通信，也可用于传送数字化传真、数字话音、数字图像或其他数字化信号。所谓永久性连接，就是指用户间建立固定连接，传输速率不变的独占带宽电路。而半永久性连接，对于用户来说则是非交换性的，但可根据用户提出的申请，由网络管理人员对其提出的传输速率、传输数据的目的地和传输路由进行修改。DDN 利用数字信道来连续传输数据信号，它不具备数据交换的功能，不同于通常的报文交换网和分级交换网。归纳起来 DDN 主要具有以下特点：

（1）传输速率高，网络时延小。由于 DDN 采用了同步传输模式的数字时分复用技术，用户数据信息根据实现约定的协议，在固定的时隙以预先设定的通道带宽和速率顺序传输，这样只需按时隙识别通道就可以准确地将数据信息送到目的终端。由于信息是顺序到达目的终端的，免去了目的终端对信息的重组，因此减少了时延。目前 DDN 可达到的最高传输速率为 155Mb/s，平均时延≤450。

（2）传输质量较高。数字中继大量采用光纤传输系统，用户之间拥有固定连接，网络传输质量高。

（3）DDN 为全透明网。DDN 是任何规程都可以支持，不受约束的全透明网，可支持网络层及其以上的任何协议，从而可满足数据、图像、声音等多种业务的需要。

（4）DDN 是同步数据网。DDN 以数字方式来传输数据，必须要求全网的系统保持同步，否则会造成数据的丢失或重复现象。

DDN 网是由数字传输电路和相应的数字交叉复用设备组成，如图 5.9 所示。其中，数字传输电路主要以光缆为主，数字交叉连接复用设备对数字电路进行半固定交叉连接和子速率的复用。

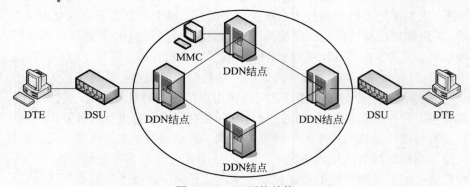

图 5.9　DDN 网络结构

数据终端设备 DTE 通过数据业务单元 DSU（如调制解调器等）接入 DDN 网，通过路由器连至接收端，DTE 和 DTE 之间是全透明传输。DTE 和 DSU 主要功能是业务的接入和接出。在 DDN 网络中，由网管中心 NMC 实时地监视网络运行情况，对网络结构和业务进行配置，对网络信息、网络结点告警、线路利用情况等进行收集、统计。

中国公用数字数据网 ChinaDDN 的建设始于 20 世纪 90 年代初，到目前为止，已覆盖全国的大部分地区。它是由中国电信经营的、向社会各界提供服务的公共信息平台，已成为国民经济信息化、国家三金工程（金桥、金卡、金关）的主要通信平台。

我国 DDN 网络规模大、数量多，为了组网灵活、扩容方便、业务组织管理清晰，按网络功能层次划分，可把 DDN 分为核心层、接入层和用户接口层 3 层网络结构。

（1）核心层。核心层由大、中容量网络设备组成，以 2 M 电路构成骨干结点核心，执行网络业务的转换功能，主要提供 2048Kb/s 数字通道的接口和交叉连接，对 $N \times 64Kb/s$ 的电路进行和交叉连接以及帧中继业务的转接功能。

（2）接入层。接入层由中、小容量网络设备组成，它主要为 DDN 各类业务提供以下接入功能：$N \times 64Kb/s$ 或 2048Kb/s 数字通道的接口、小于 64Kb/s 子速率复用和交叉连接、帧中继业务用户接入和本地帧中继功能、压缩话音/G3 传真用户入网等。

（3）用户接口层。用户接口层由各种用户设备、网桥/路由器设备、帧中继业务的帧装/拆设备组成，为用户入网提供适配和转接功能。它主要为 DDN 用户入网提供接口并进行必要的协议转换。

由于 DDN 网是一个全透明网络，能提供多种业务来满足各类用户的需求。DDN 的基本业务就是向客户提供多种速率的数字数据专线服务，可提供 2.4、4.8、9.6、19.2、$N \times 64K$（$N = 1 \sim 31$）及 2MB/s 的全透明的数字传输通道，适用于信息量大、实时性强的数据通信。

DDN 网络把数据通信技术、数字通信技术、光纤通信技术、数字交叉连接技术和计算机技术有机地结合在一起。通过发展，DDN 应用范围从单纯提供端到端的数据通信扩大到能提供和支持多种通信业务，成为具有众多功能和应用的传输网络。

5.5　帧中继

由于传输技术的发展，数据传输误码率大大降低，分组通信的差错恢复机制显得过于烦琐。为此，人们采用了帧中继技术来解决这个问题。帧中继舍去了分组交换 X.25 协议中的分组层，采用物理层和链路层二级结构，在链路层完成统计复用/帧透明传输和错误检测，省去了帧编号、流控、应答和监视等机制，节省了交换机开销，降低了时延，提高了效率。

帧中继是 20 世纪 80 年代末发展起来的一种数据通信技术，其英文名为 Frame Relay，简称 FR。帧中继是在用户与网络接口之间提供用户信息流的双向传送，并保持顺序不变的一种承载业务。用户信息以帧为单位进行传输，并对用户信息进行统计复用。帧中继是综合业务数字网标准化过程中产生的一种重要技术，它是在数字光纤传输线路逐渐代替原有的模拟线路，用户终端智能化的情况下，由 X.25 分组交换技术发展起来的一种传输技术。

需要特别介绍的是帧中继的带宽控制技术，这是帧中继技术的特点和优点之一。在传统的数据通信业务中，特别像 DDN，用户预定了一条 64K 的电路，那么它只能以 64Kb/s 的速率来传送数据。而在帧中继技术中，用户向帧中继业务提供商预定的是约定信息速率（简称 CIR），而实际使用过程中用户可以高于 CIR 的速率发送数据，却不必承担额外的费用。举例来说，一个用户预定了 CIR = 64Kb/s 的帧中继电路，并且与供应商签订了另外两个指标 Bc（承诺的突发量）、Be（超过的突发量），当用户以等于或低于 64Kb/s 的速率发送数据时，网络定将负责地传送，当用户以大于 64Kb/s 的速率发送数据时，只要网络有空（不拥塞），且用户在一定时间（Tc）内的发送量（突发量）小于 Bc+Be 时，网络还会传送，当突发量大于 Bc+Be 时，网络将丢弃帧。所以帧中继用户虽然付了 64Kb/s 的信息速率费（收费依 CIR 来定），却可以传送高于 64Kb/s 的数据，这是帧中继吸引用户的主要原因之一。可以将帧中继技术归纳为以下几点：

（1）帧中继技术主要用于传递数据业务，它使用一组规程将数据信息以帧的形式（简称帧中继协议）有效地进行传送。它是广域网通信的一种方式。

（2）帧中继所使用的是逻辑连接，而不是物理连接，在一个物理连接上可复用多个逻辑连接（即可建立多条逻辑信道），可实现带宽的复用和动态分配。

（3）帧中继协议是对 X.25 协议的简化，因此处理效率很高，网络吞吐量高，通信时延低，帧中继用户的接入速率达到 64Kb/s～2Mb/s 甚至可达到 34Mb/s。

（4）帧中继的帧信息长度远比 X.25 分组长度要长，最大帧长度可达 1600 字节/帧，适合于封装局域网的数据单元和突发业务（如压缩视频业务、WWW 业务等）。

帧中继通信过程如图 5.10 所示。

图 5.10　帧中继通信

在图 5.10 中，两个局域网通过帧中继网络互联，通过路由器或 FRAD（帧中继拆装设备）将发送方局域网的帧（如以太网帧、令牌环网帧等）封装打包成 FR 的帧，送入 FR 网络进行传送。接收方 FR 路由器或 FRAD 将从 FR 网络接收到帧中继帧解包，并转换为局域网所能识别的信息帧。

帧中继网络是由许多帧中继交换机通过中继电路连接组成。一般来说，FR 路由器（或 FRAD）放在离局域网相近的地方，路由器可以通过专线电路接到电信局的交换机。用户只要购买一个带帧中继封装功能的路由器（一般的路由器都支持），再申请一条接到电信局帧中继交换机的 DDN 专线电路或 HDSL 专线电路，就具备开通长途帧中继电路的条件。

表 5.1 给出了帧中继与现有其他网络技术的特点比较。

表 5.1　帧中继与其他网络技术的比较

项　目	高速率	按需分配带宽	一点对多点	网络灵活性	费用	时延
交换电路	较差	无	较差	较好	较低	较低
租用电路	较好	无	可以	较差	较高	较低
分组交换	较差	较好	较好	较好	较低	较长
帧中继	较好	较好	较好	较好	较低	较低

帧中继技术首先在美国和欧洲得到应用。1991 年末，美国第一个帧中继网——Wilpac 网投入运行，它覆盖全美 91 个城市。北欧、芬兰、丹麦、瑞典、挪威等在 20 世纪 90 年代初联合建立了北欧帧中继网 WORDFRAME，以后英国等许多欧洲国家也开始了帧中继网的建设和运行。在我国，中国国家帧中继骨干网于 1997 年初步建成，目前能覆盖大部分省会城市，至 1998 年各省帧中继网也相继建成。上海目前已能提供国内、国际的帧中继业务。

帧中继提供永久虚电路 PVC 业务。帧中继的主要应用包括：传输多种类型信息，用于终端与主机的通信，用于局域网与局域网的通信，用于语音交换、传真交换，混合复用以上的通信。

5.6　ATM 网络

根据前面所学过的知识，ISDN 按信道的传输速率可分为窄带 ISDN（N-ISDN）和宽带 ISDN（B-ISDN）两类。B-ISDN 以光纤为传输介质，传输速率可从 150Mb/s 到几 Gb/s。B-ISDN 的业务范围比 N-ISDN 更加广泛，这些业务在特性上的差异更大，普通的传输方式都不能很好地适应它。因此，必须找到一种适合于 B-ISDN 可变速率的传送方式。

异步传输模式（Asynchronous Transfer Mode，ATM）就是用于宽带综合业务数字网（B-ISDN）的一种交换技术，它是 CCITT 于 1998 年制定的标准。定义如下："ATM 是一种转换模式，在这一模式中信息被组织成信元，而包含一段信息的信元（cell）并不需要周期性地出现。"从这个意义上来说，这种转换模式是异步的。

ATM 是在分组交换基础上发展起来的，它使用固定长度分组，并使用空闲信元来填充信道，从而使信道分成等长的时间小段。由于光纤通信提供了低误码率的传输通道，因而流量控制和差错控制便可移动到用户终端，网络只负责信息的交换和传送，从而使传输时延减小。所以 ATM 适用于高速数据交换业务。

信元实际上就是分组，只是为了区别于 X.25 的分组，才将 ATM 的信息单元叫做信元。信元主要由两部分构成，即信元头和信元净荷。信元头所包含的是地址和控制信息，信元净荷是用户数据。ATM 信元是固定长度的分组，共有 53 字节。前面 5 字节为信头，主要完成寻址的功能；后面的 48 字节为信息段，用来装载来自不同用户、不同业务的信息。话音、数据、图像等所有的数字信息都要经过切割，封装成统一格式的信元在网中传递，并在接收端恢复所需格式。

由于 ATM 技术简化了交换过程，去除了不必要的数据校验，采用易于处理的固定信元格式，所以 ATM 交换速率大大高于传统的数据网，如 X.25、DDN、帧中继等。另外，对于如此高速的数据网，ATM 网络采用了一些有效的业务流量监控机制，对网上用户数据进行实时监控，把网络拥塞发生的可能性降到最小。对不同业务赋予不同的"特权"，如语音的实时性特权最高，一般数据文件传输的正确性特权最高。网络对不同业务分配不同的网络资源，这样不同的业务在网络中才能做到"和平共处"。

ATM 网络的目的是给出一套与网络所传输的信息类型无关的网络服务。ATM 提供的服务由 B-ISDN 参考模型来定义。图 5.11 给出了 B-ISDN 参考模型。

高层	信令	A级	B级	C级	D级
ATM适配器	信令	AAL1	AAL2	AAL3/4或AAL5	
ATM层					
物理层					

图 5.11　B-ISDN 参考模型

1．ATM 物理层

ATM 物理层定义了载波信号的电气性能（如电压和频率）、传输介质的物理特性以及光纤和连接头的类型。ATM 信元基本上能在任何物理介质上传输。但大多数情况，物理层使用基于光纤链路的同步光线网（SONET）。

2. ATM 层

为了给网络中的用户和应用提供一套公共的传输服务，应用可以采用高层协议功能，如数据、语言或视频应用等。ATM 层提供的基本服务是为了完成 ATM 网络上的用户和设备之间的信息传输，信息传输需要通过在用户和设备之间建立连接来实现。在 ATM 网络中，使用了两种类型的网络接口：用户至网络接口 UNI，定义了 ATM 用户和 ATM 网络之间的界面；网络至网络接口 NNI，定义了公用 ATM 网络中两个 ATM 交换机之间的界面。

3. ATM 适配层

ATM 适配层主要负责将用户层的信息转换成 ATM 网络可用的格式。当用户层把一个较长的数据包提交给 ATM 适配层后，由 ATM 适配层负责将数据包分割成若干信元载体，再传给 ATM 层。

ATM 采用了 AAL1、AAL2、AAL3、AAL4、AAL5 多种适配层，以适应 ATM 网络的传输服务。传输服务可分为 5 种类型，A 级、B 级、C 级、D 级这 4 种不同的用户业务由 ATM 适配层提供，第 5 种则是由用户或厂家自定义的服务。

（1）A 级。固定比特率（CRB）业务，由 AAL1 适配。支持面向连接的业务，其比特率固定，常见业务为 64Kb/s 语音业务、固定码率非压缩的视频通信及专用数据网的租用电路。

（2）B 级。可变比特率（VBR）业务，由 AAL2 适配。支持面向连接的业务，其比特率是可变的。常见业务为压缩的分组语音通信和压缩的视频传输。

（3）C 级。面向连接的数据服务，由 AAL3 或 AAL4 适配。该业务为面向连接的业务，适用于文件传递和数据网业务，其连接是在数据被传送以前建立的。它是可变比特率的。

（4）D 级。无连接数据业务，常见业务为数据报业务和数据网业务。在传递数据前，其连接不会建立。AAL3、AAL4 或 AAL5 均支持此业务。

ATM 的一般联网方式如图 5.12 所示，与网络直接相连的可以是支持 ATM 协议的路由器或装有 ATM 卡的主机，也可以是 ATM 子网。在一条物理链路上，可同时建立多条承载不同业务的虚电路，如语音、图像、文件传输等。

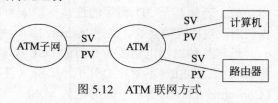

图 5.12　ATM 联网方式

一个 ATM 的传输过程包括以下 3 个阶段：

（1）呼叫建立。传送者和接收者之间叫做"虚电路"（Virtual Circuits）的点对点连接首先被建立起来，这是应传送者的要求由 ATM 网络完成的。传送者使用一个叫"信令"的过程来创建这些连接。

（2）数据传输。一旦 ATM 连接建立起来，数据就被划分成多个 ATM 信元，通过虚电路组成的连接进行传输。ATM 模型中的虚电路由虚路径和虚信道组成。虚路径和虚信道是 ATM 网络中信元运输和路由的机制。

（3）呼叫中止。一旦数据传输完成，ATM 客户机再次使用信令过程访问网络（通过标准的、预定义的虚信道识别符），告知网络会话已经结束，然后由虚电路提供的连接将被网络释放。这将通过清除所有交换机的转发表中对应的 VPI 和 VCI，释放所有交换机为此连接所保留的资源来完成。

ATM 技术与其他技术相比有吞吐量高、支持时延可变、支持面向连接和无连接、用户介入速率高等特点，主要应用于以下几个领域：多媒体应用、客户/服务器结构、高速主干、ATM 工作组等。ATM 的实现需要将 LAN 的环境集成到 ATM 网络中。提供跨越 ATM 的 LAN 到 LAN 以及 LAN 到 LAN 的网际连接。ATM 的缺点主要有：ATM 的许多概念尚未标准化，尚需时间才能成为一种成熟的标准技术，因此互操作性能不够完善；现有网络操作系统对 ATM 的支持不够完善；ATM 网络构件的生产规模不大，价格较高。

5.7　xDSL 接入技术

数字用户线路（Digital Subscriber Line，DSL）是一项利用铜电话线路，将高带宽信息传送到家庭和小型企业的技术。它们的传输速率要远远高于普通的模拟 modem，甚至能够提供比普通模拟 modem 快 300 倍的兆级传输速率。一条 DSL 线路既可以传送数据，也可以传送语音信号，并且线路的数据部分是持续连接的。

传统的电话服务是将家庭或企业通过双绞线连接到电信局，使用户可以与其他电话用户通过模拟方式交换语音信息。由于采用模拟传输技术，电信局从收到的数据中过滤出信息，再将它转换为适于电话线路的模拟形式，然后再要求用户的调制解调器将它转换回数字信号。这种模拟传输构成了宽带瓶颈，因此，使用普通调制解调器的数据速率最多为 56Kb/s，而 DSL 不要求对数字数据进行模拟转换，数字信号仍作为数字数据直接传送到计算机，这使得电话公司可以将更大的宽带用于为用户传输数据。同时，如果用户愿意，还可以将信号分离开，将一部分带宽用于传输模拟信号，这样就可以在一条线路上同时使用电话和计算机。

DSL 最大的优势在于利用现有的电话网络构架，为用户提供更高的传输速度，这就使得动画、音频甚至 3D 图像的连接传输成为可能。所以人们可以利用它来进行各种高速数据应用，包括视频会议、高速 Internet 接入、多媒体应用、在线银行、连接远程网络，等等。

近年各种以铜电话线为介质的 DSL 技术得到了迅速发展，它包括普通 DSL、HDSL（对称 DSL）、ADSL（不对称 DSL）、VDSL（甚高比特率 DSL）、SDSL（单线制 DSL）、CDSL（Consumer DSL）等，一般称之为 xDSL。xDSL 不但能加快 Internet 接入的速度，还能减轻交换网的负荷，因此备受电信运营公司的青睐（见图 5.13）。

1. ADSL

非对称数字用户线（Asymmetric Digital Subscriber Line，ADSL），ADSL 被称为“非对称”是由其双向或双工带宽中的大部分被分配给了下行方向，即向用户发送数据的方向。只有一小部分带宽供上行方向或发送用户交互信息的方向使用。多种 Internet 数据（尤其是图像或多媒体密集型 Web 数据）需要大量的下行带宽，而用户请求和响应的数据量非常小，只需要很少的上行带宽。在使用 ADSL 时，下行速率可高达 8Mb/s，上行速率最多为 640Kb/s。

此外，由于 ADSL 采用频分复用技术，可将电话语音和数据流一起传输，用户只需要加装一个 ADSL 用户端设备，通过分流器（话音与数据分离器）与电话并联，便可使一条普通电话线同时通话和上网互不干扰。因此，使用了 ADSL 接入方式，等于在不改变原有通话的情况下，另外增加一条高速上网专线。可见，ADSL 技术与拨号上网调制技术有很大区别。

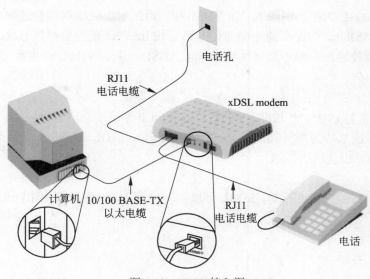

电话孔

RJ11
电话电缆

xDSL modem

计算机 10/100 BASE-TX
以太电缆

RJ11
电话电缆

电话

图 5.13 xDSL 接入图

在 ADSL 调制技术中，一般均使用高速数字信号处理技术和性能更佳的传输码型，用以获得传输中的高速率和远距离。目前 ADSL 调制解调器技术主要分为无载波幅相调制 CAP 和离散多音调制 DMT。前者方法简单，实现容易，它将外来数据调制成单载体通道，然后送入电话线。载体在传输被压缩然后再接收端恢复。后者技术复杂，但功能更强。

由于 ADSL 充分利用了现有的铜缆网络（电话线网络），只需要在线路两端加装 ADSL 设备即可为用户提供高宽带服务，不需要重新布线，降低了成本，进而减少了用户上网的费用。ADSL 对网络的需求仅仅是一对普通的电话双绞线，这对网络提供者和用户来说都极为简单和方便。同时，与 cable modem 的共享相比，ADSL 独享带宽，是真正意义上的宽带接入。

ADSL 常用的业务有数据业务、Internet/Extranet/intranet 业务、帧中继 FR 接入业务、ATM 业务、语音业务、视频业务、VPN 虚拟专网业务等。目前，ADSL 主要应用于家庭办公、远程办公、高速上网远程教育、VOD 视频点播、视频会议、网间互联等领域。

2. RADSL

RADSL 是 ADSL 技术的一种，在这项技术中，软件可以决定在特定客户电话线上信号的传输速率，相应地调整传输速率，因而具有很强的灵活性。RADSL 可以使 Internet 用户避免在强噪声条件下中断通信，因为它能自适应地降低传输速率而不中断通信，用户也可以根据自己的需要选择传输速率。因为传输速率不同，费用不同。

3. HDSL

应用最广的 DSL 的最早期版本要算 HDSL 了。这项技术被用于企业站点内部和电话公司与客户之间的宽带数据传输。ADSL 用一条线作双向传输，而 HDSL 用两条线来实现，它的两条线是对称的，即两种方向的带宽相等。因此，其最大传输速率要低于 ADSL。

4. VDSL

VDSL 是 ADSL 的更高的版本。在 VDSL 中，短距电缆的单向传输速率是 ADSL 的 10 倍以上，达到 55Mb/s，如此高的速率即使是第二代 Internet 使用也绰绰有余。目前，VDSL 系统传输的距离较短，一般不超过 1.5km。同 ADSL 一样，VDSL 也主要用于实时视频传输和高速数据访问。

5. IDSL

IDSL 的速率与 ISDN 的 128Kb/s 的数据速率和服务很接近，它可以提供 ISDN 的基本速率（2B＋D）或基群速率（30B＋D）的双向业务，但 IDL 与 ISDN 完全不同，ISDN 是交换技术，而 IDSL 是网络技术。

6. SDSL

SDSL 是 HDSL 的单线版本。SDSL 可以同时浏览 Internet 和打电话，也可以用于电视电话会议。

小结

广域网也称远程网。通常跨接很大的物理范围，所覆盖的范围从几十 km 到几千 km，它能连接多个城市或国家，或横跨几个洲并能提供远距离通信，形成国际性的远程网络。广域网的通信子网主要使用分组交换技术。广域网的通信子网可以利用公用分组交换网、卫星通信网和无线分组交换网，它将分布在不同地区的局域网或计算机系统互连起来，达到资源共享的目的。

本章首先介绍广域网的概念及其特点，还介绍了一些目前常见的广域网络及它们所使用的连接技术。包括数字数据网（DDN）、帧中继网络、xDSL、异步传输模式（ATM）等技术。

习题

一、选择题

1. WAN 与 LAN 的不同在于（　　）。
    A．使用的计算机　　　　　　　　B．地域的大小
    C．不同的通信设备　　　　　　　D．信息传输方式
2. 路由器的主要功能是（　　）。
    A．选择转发到目标地址所用的最佳路径
    B．重新产生衰减了的信号
    C．把各组网络设备归并进一个单独的广播域
    D．向所有网段广播信号
3. ATM 信元及信元头的字节数分别为（　　）。
    A．5、53　　　　　　　　　　　　B．5、53
    C．50、3　　　　　　　　　　　　D．53、5

4．下面哪种网络技术最适合多媒体通信的需求（　　　）。

    A．X.25　　　　　　　　　　　　　　　B．ISDN

    C．ATM　　　　　　　　　　　　　　　D．帧中继

5．下面不属于 B-ISDN 采用的传送方式为（　　　）。

    A．高速分组交换　　　　　　　　　　　B．高速电路交换

    C．异步传送方式　　　　　　　　　　　D．微波交换方式

6．xDSL 技术是利用数字技术对现有的模拟电话用户线进行改造，使它能够承载宽带业务的一种点对点的接入技术。目前，最为广泛使用的 xDSL 是（　　　）。

    A．非对称数字用户线 ADSL

    B．单线对数字用户线 SDSL

    C．高速数字用户线 HDSL

    D．超高速数字用户线 VDSL

7．ADSL 技术能够支持的最大数据上传速率是多少（　　　）。

    A．56Kb/s　　　　　　　　　　　　　　B．128Kb/s

    C．1Mb/s　　　　　　　　　　　　　　D．8Mb/s

二、填空题

1．广域网（WAN）的网络通常覆盖_____的地域。

2．广域网由_____、_____、网关等多种数据交换设备及数据传输设备构成。

3．路由器的工作就是为经过路由器的_____寻找一条最佳传输路径，并将该_____有效地传送到_____。

4．目前广域网络使用的技术有 X.25 协议、_____、_____、帧中继和 ATM。

5．虚电路的一个优点是为每条虚电路只作_____路由选择。

6．ADSL 作为一种传输层的技术，充分利用现有的电话线资源，在一对双绞线上提供上行_____，下行_____的带宽。

7．在广域网中，路由表的计算有两种基本方法，它们分别是_____和_____。

三、简答题

1．简述路由器的工作原理以及优缺点。

2．试比较 X.25 和帧中继网络的异同点。

3．什么是 ATM？ATM 的主要优点是什么？

4．阐述 ATM 中 3 种通道的关系及其功能。

5．使用 ISDN 如何定义？有何特点？

6．简述路由器的工作原理以及优缺点。

第6章

Internet 及应用

国际互联网 Internet 是当今世界最大的网络平台，是由多个不同结构的网络通过统一的协议连接而成的跨越国界的世界范围的大型计算机网络，也是当今世界最大的信息数据库和最经济的联系和沟通的平台。

6.1 Internet 的发展过程

Internet 从 20 世纪 60 年代末诞生以来近 40 年，经历了 ARPAnet 网的诞生、NSFnet 网的建立、美国国内互联网的形成以及 Internet 在全世界的形成和发展等阶段。

6.1.1 美国 Internet 的第一个主干网 ARPAnet 的诞生

在 20 世纪 60 年代中期，人们利用高速通信线路将多台地理位置不同的具有独立功能的计算机连接起来，形成了计算机与计算机之间进行通信的通信网络。此类网络有两种结构形式：第一，主计算机通过高速通信线路直接互联起来，这里主计算机同时承担数据处理和通信工作；第二，通过通信控制处理机间接地把各计算机连接起来。通信控制处理机负责网络上各主计算机之间的通信处理与控制，主计算机是网络资源的拥有者，负责数据处理，它们共同组成资源共享的高级形态的计算机网络。计算机网络发展到这个阶段的一个里程碑是美国的 ARPAnet 网络的诞生。目前，人们通常认为它就是 Internet 的起源。

1968 年美国国防部的高级研究计划署（ARPA）提出了研制 ARPAnet 网计划，1969 年便建成了具有 4 个结点的试验网络。1971 年 2 月建成了具有 15 个结点、23 台主机的网络并投入使用，这就是有名的 ARPAnet 网，它是世界上最早出现的计算机网络之一，也是美国 Internet 的第一个主干网，现代计算机网络的许多概念和方法都来源于它。

从对计算机网络技术研究的角度来看，ARPA 建立 ARPAnet 网的目的之一，是希望寻找一种新方法将当时的许多局域网和广域网互联起来，构成一种“网际网”。在进行网络技术的实验研究中，专家们发现，计算机软件在网络互联的整个技术中占有极为重要的位置。为此 ARPA 的鲍勃·凯恩和斯坦福的温登·泽夫合作，设计了一套用于网络互联的 Internet 软件，其中有两个具有开创性的重要部分是网际协议（Internet Protocol，IP）软件和传输控制协议（Transmission Control Protocol，TCP）软件，它们的协调使用对网络中的数据可靠传输起到了关键作用。研究人员在后来的应用中使用这两个重要软件的字头来代表整个

Internet 通信软件，称为 TCP/IP 软件。

1982 年，Internet 的网络原型试验已经就绪，TCP/IP 软件也已通过测试，一些学术界和工业界的研究机构开始经常性地使用 TCP/IP 软件。1983 年初，美国国防通信局决定把 ARPAnet 网的各个站点全部转为 TCP/IP 协议支持，这就为建成全球 Internet 网打下了基础。

6.1.2　美国 Internet 的第二个主干网 NSFnet 的建立

由于美国军方 ARPAnet 网的成功，美国国家科学基金会（National Science Foundation，NSF）决定资助建立计算机科学网，该项目也得到 ARPA 的资助。

1985 年，NSF 提出了建立 NSFnet 网络的计划。作为实施计划的第一步，NSF 把全美国五大超级计算机中心利用通信干线连接起来，组成了全国范围的科学技术网 NSFnet。成为美国 Internet 的第二个主干网，传输速率为 56Kb/s。接着，在 1987 年，NSF 采用招标方式，由三家公司（IBM、MCI 和 MERIT）合作建立了一个新的广域网，该网络作为美国 Internet 网的主干网，由全美 13 个主干结点构成。由主干结点向下连接各个地区网，再连到各个大学的校园网，采用 TCP/IP 作为统一的通信协议标准。传输速率由 56Kb/s 提高到 1.544Mb/s。

6.1.3　美国全国 Internet 的形成

在美国采用 Internet 作为互联网的名称是在 MILnet（由 ARPAnet 分出来的美国军方网络）实现与 NSFnet 连接之后开始的。接着，美国联邦政府其他部门的计算机网络相继并入 Internet。例如，能源科学网（Energy Science Network，ESnet）、航天技术网（NASA Network，NASAnet）、商业网（Commercial Network，COMnet）等。这样便构成了美国全国的互联网 US Internet。1990 年，ARPAnet 网在完成其历史使命以后停止运作。同年，由 IBM、MCI 和 MERIT 三家公司组建的 ANS（Advanced Network and Service）公司建立了一个新的广域网，即目前的 Internet 主干网 ANSnet。它的传输速率达到 45Mb/s，传输线容量是被取代的 NSFnet 主干网容量的 30 倍。

6.1.4　全球范围 Internet 的发展

20 世纪 80 年代以来，由于 Internet 在美国获得迅速发展和巨大成功，世界各工业化国家以及一些发展中国家都纷纷加入 Internet 的行列，使 Internet 成为全球性的网络。

Internet 在美国是为了促进科学技术和教育的发展而建立的。在它建立之初，首先加入其中的都是一些学术界的网络。因此，在 1991 年以前，无论在美国还是在其他国家，Internet 的连接与应用，都被严格限制在科技与教育领域。

由于 Internet 的开放性以及它具有的信息资源共享和交流的能力，它从形成之日起，便吸引了广大的用户。当大量的用户开始涌入 Internet 时，它就很难以原来的固定模式发展下去了。随着用户的急剧增加，Internet 的规模迅速扩大。它的应用领域也走向多样化，除了科技和教育之外，它的应用很快进入文化、政治、经济、新闻、体育、娱乐、商业以及服务行业。1992 年，美国白宫、联合国总部和世界银行等也先后加入 Internet。

根据不完全统计，全世界有近 200 个国家和地区连入 Internet。到 2000 年底，全球网上用户已达 3 亿，以 Internet 为核心的信息服务业产值超过 20 000 亿美元。截至 2005 年底的统计，全世界有 10 亿网民，占世界总人口 65 亿的 15.4%。

Internet 在未来将成为社会信息基础设施的核心，将是计算、通信、娱乐、新闻媒体和电子商务等多种应用的共同平台（见图 6.1）。

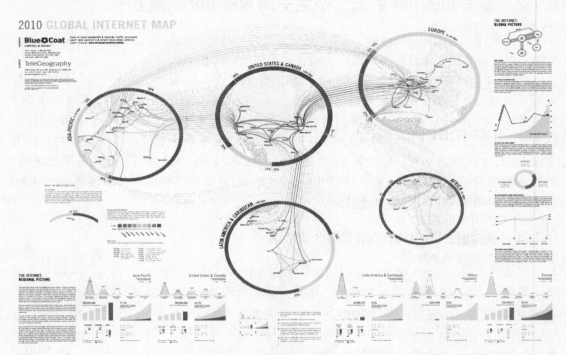

图 6.1　全球 Internet 图

6.1.5　第二代 Internet 的研究

WWW（World Wide Web）技术的发明及应用，极大地推动了 Internet 的发展与应用。从 1993 年起，由于 Internet 面向商业用户和普通公众开放，用户数量开始以滚雪球的方式增长，各种网上的服务不断增加，接入 Internet 的国家越来越多，接入 Internet 的计算机也越来越多，再加上 Internet 先天性的带宽过窄、对信息管理不足而造成了信息传输的严重阻塞。为了解决这一个难题，1996 年 10 月，美国 34 所大学提出了下一代 Internet 的计划，表明要进行第二代 Internet（Internet 2）的研制。根据当时的构想，第二代 Internet 将以美国国家科学基金会建立的"极高性能主干网络"为基础，它的主要任务之一是开发和试验先进的组网技术，研究网络的可靠性、多样性、安全性、业务实时能力、远程操作和远程控制试验设施等问题。研究的重点是网络扩展设计、端到端的服务质量（QoS）和安全性三个方面。第二代 Internet 又是一次以教育科研为先导，瞄准 Internet 的高级应用，是 Internet 更高层次的发展阶段。

第二代 Internet 的建成，将使多媒体信息可以实现真正的实时交换，同时还可以实现网上虚拟现实和实时视频会议等服务。例如，大学可以进行远程教学，医生可以进行远程医疗等。第二代 Internet 计划发展之快以及它引起的反响之大，都超出了人们的意料。1997年以来，美国国会参、众两院的科研委员会的议员多次呼吁政府关注和资助该计划。1998年 2 月，美国总统克林顿宣布第二代 Internet 被纳入美国政府的"下一代 Internet"的总体规划之中，政府将对其进行资助。第二代 Internet 委员会副主席范·豪威灵博士指出，第二代 Internet 技术的扩散将远比目前的 Internet 快得多，也许只要三五年普通老百姓就可以应用它，到那时离真正的"信息高速公路"也就不远了。

中国第二代互联网协会（中国 Internet 2）已经成立，该协会是一个学术性组织，将联合众多的大学和研究院，主要以学术交流为主，进行选择并提供正确的发展方向，其工作主要涉及三个方面：网络环境、网络结构，协议标准及应用。

6.2　Internet 的 IP 地址

Internet 将世界各地大大小小的网络互联起来，这些网络又连接了许多独立的计算机。用户可在这些连网的计算机上与 Internet 上的其他任何计算机进行通信，获取网上信息资源。为了使用户能够方便、快捷地找到需要与其连接的主机，首先必须解决如何识别网上各个主机的问题。

从网络互联的角度来看，Internet 的目标是将不同的网络互联起来，实现广泛的资源共享。网络互联的第一步是物理连接，由于信息传输的起点和终点都是对象（即各类计算机），因此在物理连接中，首先必须解决对象的识别问题。在网络中，一般可以依靠地址识别对象，所以，Internet 在统一全网的过程中，首先要解决地址的统一问题。Internet 采用一种 Internet 通用的地址格式，为全网的每一个网络和每一台主机都分配一个 Internet 地址。IP 协议的一项重要功能就是专门处理这个问题，即通过 IP 协议，把主机原来的物理地址隐藏起来，在网络层中使用统一的 IP 地址。

地址管理是 Internet 技术中的一个非常重要的组成部分。

6.2.1　Internet 地址的构成

地址用来标识网络系统中的某个对象，所以也称为标识符。通常标识符可分 3 类：名字、地址和路径。它们分别告诉人们，对象是什么、它在什么地方和怎样去寻找。不同的网络所采用的地址编制方法和内容均不相同。

1．物理地址与 IP 地址

Internet 是通过路由器将物理网络互联在一起的虚拟网络。在任何一个物理网络中，各个站点的机器都必须有一个可以识别的地址，才能在其中进行信息交换，这个地址称为物理地址。网络的物理地址给 Internet 统一全网地址带来两个方面的问题：第一，物理地址是物理网络技术的一种体现，不同物理网络的物理地址的长短、格式各不相同，这种物理地址管理方式给跨网通信设置了障碍；第二，一般来说，物理网络的地址不能修改，否则，将与原来的网络技术发生冲突。

Internet 针对物理网络地址的现实问题采用由 IP 协议完成"统一"物理地址的方法。

IP 协议提供一种 Internet 全网统一的地址格式。在统一管理下，进行地址分配，保证一个地址对应一台主机，这样，物理地址的差异就被 IP 层所屏蔽。因此，这个地址既称为 Internet 地址，又称为 IP 地址。

2. IP 地址的结构

在 Internet 中，IP 地址采用层次型结构。Internet 在概念上可以分为 3 个层次，如图 6.2 所示。最高层是 Internet，第二层为各个物理网络，称为网络层，第三层是各个网络中所包含的许多主机，称为主机层。这样，整个 Internet 的 IP 地址便由网络号和主机号两部分构成，如图 6.3 所示。而且，主机层的每个主机号所标识的主机都属于网络层的某个物理网络（实际上是子网），根据 IP 地址的这种层次结构，可以明确地识别每台主机所在的网络。

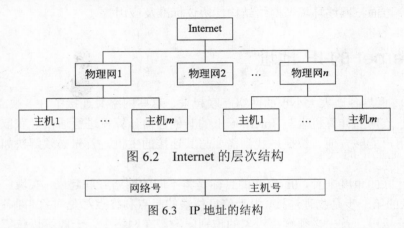

图 6.2　Internet 的层次结构

图 6.3　IP 地址的结构

根据 TCP/IP 协议规定，IP 地址由 32 位二进制组成，应用时写成由 3 个小数点分隔的 4 个十进制数形式。由图 6.3 可以看出，IP 地址包括网络号和主机号。如何合理地分配这 32 位的信息，将确定整个 Internet 中所能包含的网络数量以及各个网络所能容纳的主机数量。下节将讨论 IP 地址的分配方式。

6.2.2　IP 地址的分类及其表示方法

在 Internet 中，网络数量是难以确定的，但是每个网络的规模却比较容易确定。社会上不同种类的网络规模差别很大，必须加以区别，按照网络规模大小，可以将 Internet 的 IP 地址分为多种类型。Internet 管理委员会定义了 A、B、C、D、E 5 类地址，在每类地址中，还规定了网络编号（netid）和主机编号（hostid）。其中，A、B、C 是用来分配给用户的 3 种主要类型地址。还有两种次要类型的地址，D 类地址是留给 Internet 体系结构委员会 IAB 使用的一种多播地址或称逻辑组播地址，E 类地址是扩展备用地址。5 类地址的表示格式如图 6.4 所示。

在 TCP/IP 协议中，IP 地址是以二进制数形式出现的，但这种形式不易阅读、理解和记忆。为了便于用户阅读和理解 IP 地址，Internet 管理委员会采用一种点分十进制的方法来表示，即用圆点隔开的 4 个十进制整数表示，其中，每一个整数对应于一个字节。例如，用二进制数表示的一个 IP 地址为 01101100.10000000.11111000.11111110，其对应的点分十进制数表示的 IP 地址则为 108.128.248.254。

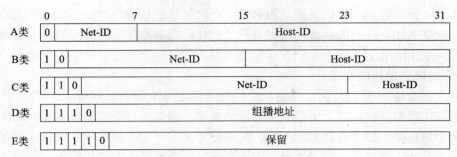

图 6.4 IP 地址分类

1. 网络编号和主机编号的规定

1）网络编号的规定

- 网络编号必须唯一。
- 网络编号不能以十进制数 127 开头，在 A 类地址中，编号 127 留给诊断专用地址。
- 网络编号的第一个字节的 8 位不能都设置为 1，此数字留作广播地址专用。第一个字节的 8 位也不能都设置为 0，全为 0 表示本地址网络。
- 根据规定，用十进制数表示地址时，A 类地址中的第一个十进制数只能为 1～126，B 类地址中的第一个十进制数为 128～191；C 类地址中的第一个十进制数为 192～223。

2）主机编号的规定

- 对于每一个网络编号来说，其中的主机段编号也是唯一的。
- 主机段编号的各位不能都设置为 1，全为 1 的编号作为广播地址使用；主机段编号的各位也不能都设置为 0，全为 0 时为主机所在子网的地址。

2. ABC 3 种主要类型地址的定义

（1）A 类地址第一字节的 8 位中的首位必须是二进制数字 0，其余 7 位表示网络编号。除去全为 0 和全为 1 以外，网络编号的有效值范围是十进制数 1～126。第二、第三、第四字节，共计 24 位，用作子网中的主机编号。所以，A 类地址的有效子网络数为 126 个，每个网络号所含的有效主机数为 16 777 214 个。此类地址一般分配给早期具有大量主机的网络用户，例如，在美国，IBM 公司的网络号为 9，AT&T 公司的网络号为 12，密执安州立大学的网络号为 35。

（2）B 类地址第一字节的 8 位中的前两位必须是二进制数 10，剩下 6 位和第二字节的 8 位，共 14 位二进制数用于表示网络编号。第三、第四字节共 16 位二进制数用于表示子网中的主机编号。B 类地址有效网络数为 16 384 个，每个网络号所包含的主机数为 66 534 个。用于标识 B 类地址的第一个十进制整数数值为 128～191，此类地址一般分配给具有中等规模主机数的网络用户。一些规模较大的大学一般拥有 B 类地址，例如，美国伊力诺依大学的网络号的第一个十进制整数为 128，澳大利亚国立大学的网络号的第一个十进制整数为 150，清华大学网络号的第一个十进制整数为 162 等。

（3）C 类地址第一字节的 8 位中的前三位必须是二进制数 110，剩下的 5 位和第二、第三字节，共 21 位二进制数用于表示网络号，第四字节的 8 位二进制数用于表示子网中的主机编号。采用上述类似算法，C 类地址有效网络数为 2 097 152 个，每个网络号所包含的主机数为 254 个。用于标识 C 类地址的第一个十进制整数数值为 192～223。C 类地址一般分配给后期联入 Internet 的小型局域网用户，例如，北京电报局网络号的第一个十进制整数为 202，美国 IBM 公司的一个研究实验室网络号的第一个十进制整数为 192 等。

3．几种特殊地址的定义

（1）广播地址：TCP/IP 协议规定，主机号各位全为 1 的 IP 地址用于广播，称为广播地址。所谓广播指同时向网上所有的主机发送报文。例如，192.45.255.255 就是 B 类地址中的一个子网广播，17.255.255.255 就是 A 类地址中的一个广播地址。任何一台主机都可以使用某子网的广播地址向那个子网上的所有主机广播信息。而协议规定，每台主机和路由器等都必须接收和处理目的地址为本子网广播地址的数据包。

（2）有限广播地址：当需要在本子网内部广播但又不知道自己子网的网络号时，可以利用有限广播地址。TCP/IP 协议规定，32 位全为 1 的 IP 地址，即 255.255.255.255 用于本子网内部广播。该地址称为有限广播地址或称为本地网广播地址（也称为物理组播地址）。

（3）0 地址：TCP/IP 协议规定，主机号全为 0 的网络号被解释为本子网的网络号，网络号全为 0 的主机号被解释为本主机的主机号。若主机想在本网内通信，但又不知道本网的网络号，那么可以利用 0 地址在本网内通信。例如，202.114.64.0 就是一个典型的 C 类网络地址，代表该网络本身。如果 IP 地址为 202.114.64.16 的主机接收到一个 IP 数据包，其中的目的地址中的网络部分为 0，而主机号部分与自己的地址匹配，即为 0.0.0.16，则接收方 202.114.64.16 主机认定 0.0.0.16 为自身子网的主机地址，并接收这个 IP 数据包。另外，特殊地址 0.0.0.0 代表本机主机地址，网络上任何主机都可以用它来表示自己。

（4）回送地址：A 类网络地址的第一个十进制数值为 127 的 IP 地址被保留，它被保留作为诊断专用的地址，用于网络软件测试以及本地机进程间通信，称为回送地址。其中的任何一个以数字 127 开头的 IP 地址（127.0.0.0～127.255.255.255）都叫做回送地址。最常使用的回送地址是 127.0.0.1。

6.2.3　IP 地址管理

IP 地址的最高管理机构称为"Internet 网络信息中心"，即 InterNIC（Internet Network Information Center），它专门负责向提出 IP 地址申请的网络分配网络地址，然后，各网络再在本自网络内部对其主机号进行本地分配。InterNIC 由 AT&T 拥有和控制，读者可以利用电子邮件地址：mailserv@ds.internic.net 访问 InterNIC。

Internet 的地址管理模式具有层次结构，管理模式与地址结构相对应。层次型管理模式既解决了地址的全局唯一性问题，也分散了管理负担，使各级管理部门都承担着相应的责任。

在这种层次型的地址结构中，每一台主机均有唯一的 IP 地址，全世界的网络正是通过这种唯一的 IP 地址而彼此取得联系的。因此，用户在入网之前，一定要向网络部门申请一个 IP 地址，避免造成网络上的混乱。

6.2.4　正在试用的新一代 IP 地址

随着 Internet 的迅速扩展，当前使用的地址系统已经不能满足使用要求。为此，Internet 管理机构正在研制新一代的 IP 地址。

1．当前使用的 IP 地址系统存在的问题

当前在 Internet 上使用的 IP 地址是在 1978 年确立的协议，它由 4 字节共 32 位二进制数构成。由于 Internet 协议的当时版本号为 4，因而称为 IPv4。尽管这个协议在理论上有大约 43 亿个 IP 地址，但是，并不是所有的地址都得到充分利用。原因在于 Internet 的信息中心 InterNIC 把 IP 地址分配给许多机构，而这些机构并没有充分使用所有的分配地址。例如，联入 Internet 较早的一些美国大学网络被划分为 A 类地址，每一个 A 类地址的网络所包含的有效 IP 地址约 1600 万个，这么多地址显然没有被充分利用，也不可能被充分利用。但是，后期联入 Internet 的大多数欧洲的 Internet 的迅猛发展，主机数量正在急剧增加，它正在以很快的速度耗尽目前尚未使用的 IP 地址。剩下许多未用地址大多数属于 C 类地址，由于已经没有 A 类或 B 类地址可供分配，所以 InterNIC 只能用几个 C 类地址合并分配给一个要较多 IP 地址的用户；同时不断增加的网络数目迫使 Internet 干线的路由器存储更多的网络信息，从而使网络的路由速度变得越来越慢。

截至 2002 年底，拥有 13 亿人口的中国，只有大约 2900 万个 IP 地址，中国是全球最需要 IP 地址的国家之一。目前，总量约 43 亿的 IPv4 地址，70%已经被使用，其中，美国的 IPv4 地址占有量为 38%，而我国目前的地址占有量仅为 9%，地址资源严重不足制约了互联网在我国的普及和发展，也使我国在国际竞争中处于不利的地位。

2．下一代 IP 地址的规划

Internet 工程工作组 IETF 已经提出了增加 IP 地址的两项建议。

1）保留 32 位格式

IETF 为了对付当前不断减少的 IP 地址，建议保留现存的 32 位地址格式 IPv4，但不再使用 A、B、C 3 类划分方式，允许存在许多大小不同的网络，这也将允许 InterNIC 给一个机构分配合适数目的网络地址，而不是再局限于某一类中的一组或几组网络地址。这个建议的实施将会要求一些拥有 A 类或 B 类地址的用户放弃他们网络中尚未被使用的 IP 地址。与此同时，剩余的 C 类地址空间将被分配掉，这个过程将是缓慢而困难的。

2）创建 IP 协议新版本——IPv6

IETF 提出的另一个建议是创建 IP 协议新版本——IPv6。IPv6 将 IP 地址空间扩展到 128 位，从而包含有 3×10^{38} 个 IP 地址。IPv4 将以渐进方式过渡到 IPv6，IPv6 与 IPv4 可以共存。IPv6 比 IPv4 在功能方面有了许多提高，包括路由和寻址功能得到扩充，标题格式得到简化，选项支持得到加强，增强了保密安全功能等。

IPv6 是许多不同的 IETF 协议演变的结果。1992 年以后，有 4 种不同的协议问世，接着又陆续出现了 3 种。随着时间的推移，各种协议经过合并，已于 1994 年 11 月 17 日得到IETF 批准，成为建议的标准，其主要条款已于 1995 年 2 月作为 RFC1752 正式公布。

IPv6 正在赢得越来越多的支持，而且很多网络硬件和软件制造商已经表示支持这个协议。开发者正计划为 UNIX、Windows、Novell 和 Macintosh 开发 IPv6 版本软件。然而，从 IPv4 到 IPv6 的过渡将是一个缓慢而长期的过程。

6.2.5　我国的 IP 地址

我国由于接入 Internet 较晚，采用 C 类 IP 地址比较多。以中国教育科研网（CERNET）

为例，它对所辖八大地区的网络地址号的分配如表 6.1 所示。表 6.1 中列出了前两个数字域中的十进制值，而将第三个数字域留给各学校自行分配给其所属各个网络。例如，北京师范大学计算中心某主机的 IP 地址为 202.112.92.30（前三个数字域组成网络号，最后一个数字域为主机号）。

表 6.1　中国教育科研网 CERNET 中八大地区网的网络号（前两字节的十进制值）

地区（代表城市）	网络 ID	地区（代表城市）	网络 ID
北京	202.112、202.113	上海	202.120、202.121、202.122
华中地区（武汉）	202.114	西南地区（成都）	202.115
华南地区（广州）	202.116	西北地区（西安）	202.117
东北地区（沈阳）	202.118	东南地区（南京）	202.119

6.3　Internet 的域名地址

由于 IP 地址不便于记忆与识别，从 1985 年起 Internet 在 IP 地址基础上开始向用户提供 DNS 域名系统（domain name system）服务，即用地区域名缩写的字符串来识别网上的主机。

6.3.1　域名结构

Internet 服务器或主机的域名采用多层分级结构，一般不超过 5 级。采用类似西方国家邮件地址由小到大的顺序从左向右排列，各级域名也按由低到高的顺序从左向右排列，相互间用小数点隔开，其基本结构为：子域名.域类型.国家代码。

1. 国家代码

每个国家均有一个国家代码，在域名结构中作为顶级域名，称为地区型顶级域名或国家型顶级域名，它由两个字母组成，表 6.2 列出了部分国家和地区的代码；如果在美国注册的主机，则可省去国家代码，由第二级域类型作为顶级域名，称为通用型顶级域名。

表 6.2　部分国家或地区的代码

地 区 代 码	国家或地区	地 区 代 码	国家或地区	地 区 代 码	国家或地区
AR	阿根廷	FR	法国	NL	荷兰
AU	澳大利亚	GL	希腊	NZ	新西兰
AT	奥地利	HK	中国香港	NO	挪威
BE	比利时	ID	印度尼西亚	PT	葡萄牙
BR	巴西	IE	爱尔兰	RU	俄罗斯
CA	加拿大	IL	以色列	SG	新加坡
CL	智利	IN	印度	ES	西班牙

地区代码	国家或地区	地区代码	国家或地区	地区代码	国家或地区
CN	中国	IT	意大利	SE	瑞典
CU	古巴	JP	日本	CH	瑞士
DE	德国	KR	韩国	TW	中国台湾
DK	丹麦	MO	中国澳门	TH	泰国
EG	埃及	MY	马来西亚	UK	英国
FI	芬兰	MX	墨西哥	US	美国

2. 域类型

国际流行的域类型如表 6.3 所示，我国采用的域类型分为团体（6 个）和行政区域（34 个）两种，绝大部分采用两个字母，如表 6.4 和表 6.5 所示。

表 6.3　国际流行的域类型

域　类　型	适　用　对　象
com	公司或商务组织（company or commercial organization）
edu	教育机构（education institution）
gov	政府机构（government body）
mil	军事单位（military site）
net	Internet 网关或管理主机（Internet gateway or administrative host）
org	非营利组织（non-profit organization）

表 6.4　我国采用的团体域类型

团体域类型	适　用　对　象	团体域类型	适　用　对　象
ac	适用于科研机构	mil	中国的国防机构
com	工、商、金融等企业	net	提供互联网络服务的机构
edu	中国的教育机构	org	非营利性的组织
gov	中国的政府机构		

表 6.5　我国采用的行政区域域名类型

域　代　码	对象地区	域　代　码	对象地区	域　代　码	对象地区
bj	北京	ah	安徽	yn	云南
sh	上海	fj	福建	xz	西藏
tj	天津	jx	江西	sn	陕西
cq	重庆	sd	山东	gs	甘肃
he	河北	ha	河南	qh	青海

续表

域 代 码	对 象 地 区	域 代 码	对 象 地 区	域 代 码	对 象 地 区
sx	山西	hb	湖北	nx	宁夏
nm	内蒙古	hn	湖南	xj	新疆
ln	辽宁	gd	广东	tw	台湾
jl	吉林	gx	广西	hk	香港
hl	黑龙江	hi	海南	mo	澳门
js	江苏	sc	四川		
zj	浙江	gz	贵州		

3. 子域名

由一级或多级下级子域名字符组成，各级下级子域名也用小数点隔开，如子域名为多级子域名，则从左向右由下级到上级顺序排列。

4. 域名的写法规定

- 国际域名可使用英文 26 个字母，10 个阿拉伯数字以及横杠"—"；
- 横杠不能作为开始符或结束符；
- 国际域名不能超过 67 个字符，国内域名不能超过 26 个字符；
- 域名大小写无关，域名不能包含空格。

2002 年 7 月在罗马尼亚的布加勒斯特召开的国际互联网名字与编号分配机构（ICANN）理事会上，正式决定在现行域名体系内引入多语种域名，并将在服务器分类设立多语种顶级域名，包括地理区域顶级域名、语言顶级域名、文化和种族顶级域名等。此举意味着以".中国"和".中文"结尾的中文域名将获得全球的认可。

5. 域名实例

两台主机或两台服务器不能具有完全相同的域名，但一台主机可以具有多个域名，以区别它提供的多种服务（如安装成多个服务器）。

例如，ftp.microsoft.com 不含国家代码（在美国），域类型为 com 公司，子域名 ftp.microsoft 中的 microsoft 为拥有它的公司名，FTP 特指提供文件传送服务的公共匿名 FTP 文件服务器。

又如，www.cernet.edu.cn 含有国家代码 cn（中国），域类型 edu 为教育机构，子域名 www.cernet 中的 cernet 为拥有它的网络名，www 特指提供 Web 主页服务的服务器。

Internet 域名服务器通过 DNS 域名协议可将任何一个登记注册的域名转换为对应的二进制码的 IP 地址。

6.3.2 中国互联网络的域名规定

我国在国务院信息化工作领导小组主持下已于 1997 年 6 月 3 日成立了中国互联网络信息中心工作委员会（China Network Information Center，CNNIC），并颁布了中国互联网络域名规定，发布了《中国互联网络域名注册暂行管理办法》和《中国互联网络域名注册实施细则》。CNNIC 自成立之日起，负责我国境内的互联网络域名注册、IP 地址分配、自治系统地址号的分配、反向域名登记等注册服务，同时还提供有关的数据库服务及相关信息与培训服务。

CNNIC 由国内知名专家和当时国内 4 大互联网络（中国公用计算机互联网 ChinaNet、中国教育科研计算机网 CERNET、中国科学技术网 CSTNET 和中国金桥网 ChinaGBN）的代表组成，它是一个非营利性管理和服务机构，负责对我国互联网络的发展、方针、政策及管理提出建议，协助国务院信息办公室实施对中国互联网络的管理。

中国互联网络信息中心成立和《中国互联网络域名注册暂行管理办法》及《中国互联网络域名注册实施细则》的制定，使我国互联网络的发展进入有序和规范化的发展轨道，并且更加方便与 Internet 信息中心 InterNIC、亚太互联网络信息中心 APNIC 以及其他国家的 NIC 进行业务交流。

根据 2006 年 2 月 27 日颁布的《信息产业部关于调整中国互联网络域名体系的公告》，对现行中国互联网域名体系进行了局部调整（在顶级域名 CN 下增设了.MIL 类别域），并自 2006 年 3 月 1 日起施行。据公告称，我国互联网络域名体系中各级域名可以由字母（A～Z，a～z，大小写等价）、数字（0～9）、连接符（-）或汉字组成，各级域名之间用实点（.）连接，中文域名的各级域名之间用实点或中文句号（。）连接。

我国互联网域名体系在顶级域名 CN 之外暂设"中国"、"公司"和"网络"3 个中文顶级域名。

在顶级域名 CN 之下，设置"类别域名"7 个（如表 6.4 所示）和适用于我国的各省、自治区、直辖市、特别行政区的组织的"行政区域名"34 个（如表 6.5 所示）两类英文二级域名。

二级域名中除了 edu 的管理和运行由中国教育和科研计算机网络信息中心负责之外、其余由 CNNIC 负责。有关中国域名规定的详细资料可查询中国互联网络信息中心 CNNIC 的 WWW 站点：http://www.cnnic.net.cn。

6.4　Internet 的核心协议 TCP/IP

Internet 连着几千万台计算机以及各种各样的网络系统。是 TCP/IP 协议的协调联络，将全世界范围内分布在各种复杂网络之中的如此众多的计算机，形成一个统一的超级网络。因此，人们把 TCP/IP 协议称为 Internet 的核心。

20 世纪 70 年代初期，美国国防部高级研究计划署（DARPA）为了实现异种网之间的互联与互通，大力资助网间网技术开发研究。1974 年，DARPA 的鲍勃·凯恩和斯坦福的温登·泽夫合作，提出了 TCP/IP 协议。1977—1979 年间，正式推出目前形式的 TCP/IP 体系结构和协议规范。1983 年初，美国国防通信局决定把 ARPRnet 网的各个站点全部转为 TCP/IP 协议，用 TCP/IP 协议规范了当时的 Internet 的主干网。

目前，TCP/IP 协议已经在几乎所有的计算机上得到应用，从巨型机到 PC，包括 IBM、AT&T、DEC、HP、SUN 等主要计算机和通信厂家在内的数百个厂家，都在各自的产品中提供对 TCP/IP 协议的支持。局域网操作系统中的 3 大阵营（Netware、Microsoft 和 UNIX）都已将 TCP/IP 协议纳入现有的体系中，著名的分布式数据库 ORACLE 等也支持 TCP/IP 协议。

TCP/IP 协议是一种以 TCP 协议和 IP 协议组合名字而命名的、由上百种不同协议组成的协议集。鉴于它在 Internet 中的重要性以及本书各章的内容均要用到它，在这里，将以一种比较通俗的方式介绍有关 TCP/IP 协议的一些基本知识。

6.4.1　TCP/IP 协议的结构模型

TCP/IP 协议是针对 Internet 开发的一种体系结构的协议标准，其目的在于解决异种计算机网络的通信问题，使网络在互联时把技术细节隐蔽起来，为用户提供一种通用、一致的通信服务。在这个意义上说，TCP/IP 是一种通用的网络互联技术。但对于使用 TCP/IP 协议的 Internet 来说，TCP/IP 的结构模型由 4 个层次组成，如图 6.5 所示。

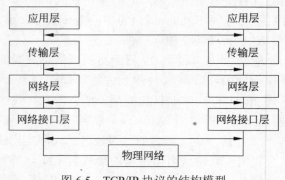

图 6.5　TCP/IP 协议的结构模型

1.　网络接口层

网络接口层是 TCP/IP 协议的最底层。这一层的协议很多，包括各种逻辑链路控制和介质访问协议。例如，各种局域网协议、广域物理网络协议等。总之，任何可用于 IP 数据报交换的分组传输协议均可以包含在这一层中。正是由于这个最底层所包含的协议纷繁复杂，所以，才体现了 TCP/IP 协议的包容性和适应性，为 TCP/IP 协议的成功奠定了基础。网络接口层负责接收 IP 数据报并通过网络发送出去，或者从网络上接收物理帧，抽出 IP 数据报，交给上一层。

2.　网络层

网络层，又称 IP 层，负责相邻计算机之间的通信。它包括 3 个方面的功能：

（1）处理来自传输层的分组发送请求，受到请求后，将分组装入 IP 数据报，填充报头，选择去往宿机的路径，然后将数据报发往适当的网络接口。

（2）处理输入的数据报，首先检查其合法性，然后进行路由选择。加入该数据报已到达信宿本地机，则去掉报头，将剩下部分（TCP 分组）交给适当的传输协议。加入该数据报尚未到达信宿，即转发该数据报。

（3）处理网际控制报文协议（Internet Control Message Protocol，ICMP），即处理路径、控制、拥塞等问题。另外，网络层还提供差错报告功能。

3.　传输层

传输层又称为 TCP 层，其根本任务是提供一个应用程序到另一个应用程序之间的通信，这样的通信常被称为"端到端"通信。传输层对信息流具有调节作用，提供可靠性传输，确保数据到达无误。因此，在接收方安排了一种发回"确认"和要求重发丢失保温分组的机制。传输层软件把要发送的数据流分成若干个报文分组，在每个报文分组上加一些辅助信息，包括这个报文分组的发送方地址、接收方地址以及发送报文分组的校验码，接收方就是用这个校验码验证收到的报文分组的正确性。在一台计算机中，同时可以有多个应用程序访问网络。传输层同时从几个用户接收数据，然后把数据发送给下一个较低的层。

4. 应用层

应用层向用户提供一组常用的应用程序，例如文件传送、电子邮件等。严格来说，应用程序不属于 TCP/IP，但就上面所提到的几个常用应用程序而言，TCP/IP 制定了相应的协议标准，所以，把它们也作为 TCP/IP 的内容。当然用户完全可以根据自己的需要在传输层上建立自己的专用程序，这些专用程序要用到 TCP/IP，但却不属于 TCP/IP，在应用层，用户调用访问网络的应用程序，该应用程序与传输层协议相配合，发送或接收数据。每个应用程序都应选用自己的数据形式，它可以是一系列报文或字节流，不管采用哪种形式，都要将数据传送给传输层以便交换信息。

此应用层（对应于 ISO 制定的 OSI 结构模型的会话层、表示层和应用层）的协议很多，依赖关系相当复杂，这与具体应用的种类繁多密切相关。应当指出，在应用层中，有些协议不能直接为一般用户所使用。那些直接能被用户所使用的应用层协议，往往是一些通用的、容易标准化的东西。例如 FTP、Telnet 等。

6.4.2 IP 协议

IP 协议位于网络层，是 TCP/IP 协议集中两个最重要的核心协议之一，IP 协议的主要功能包括无连接数据报传送、数据报路由选择以及差错处理（网际控制报文协议）等 3 部分。

1. 无连接数据报传送

如前所述，TCP/IP 协议是为了包容各种物理网络技术而设计的，而这种包容性主要体现在 IP 层。IP 协议是无连接的，所谓"无连接"是指双方在进行数据通信之前，不需要先建立好连接。IP 协议向 TCP 协议所在的传输层提供统一的 IP 数据报，这是 TCP/IP 协议应用于异种网互联的最重要一步。

各种物理网络技术，例如以太网、令牌环网和分组交换网等在数据链路层所传输的基本数据单元称为"帧"。各种帧格式和地址格式等，随物理网络的不同而异。IP 协议不但把不同格式的物理地址转换为 IP 地址，而且把各种不同的"帧"都统一转换成 IP 数据报之后，这些"帧"的差异对上层协议便不复存在，如图 6.6 所示。这种转换的意义是非常重要的，正是通过这一转换，才实现在互联网络中达到屏蔽低层细节而提供一致性的目的。

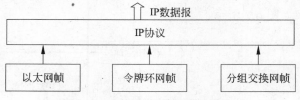

图 6.6 IP 数据报对物理帧的统一

为了把 Internet 上的分组与其他一般网络的分组区别开来，可以把遵从 IP 协议规范的分组称为"IP 数据报"。当一个数据报在 Internet 中从一台计算机向另一台计算机传送时，该数据报是沿着一条实际的物理路径传递的。它或者通过一个实际的网络，或者经过一个路由器进入另一个网络，最后到达目的地。

当 IP 数据报从一台计算机所在的网络发送出去，经过网络传送到另一台计算机时，该计算机便将该分组"打开"，取出其中的 IP 数据报，检查该分组的目的地址并决定如何处理。假如网络分组是通过一个路由器，而路由器认为该数据报必须送往另一个网络时，它就会产生一个新的网络分组，并将数据报装在其中，再发送出去，直至到达目的地。

2. 数据报的路由选择

数据报路由选择是 IP 协议最主要的功能之一。如果把 IP 数据报格式看成 IP 协议静态特性的话，而数据报传输机制便可以看作 IP 协议的动态特性，那么数据报的路由选择便是 IP 协议的操作特性。路由选择也称为"寻径"，它是分组交换系统的一个重要概念，指寻找一条将分组从信息源端传往信宿端的传输过程。在 TCP/IP 协议中，路由选择是由 IP 层来完成的。

1）数据报路由选择的概念

IP 层担负着屏蔽物理网络技术细节的任务，它提供一种独立与物理网络的路由选择机制。实际上，路由选择可以分为两个层次：一个是直接路由选择，由物理网络负责完成；另一个是间接路由选择，由 IP 协议完成。这里讨论的是间接路由选择的问题。

几乎所有的点对点的存储转发型网络都需要路由选择。例如，一般的广域网，其拓扑结构往往是不规则的点对点网状结构。从网络中一端到网络中另一端没有确定的路径，必须进行路由选择。在 Internet 路由选择机制中，有一个重要的思想，就是把所有物理网络想象成连接相邻路由器的点对点连线，即抽象成路由器通过点对点连线互联而成的存储转发网，这种抽象结构是整个 IP 数据报路由选择机制的基础。

间接路由选择是在上述抽象网络结构上的路由选择，数据报在一个物理网络内部，其传输路径由直接路由选择提供。一旦需要跨越不同的物理网络时，首先必须先通过间接路由选择找到信宿所在的物理网络，然后，通过直接路由选择最终到达信宿端。IP 路由选择所要解决的就是间接路由选择问题。这就是说，间接路由选择实际上是在不同的路由器之间做出选择，即选择数据报传输过程的下一个路由器。主机与路由器、路由器与路由器之间的物理传输，还是要靠直接路由选择来完成。加入把整个 Internet 看成一个虚拟网络，则可以把 IP 路由选择理解为这个单一网络上的以路由器为接口报文处理机（Interface Message Processor，IMP）的直接路由选择。

间接路由选择与直接路由选择的重要差别之一是二者的路由选择的对象不同，间接路由选择的对象是 IP 数据报，而直接路由选择的对象是物理网络帧。在传输过程中，IP 数据报是封装在物理网络帧中通过物理介质传输的，当物理网络对这种封装的帧进行路由选择时，它感觉不到 IP 数据报的存在。IP 数据报与物理网络帧之间在路由选择过程中的转换如图 6.7 所示。

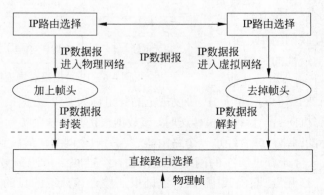

图 6.7　路由选择对象的转换

2）IP 地址与路由表

IP 数据报路由选择采用表驱动方式，在 Internet 网的各主机和路由器上都包含一个路由表（routing table），指明去往某信宿端应该采用哪一条路径。一个路由表由两部分组成，如图 6.8 所示。

信宿地址	去往信宿的路径

图 6.8　路由表

互联网可以抽象成一组路由器互联点对点而成的存储转发系统，因此，一条完整的 IP 数据报传输的路径是由一连串的路由器构成的。而路由表中的"去往信宿的路径"仅指路径中的下一个路由器，该路由器与本路由表所在主机或路由器在同一物理网络上。路由器相当于邮政系统中的一个邮局，每一个邮局只需要知道根据制定地址把信件发往下一个适当的邮局就够了，无须知道新建发送的整个路径。

路由器无疑需要路由表，但主机为什么也需要路由表呢？主机需要路由表的目的是为了在实现最短路径原则时，便于在不同初始路由器中做出选择。

路由表中的"信宿地址"，应当包括两台通信主机的所有可能的信宿路径。根据网间网的抽象结构，IP 层通过间接路由选择，负责把数据报传送到通向信宿主机的相邻路由器，然后相邻路由器再通过直接路由选择将数据报传送给信宿主机。间接路由选择将数据报传送到通向信宿主机的相邻路由器就算完成任务，不必关心如何去往具体的某台信宿主机。根据最短路径原则，从某信源到另一网络上的各主机的路径无疑应当是相同的。路由表中的网络地址将代表该网络中各主机的地址，以网络的路径代表该网络中各主机的路径，无疑将减少路由表的规模，因为网络数远远少于主机数。

6.4.3　TCP 协议

IP 协议虽然提供了使计算机能够将分组从信源地址传送到信宿地址的发送和接收方法，但 IP 协议并没有解决诸如数据报丢失或顺序传递等问题。TCP 协议位于传输层，它解决了 IP 协议不能解决的问题。TCP 协议是面向连接的，所谓"连接"，是指进行数据通信之前，通信的双方必须先建立连接，才能进行通信。而在通信结束以后，终止它们的连接。显然，面向连接的服务具有高可靠性，这正是 TCP 协议的特点。TCP 协议建立在 IP 协议之上，而 IP 协议是无连接的不可靠协议，它不能提供任何可靠性保证机制。所以，TCP 协议的可靠性完全由自身实现。TCP 协议采取了确认、超时重发、流量控制和拥塞控制等各种可靠性技术和措施。总之，TCP 协议向应用层提供面向连接的服务，确保网络上所发送的数据报可以完整地被接收。一旦数据报被破坏或丢失，则由 TCP 协议负责将其重新传输，这些工作均不需要应用层的协议参与解决。因此，IP 协议与 TCP 协议两者结合在一起，提供了一种在 Internet 上传输数据的可靠方法。

1. 由 TCP 协议实现数据可靠传输

Internet 使用的分组交换系统，需要传输控制协议（Transmission Control Protocol，TCP）来保证数据的可靠传输。TCP 协议解决了在分组交换系统中可能出现的几个问题。

（1）如果路由器由于过多的数据报而超载，则必须将一些数据报丢弃，结果某些数据报在 Internet 上传输时就有可能丢失。TCP 软件将自动检测丢失的数据报,并且解决这一问题。

(2) Internet 的内部结构是十分复杂的,一个数据报在传递过程中,可以通过多条路径到达目的地。往往由于路径不同,一些数据报会以一种与它们发送时不同的顺序到达目的地。由 TCP 软件负责自动检测到达的数据报,并且将它们按原来的顺序加以排列。

(3) 往往由于网络硬件的故障而导致数据报出现重复,这样一来,一个数据报就可能有多个副本到达目的地。TCP 软件便自动检测重复的数据报,并且只接收最先到达的数据报。

检测和丢弃重复数据报的任务是比较容易实现的,因为 TCP 软件对每个数据报的数据都加上标识,接收方可以用已收到数据的标识与到来的数据报标识进行比较,便可将重复的数据报丢弃,但是要恢复丢失的数据报就要困难得多。可以设想,如果数据报在中间某一个路由器丢失,但是该数据报发出和接收的计算机都没有发生问题,此时,TCP 软件便使用时钟和"确认"的机制来解决这种问题。无论何时,当数据报传送到达最终目的地时,接收端上的 TCP 软件就要向发送端计算机发回一个"确认"信号,表明数据已经到达。具体实现方法是:当 TCP 软件发送数据时,同时启动一个计算机内部的计时器时钟,类似于闹钟,一旦计时器时钟超时,它就会通知 TCP 软件。如果"确认"在计时器超时之前到达,表明数据报已经到达目的地,TCP 软件就取消这一计时器。如果计时器已超时,而"确认"还未到达,TCP 软件就认为数据报丢失而重发一次。

2. TCP 协议自动进行重发的功能

许多计算机通信协议均采用超时重发机制,即在时钟超时之前,"确认"还未到达,则重发数据。但是,对于 Internet 来说,传输数据的情况比较复杂,有的信宿计算机距离信源计算机很近(例如在同一幢大楼内),那么,TCP 软件在重发数据之前,只需等待一个很短的时间。但有的信宿计算机离发送数据的信源计算机可能很远(例如,在另一个国家),此时,TCP 软件在重发之前,需要等待较长的时间。另外,在 Internet 上,还可能出现因为传送数据报多少不同,而使数据传输速度减慢或加快的情况,此时超时的时间值也有变化。

TCP 软件具有针对上述各种复杂情况而自动调整超时值的能力,这对 Internet 的成功起了决定性的作用。

3. 用户数据报协议(UDP)

UDP(User Datagram Protocol)协议位于传输层,是一个面向无连接的协议。UDP 协议也是建立在 IP 协议之上,与 IP 协议一样提供无连接的数据报传输。但是,它增加了提供协议端口的能力,以实现对应用层的服务。由于 UDP 协议是面向无连接的,因此它不可靠,也不提供错误恢复能力。但是 UDP 协议的特点是效率高,并且比 TCP 协议要简单得多。UDP 协议的格式也比 TCP 协议简单。在实际应用中,它经常被应用在事物型的数据传输场合。因为一次事物一般只有一来一回两次交换,如果为此而建立和拆除连接,其开销是很大的,在这种情况下,UDP 协议就显得十分有效。即便由于报文丢失而进行重传,其开销也比 TCP 协议小。

6.5　Internet 的客户-服务器模式

在 Internet 上的应用程序多种多样,而且在使用方法上有明显的差别,但是实现这些服务的软件都遵从一种单一的客户-服务器模式工作。

6.5.1　客户-服务器计算模式

Internet 上使用的客户-服务器计算模式，英文为 client/server，其基础就是分布式计算。这种计算模式的思想很简单，Internet 上的某些计算机为其他计算机提供一种可以访问的服务。Internet 上使用的这种客户-服务器计算模式，由以下两方面来实现。

1．计算机之间的通信是双方程序间的通信

计算机之间的通信，本质上是双方程序间的通信。也就是说，在一台计算机上运行的程序，使用通信软件与另一台计算机上的程序建立连接并交换信息。正因为是程序之间的通信，所以，才使一台计算机与其他计算进行多个会话成为可能。

在 Internet 上，两个程序之间的通信必须使用 TCP/IP 协议，但是，TCP/IP 协议本身并不生成或者运行应用程序。Internet 能够将数据从一个地方传送到另一个地方，但是它并不能自动启动接收端机器上的程序。在某种意义上，Internet 类似于一个电话系统，允许一个应用程序呼叫另一个应用程序，但是被呼叫的应用程序在通信之前必须对呼叫方做出应答。因此，一个应用程序，只有在另一个应用程序与其建立连接之前已经开始运行，并且同意对方做出应答的情况下，两个应用程序才能进行通信。

2．一台计算机可以运行多个程序

虽然大多数计算机只有一个 CPU，但是操作系统通过在应用程序之间快速切换 CPU，可以保证计算机同时有多个程序运行。也就是说，CPU 运行一个应用程序很短时间后，便切换到另一个应用程序运行很短时间，以此类推。由于计算机的 CPU 可以在一秒钟内执行几百万条指令，因此，计算机在多个应用程序之间不断切换 CPU 的运行方式，用户是感觉不到的。在用户看来，所有程序都在不断地运行着。这正是服务器可以同时向多个客户机提供服务的原因。许多 Internet 服务使用同一个应用程序的多个副本，允许多个用户同时访问该服务。例如，一台计算机可以同时从多台计算机中接收传来的电子邮件并进行存储。因此，该计算机创建接收电子邮件的应用程序的多个副本，每个发送电子邮件的应用程序与接收方应用程序的一个副本进行通信。由于 CPU 可以在这么多应用程序的副本之间进行快速切换，因此，所有信件的传递看上去都是同时进行的。

6.5.2　客户机与服务器

参与通信的计算机可以分为两类：一类是提供服务的程序，属于服务器；另一类是访问服务的程序，属于客户机。

1．客户机

通常，使用 Internet 来服务的用户运行客户软件。例如，以后将要介绍的诸如 Internet Explorer 软件、E-mail 软件和 FTP 软件等都是工作在用户端的客户软件。客户机使用 Internet 与服务器通信时，对于某些服务来说，客户机利用客户软件与服务器进行交互，生成一个请求，并通过网络将请求发送到服务器，然后等待回答。

2．服务器

服务器则由另一些更为复杂的软件组成，它在收到客户机发来的请求之后，便要分析

其请求，并给予回答，回答的信息（数据报）也通过网络发到客户机。客户机收到回答信息以后，再将结果显示给用户，其简单过程，如图 6.9 所示。与客户软件不同，服务器的程序必须一直运行着，随时准备好接收请求，客户机可以在任何时候访问服务器。

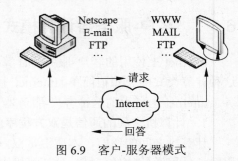

图 6.9　客户-服务器模式

服务器由于负担较重，一般运行在高性能计算机上，而且服务程序也有许多个副本同时运行，以便响应多个客户机请求。一台大型计算机上可以运行多种服务程序，例如，E-mail、WWW、FTP 和 DNS 等服务程序，从而该计算机既可以作为电子邮件服务器，又可以作为 Web 和 FTP 服务器，还可以作为域名服务器。不过，在大负载的情况下，上述服务器一般分别由不同的计算机承担。另外，为了防止掉电和操作系统崩溃，比较重要的服务器均需要备份。

3．客户机与服务器的可交互性

客户-服务器是指将需要处理的工作分配给客户端。客户机和服务器并没有一定的界限，必要时二者角色可以互换。在一项工作的处理过程中，根据需求随时确定双方的客户机或服务器角色。

在同一项工作中，客户机是提出服务请求的一方，服务器是提供服务的一方。也就是说，只要答应对方的请求，且提供相应服务者即为服务器。

4．客户-服务器方式的主要优点

1）提高了工作的效率

在主从式的结构中，客户端负责与使用者的交谈，并向服务器提出请求，服务器负责处理相关的交互操作，为客户端提供服务。

在客户-服务器模式中，将工作的负担交给客户端和服务器分别处理，减轻了服务方的负担，从而进一步提高了工作效率。

2）提高了系统的可扩充性

采用客户-服务器模式，使用开放式的设计，可以不限于特定的硬件，主从双方可以根据各自的具体状况，配置各自独立的设备，不论设备的优劣，只需具备各自独立的功能即可，可以根据各自的所需，分配各自的工作，进一步降低成本。

如果客户机通过运行浏览器来对服务端提出服务请求的工作方式，就是人们常说的 B/S 模式（即浏览器-服务器模式）。

6.6　Internet 在中国的发展

6.6.1　概述

Internet 在中国的发展起点比较晚，但发展速度比较快。根据中国互联网络信息中心资料记载，早在 1986 年，北京市计算机应用技术研究所启动中国学术网（Chinese Academic

Network，CANET）的国际联网项目，于 1987 年 9 月，正式简称中国第一个国际互联网电子邮件结点，9 月 14 日发出了中国第一封电子邮件："Across the Great Wall we can reach every corner in the world.（越过长城，走向世界）"，揭开了中国人使用互联网的序幕。

1988 年初，中国第一个 X.25 分组交换网 CNPAC 建成，当时覆盖北京、上海、广州、沈阳、西安、武汉、成都、南京、深圳等城市。

1989 年 10 月，国家计委利用世界银行贷款重点学科项目——国内命名为中关村地区教育与科研示范网络，世界银行命名为：National Computing and Networking Facility of China（简称 NCFC）正式立项，由国家计委、中国科学院、国家自然科学基金会、国家教委配套投资，由中国科学院主持，联合北京大学、清华大学共同实施此项目。

1990 年 11 月 28 日，中国互联网筹备组组长钱天白教授代表中国正式在 SRI-NIC（Stanford Research Institutes Network Information Center）注册登记了中国的顶级域名 CN，并且从此开通了使用中国顶级域名 CN 的国际电子邮件服务，从此中国的网络有了自己的身份标识。

1992 年 12 月底，清华大学校园网（TUNET）建成并投入使用，是中国第一个采用 TCP/IP 体系结构的校园网。

1993 年 3 月 2 日，中国科学院高能物理研究所租用 AT&T 公司的国际卫星信道接入美国斯坦福线形加速器中心（SLAC）的 64 K 专线正式开通。尽管这条专线只能被允许进入美国能源网而不能连接到其他地方，这条专线仍是中国部分连入 Internet 的第一根专线。

1994 年 4 月 20 日，NCFC 工程通过美国 Sprint 公司连入 Internet 的 64 Kb 国际专线开通，实现了与 Internet 的全功能连接。从此中国被国际上正式承认为真正拥有全功能 Internet 的国家。当时中国是正式进入 Internet 的第 71 个国家（包括独立地区）。

1994 年 5 月 15 日，中国科学院高能物理研究所设立了国内第一个 Web 服务器，推出中国第一套网页，内容除介绍中国高科技发展外，还有一个栏目叫 Tour in China。此后，该栏目开始提供包括新闻、经济、文化、商贸等更为广泛的图文并茂的信息，并改名为《中国之窗》。

1994 年 5 月 21 日，在钱天白教授和德国卡尔斯鲁厄大学的协助下，中国科学院计算机网络信息中心完成了中国国家顶级域名（CN）服务器的设置，改变了中国的 CN 顶级域名服务器一直放在国外的历史。由钱天白、钱华林分别担任中国 CN 域名的行政联络员和技术联络员。

1994 年 7 月初，由清华大学等 6 所高校建设的"中国教育和科研计算机网"试验网开通。

1995 年 1 月，邮电部电信总局分别在北京、上海设立的通过美国 Sprint 公司接入美国的 64K 专线开通，并且通过电话网、DDN 专线以及 X.25 网等方式开始向社会提供 Internet 接入服务。

1995 年 3 月，中国科学院院网 CASNET 完成上海、合肥、武汉、南京 3 个分院的远程连接（使用 IP/X.25 技术），开始了将 Internet 由北京中关村地区向全国扩展的第一步。后来扩展到全国 24 个城市，实现国内多个学术机构的计算机互联并和 Internet 相连，称为一个面向科技用户、科技管理部门及科技有关的政府部门服务的全国性网络，并改名为"中国科技网"（CSTNet）。

1995 年 7 月，中国教育和科研计算机网（CERNET）第一条连接美国的 128Kb 国际专线开通；连接北京、上海、广州、南京、沈阳、西安、武汉、成都 8 个城市的 CERBET 主干网 DDN 信道同时开通，当时的速率为 64Kb/s。

1995 年 8 月，中国金桥信息网初步建成，在 24 省市开通联网（卫星网），并与国际网络实现互联。其互联单位吉通通信有限公司负责互联网内接入单位和用户的联网管理，并为其提供服务。

1996 年 1 月，中国公用计算机互联网（ChinaNet）全国骨干网建成并正式开通，全国范围的公用计算机互联网络开始提供服务。

1996 年 9 月 6 日，中国金桥信息网（ChinaGBN）连入美国的 256 Kb 专线正式开通，中国金桥信息网宣布开始提供 Internet 服务，主要提供专线集团用户的接入和个人用户的单点上网服务。

1996 年 9 月 22 日，全国第一个城域网——上海热线正式开通试运行，标志着作为上海信息港主体工程的上海公共信息网正式建成。

1996 年 11 月，CERNET 开通到美国的 2 Mb 国际线路。同月，在德国总统访华期间开通了中德学术网络互联线路 CERNET—DFN，建立了中国内地到欧洲的第一个 Internet连接。

1996 年 12 月，中国公众多媒体通信网（169 网）开始全面启动，广东视聆通、四川天府热线、上海热线作为首批站点正式开通。

1997 年 2 月，瀛海威全国网开通，3 个月内在北京、上海、广州、福州、深圳、西安、沈阳、哈尔滨 8 个城市开通，成为中国最早、最大的民营 ISP、ICP。

1997 年 6 月 3 日，受国务院委托，在中国科学院计算机网络信息中心组建了中国互联网络信息中心（CNNIC），行使国家互联网络信息中心的职责。同日，宣布成立中国互联网络信息中心（CNNIC）工作委员会。

1997 年 10 月，中国公用计算机互联网（ChinaNet）实现了与中国其他 3 个互联网络即中国科技网（CSTNET）、中国教育和科研计算机网（CERNET）、中国金桥信息网（ChinaGBN）的互联互通，大大提高了国内 Internet 运行的效率。

1997 年 11 月，中国互联网络信息中心（CNNIC）发布了第一次《中国互联网络发展状况统计报告》：截至 1997 年 10 月 31 日，中国共有上网计算机 19.9 万台，上网用户数62 万，CN 下注册的域名 4066 个，WWW 站点约 1500 个，国际出口带宽 25.408Mb/s。以后，每年统计两次，这些统计信息的公布进一步激发了人们使用 Internet 的热情，推动了Internet 的发展。

1998 年 5 月，经国家批准，同意建设中国长城互联网。

1998 年 7 月，中国共用计算机互联网（ChinaNet）启动二期工程，使 8 个大区间的主干带宽扩充至 155Mb/s，并且将 8 个大区的结点路由器全部换成千兆位路由器。

1999 年 1 月，中国教育和科研计算机网（CERNET）的卫星主干网权限开通，大大提高了网络的运行速度。同月，中国科技网（CSTNET）开通了两套卫星系统，全面取代了IP/X.25，并用高速卫星信道连到了全国 40 多个城市。

2000 年 1 月 17 日，信息产业部正式同意由中国国际电子商务中心组建"中国国际经济贸易互联网"，简称"中国经贸网"，英文名称 China International Economy and Trade Net（CIETnet）。

2000 年 5 月 17 日，中国移动互联网（CMNET）投入运行。同日，中国移动正式推出"全球通 WAP（无线应用协议）"服务。

2000 年 7 月 19 日，中国联通公用计算机互联网（UNINET）正式开通。

2000 年 9 月，清华大学建成中国第一个下一代互联网交换中心 DRAGONTAP。

2001 年 5 月 25 日，在信息产业部的指导下，由国内从事互联网行业的网络运营商、服务提供商、设备制造商、系统集成商以及科研、教育机构等 70 多家互联网从业者共同成立了中国互联网协会。

2001 年 7 月，由清华大学、中国科学院计算机信息网络中心、北京大学、北京邮电大学、北京航空航天大学等单位共同承担的国家自然基金重大联合项目"中国高速互联研究试验网络 NSFCNET"（1999—2000）通过鉴定验收，建成了中国第一个下一代互联网学术研究网络。研究内容包括中国高速互联研究试验网总体设计，密集波分多路复用光纤传输系统，高速计算机互联网络，高速网络环境下重大应用研究的演示系统。

2001 年 12 月 3 日，中国互联网络信息中心（CNNIC）第一次发布《中国互联网络带宽调查报告》。截至 2001 年 9 月 30 日，中国国际出口带宽达到 5724Mb/s。

2001 年 12 月 20 日，中国十大骨干互联网签署了互联互通协议，中国网民今后可以更方便、通畅地进行跨地区访问。

2001 年 12 月 22 日，中国联通在北京宣布，中国联通 CDMA 移动通信网一期工程如期建成，并将于 2001 年 12 月 31 日在全国 31 个省、自治区、直辖市开通运营。中国联通 CDMA 网络的建成，标志着中国移动通信技术的发展进入了一个新领域。

2001 年 12 月底，"中国教育和科研计算机网 CERNET"高速主干网建设项目建成了基于 DWDM/SDH、容量可达 40Gb/s 的高速传输网络，主干网传输速率达到 2.5Gb/s，以 155Mb/s 速率连接除西藏拉萨以外的 35 个省会即中心城市，近百所高校以 100～1000Mb/s 速率接入。在此基础上，教育部已经批准 47 所高校设立网络教育学院（后扩至 67 所）和 19 个网上合作研究中心在 CERNET 上开展远程教育和协同科研工作。

2003 年 4 月 9 日，中国网通集团在北京社会各界公布中国网通集团与中国电信集团的公众计算机互联网（ChinaNet）实施拆分，并隆重推出中国网通集团新的业务品牌"宽带中国 CHINA169"。

2003 年 8 月，国务院正式批复启动"中国下一代互联网示范工程"CNGI（China Next Generation Internet）。CNGI 是实施我国下一代互联网发展战略的起步工程，由国家发展和改革委员会主持，中国工程院技术总协调，由国家发展和改革委员会、科学技术部、信息产业部、国务院信息化工作办公室、教育部、中国科学院、中国工程院、国家自然科学基金委员会等八部委联合领导。2004 年 7 月 21 日正式成立了 CNGI 的项目专家委员会。2004 年 12 月 25 日，中国第一个下一代互联网示范工程（CNGI）核心网之一 CERNET2 主干网正式开通。

我国已经建成了强大的国内互联网，目前已建成服务和正在建设中的骨干网络包括：中国公用计算机互联网（ChinaNet）、中国教育与科研计算机网（CERNET）、中国科学技术计算机网（CSTNET）、中国金桥互联网（ChinaGBN）、中国联通公用互联网（UNINET）、中国网通公用网（CNCNET）、中国国际经贸网（CIETNET）、中国移动互联网（CMNET）、中国长城互联网（CGWNET，正在建设中）、中国卫星集团互联网（CSNET，正在建设中）

等。中国金桥互联网在 2002 年 5 月中国电信重组后取消，原来的十大互联网单位重组为九大互联网单位。

根据 2006 年 1 月 17 日，中国互联网络信息中心（CNNIC）在京发布"第十七次中国互联网络发展状况统计报告"显示，截至 2005 年 12 月 31 日，我国上网用户总数突破 1 亿，为 1.11 亿人，其中宽带上网人数达到 6430 万人。目前，我国网民数和宽带上网人数均位居世界第一，国家顶级域名 CN 注册量首次突破百万，达到 109 万，成为国内用户注册域名的首选，稳居亚洲第一。上网计算机数达到 4950 万台，网络国际出口带宽达到 136 106Mb/s，连接的国家有美国、俄罗斯、法国、英国、德国、日本、韩国、新加坡等。

网络国际出口带宽按运营商划分如下：

中国公用计算机互联网（ChinaNet）70 622Mb/s。

中国网络通信集团（宽带中国 CHINA169 网）38 941Mb/s。

中国科技网（CSTNET）15 120Mb/s。

中国教育和科研计算机网（CERNET）4064Mb/s。

中国移动互联网（CMNET）3705Mb/s。

中国联通互联网（UNINET）3652Mb/s。

中国国际经济贸易互联网（CIETNET）2Mb/s。

中国长城互联网（CGWNET）（建设中）。

中国卫星集团互联网（CSNET）（建设中）。

我国网站数达到 69.4 万个，IP 地址总数达到 7439 万个，仅次于美国和日本，位居世界第三。

2005 年我国互联网步入发展的黄金时期，CN 域名作为中国互联网的标志，越来越多的人认识到 CN 域名的价值，社会对 CN 域名的需求也迅速增长。企业掀起了对 CN 域名的保护性注册和应用高潮。此外，CN 域名投资群体也迅速壮大，大量简短好记的 CN 域名被注册。

1 亿网民和百万 CN 域名，标志着我国互联网用户的规模上升到了一个新的台阶。同时，带宽用户、IP 地址和国际带宽等快速增长，反映了我国在互联网普及和应用方面取得了长足进步。但是，城乡、东西部差异显著不利于我国互联网的普及与均衡发展，未来我国需要进一步推进乡村和中西部地区互联网络的发展，这将是一项长期渐进的工程。

下面分别对各个主干网的情况给以介绍。

6.6.2　中国最大的公用计算机互联网

中国公用计算机互联网（ChinaNet）依托强大的中国公用分组交换网（ChinaPC）、中国公用数字数据网（ChinaDDN）和中国公用电话交换网（PSTN）等，采用世界上先进的设备建成，是中国国内互联网的主干网，也是 Internet 网在中国的延伸。

1994 年秋天，中国电信局与美国 Sprint 公司签订协议，合作组建 ChinaNet 网，将中国公用分组交换网直接连入 Internet 网，ChinaNet 网于 1995 年 6 月向社会各界开放。到 1996 年夏天，该网已覆盖全国 31 个省自治区，共有 31 个主干点，在全国范围内提供高速 Internet 服务。建成的 3 个高速国际出口通道（北京、上海、广州）与 Internet 网实现互联，共享

Internet 网上丰富的信息资源和各种服务。

　　ChinaNet 网将被建设成国际上规模最大、技术最先进的 Internet 主干网之一。整个网络具有充足的高速路由器来保证网络的高可靠性，采用先进技术保证全网的安全性。另外，还将实现全国范围的用户自动漫游，为用户提供友好的中文界面。

　　ChinaNet 网的网络结构由核心层、接入层和网管中心组成。其中，核心层为 ChinaNet 的全国主干网，它提供接入层的接入端口、中继端口和 ChinaNet 网所需的各种资源。此外，也为国内 Internet 网的服务提供者和大型网络用户提供接入端口。接入层负责提供各种接入端口和用户接入管理。用户可以通过电话拨号、中国公用分组交换网、帧中继或 DDN 专线方式接入 ChinaNet 网（见图 6.10）。

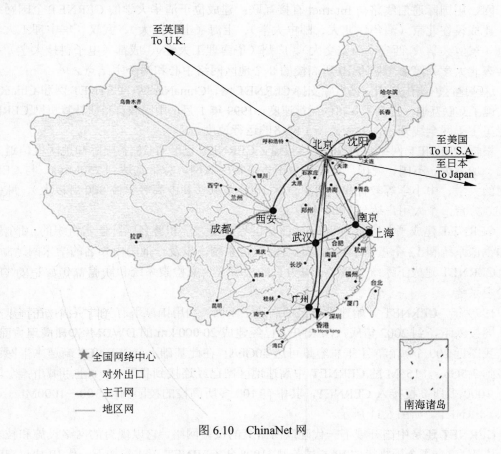

图 6.10　ChinaNet 网

6.6.3　中国教育科研网

　　1994 年 10 月，由中国政府立项投资，当时的国家教委主持，清华大学、北京大学、北京邮电大学、上海交通大学、华中理工大学、西安交通大学、东南大学、华南理工大学、东北大学和电子科技大学等 10 所高等学校承担的"中国教育科研计算机网 CERNET 示范工程"开始启动，经过一年多的建设，于 1995 年 10 月 20 日提前完成第一阶段的建设任务。CERNET 是由教育部负责管理的，主要面向教育和科研单位的全国最大的学术公益性互联网络。

CERNET 是一个完全采用 TCP/IP 技术的计算机网络。它分四级管理，分别是全国网络中心、地区网络中心和地区主结点、省教育科研网、校园网。CERNET 全国网络中心设在清华大学，负责全国主干网的运行管理。地区网络中心和地区主结点分别设在清华大学、北京大学、北京邮电大学、上海交通大学、西安交通大学、华中科技大学、华南理工大学、电子科技大学、东南大学、东北大学等 10 所高校，负责地区网的运行管理和规划建设、CERNET 的省级结点设在 36 个城市的 38 所大学，分布于全国除台湾省外的所有省、市、自治区。

1995 年底完成的示范工程，包括用 DDN 专线连接全国 8 个地区网络中心的 CERNET 主干网，用国际通信线路与 Internet 直接互联；建成位于清华大学的 CERNET 全国网络中心；建成设在北京（清华、北大、邮电大学）、上海（上海交大）、武汉（华中理工大学）、南京（东南大学）、西安（西安交大）、广州（华南理工大学）、成都（电子科技大学）和沈阳（东北大学）等 8 个城市 10 所高校的 8 个地区网络中心和两个主结点。

这些地区网络中心和主结点除支持 CERNET 网、ChinaNet 网、CSTNET 网和 ChinaGBN 网实现了互联互通，提高了各自的运行速度。1999 年 1 月，中国教育科研计算机网 CERNET 的卫星主干网全线开通，大大提高了网络的运行速度。

根据 CERNET 网络中心 2003 年报道，CERNET 已经有 28 条国际和地区性信道，与美国、加拿大、英国、德国、日本和中国香港特区联网，总带宽达到 250Mb/s。与 CERnet 联网的大学、中小学等教育和科研单位达 1000 多家（其中高等学校 800 所以上），联网主机 120 万台，个人用户达到 1000 多万人。

CERNET 建成了总容量达 800GB 的全世界主要大学和著名国际学术组织的 10 个信息资源镜像系统和 12 个重点学科的信息资源镜像系统，以及一批国内知名的学术网站。

CERNET 建成了系统容量为 150 万页的中英文全文检索系统和涵盖 100 万个文件的文件检索系统。

1999 年，CERNET 开始建设自己的高速主干网。利用国家现有光纤资源，在国家和地方共同投入下，到 2002 年底，CERNET 已经建成 20 000 km 的 DWDM/SDH 高速传输网，覆盖我国近 200 个城市，主干总容量可达 40Gb/s；在此基础上，CERNET 高速主干网已经升级到 2.5Gb/s，155M 的 CERNET 中高速地区网已经连接到我国 35 个重点城市；全国已经有 1000 多所高校接入 CERNET，其中有 100 多所高校的校园网以 100～1000Mb/s 速率接入 CERNET，如图 6.11 所示。

CERNET 还是中国开展下一代互联网研究的试验网络，它以现有的网络设施和技术力量为依托，建立了全国规模的 IPv6 试验网。1998 年 CERNET 正式参加下一代 IP 协议（IPv6）试验网 6BONE，同年 11 月成为其骨干网成员。

2004 年 3 月，中国第一个全国性下一代互联网 CERNET 2 试验网开通。2004 年 12 月，中国第一个全国性下一代互联网 CERNET 2 正式开通并提供服务。

CERNET 在全国第一个实现了与国际下一代高速网 Internet 2 的互联，目前国内仅有 CERNET 的用户可以顺利地直接访问 Internet 2。

另外，根据国务院的规定，CERNET 网还承担中国互联网络二级域名 EDU 的管理和运行。

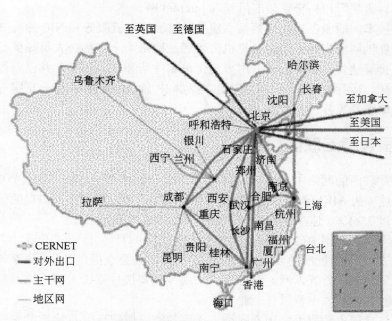

图 6.11 中国教育和科研计算机网 CERNET 主干网连接网

6.6.4 中国科学技术计算机网

中国科学技术网是中国科学院主管的。它经历了 4 个工程发展阶段：中国国家计算与网络设施（NCFC）、中国科学院的全国性网络建设工程（CASNET）、中国生态研究网（CBRNET）和中国科学技术计算机网（CSTNET）。

NCFC 网是世界银行贷款"重点学科发展项目"中的一个高技术基础设施项目。它由 4 级组成：广域网、都市网（主干网）、校园网和局域网。1994 年 5 月，NCFC 工程基本完成，连接了 150 多个以太网，3000 多台计算机。NCFC 网络是目前国内最有成效的网络之一，它全天开放，服务地域广，用户量多，通信量大，服务设施齐全。

1994 年 5 月完成我国最高域名 CN 主服务器的设置，实现与 Internet 的 TCP/IP 连接。

CASNET 网是中国科学院的全国性网络建设工程。该工程分为两个部分：一部分是分院区域网络工程；另一部分是通过远程信道将各分院区域网络及零星分布在其他城市的研究所互联到 NCFC 网络中心的广域网工程。

CBRNET 是中国生态研究网。在建设 NCFC 与 CASNET 网的同时，中科院在 20 世纪 80 年代后期启动了两个重大项目，一个是中国生态研究网，一个是生物多样性研究与信息管理（BRIM）。其中 CBRNET 与 CASNET 以高速光缆互联，速率为 100Mb/s，由于 CBRNET 也属于中科院，所以从结构上看，可以看作 CASNET 的一部分。

CSTNET 是以中科院的 NCFC 与 CASNET 为基础，连接了中科院以外的一批中国科技单位而构成的网络。目前，接入 CSTNET 的单位有农业、医学、电力、地震、气象、铁道、电子、航空航天、环境保护等近 20 个研究部门及国家自然科学基金委员会、国家专利局等科技管理部门。CSTNET 网一方面需要将国际信道升级；另一方面，在国家支持下，负责将更多的科研院所和科研管理部门连入 Internet 网。

中国科学技术网的服务功能包括信息服务、超级计算机服务和 NIC 服务 3 个方面。中国科学技术计算机网已安装了超级计算机，可通过网络为全国科技人员提供计算能力。中国科学技术网将继续为中国 Internet 用户提供域名注册和域名服务，并已获得国家有关部门的授权和委托，运行 CNNIC，为中国用户提供 IP 地址分配、网络信息服务、数据库目录以及技术咨询服务等各种 NIC 服务。

6.6.5   中国金桥互联网

中国金桥互联网的网络中心结点设在北京，在全国 24 个发达城市建有分中心。各个结点之间由传输速率为 64Kb/s 到 2Mb/s 的信道相连接。已通过国际出入口局的信道并正式开通国际线路，以 256Kb/s 速率连入 Sprint 专线，然后连入 Internet。

中国金桥网连入美国的 256Kb/s 专线于 1996 年 9 月 6 日正式开通，宣布开始提供 Internet 服务。它是国家批准的商业网络之一，面向社会公众提供 Internet 服务。该网络用户主要采用卫星和微波方式入网，部分用户采用专线和拨号方式入网。该网的用户主要有政府机关、文教单位和大中型国有企业 3 类。

政府机关包括国家经贸委、国家科委、国家教委、国家环保总局、国家气象局、国家信息中心和 24 个省市的信息中心等。

文教单位包括人民日报社、中国科学院、高能所、清华大学、环境与发展研究所等。

大中型国有企业包括中国航空工业总公司、中国海洋石油总公司、中国进出口总公司、中国远洋运输和中国华能技术开发总公司等。

中国金桥网由原来的电子工业部主管，现由吉通公司经营。截止到 2001 年 12 月 31 日，金桥网的国际出口信道带宽为 168Mb/s，其中有北京、上海、广州 3 个出口。

中国金桥互联网在 2002 年 5 月中国电信重组后被取消，致使原来的十大互联网络单位重组为九大互联网络单位。

6.6.6   中国网通高速宽带互联网

中国网通高速宽带互联网 CNCNET 是由中国网络通信有限公司（以下简称为网通 CNC）建设并运营的全国性高速宽带 IP 骨干网络，它采用先进的密集波分复用（dense wavelength-division multiplexing，DWDM）技术承载 IP，建造以宽带 IP 技术为核心的新一代开放电信基础结构。

1999 年 2 月 11 日，由中国科学院、广播电影电视总局、铁道部、上海市政府提出的"中国高速互联网络示范工程"项目，决定联合成立中国网络通信有限公司以承担高速互联网络示范工程的建设和运营工作。

中国网通高速宽带互联网 CNCNET 的建设经历了从 1999 年 8 月到 2000 年 10 月的紧张工作，至 2000 年 10 月 28 日，CNCNET 全长 8490km，106 个中继站，17 个结点，贯通了东南部的 17 个重点城市：北京、天津、济南、南京、上海、杭州、宁波、福州、厦门、广州、深圳、长沙、武汉、郑州、石家庄、合肥、南昌。网络总传输带宽高达 40Gb/s。

中国网通高速宽带互联网 CNCNET 的总体水平在国内和国际的电子网络中是处于领先地位的。CNCNET 具有高宽带实时传送能力：可以同时传送 1.5～1.6 万部 VCD 电影或者 0.6～1 万部 DVD 电影，进行实时收看；可以承载我国两个中等城市的所有人同时打电话。CNCNET 具有高速的数据下载能力：使用一个 2.5Gb/s 的 IP 通道下载 1 部 2 个小时的 VCD 电影，只需要 8s；使用 40Gb/s 的 IP 通道同时下载 16 部 2 个小时长的 VCD 电影，只需要 8s；而使用 40Gb/s 的 IP 通道只需 7s（压缩版只需 1s），可以同时下载 16 部 74 卷的大百科全书（包括 5 万幅彩图、10 万幅黑白线条图、7 万个词条解释、1 亿 3000 万字）。CNCNET 拥有几个中国之最：技术最新，带宽最宽，容量最大。CNCNET 拥有两个世界第一：第一个商用全网统一采用 IP/DWDM 优化光通信技术构建的商用宽带 IP 网络，第一个商用全网统一采用多协议标记交换网络技术（multi-protocol label switch，MPLS）。

中国网通高速宽带互联网 CNCNET 的整个建设进程体现着高速度、高质量、高效益的起点。建设同样规模的电信网络，只用了美国需要的一半时间；CNCNET 的时延≤80ms；美国 UUnet 的时延≤85ms，这说明 CNCNET 的网络性能在国际国内已经处于领先地位；CNCNET 建设采用最新的 DWDM 技术，使用目前世界最新水平的 G.655 光纤，从而促使整个网络建设在低成本的基础之上。

中国网通所建设的 CNCNET 是一个新一代电信网络，可承载和开展的业务特性将综合化、多媒体化、差别化、将着重于网络带宽批发和服务增值，业务可具备一定的服务质量，同时具备"更快、更好、更便宜"的特点。CNCNET 将中国引入高带宽的互联网接入并提供基于 IP 的虚拟私有网服务。从宽带提供、网络互联、客户接入、设备托管、服务外包、市场拓展、技术支持、客户服务等各方面为推动互联网经济的发展营造开发的"e-基础设施"。CNCNET 将承载包括语音、数据、视频等在内的综合业务及增值服务，并实现各种业务网络的无缝连接。中国网通目前开展的主要业务有国内、国际带宽批发业务，高速公众互联网接入业务，高速网络型数据中心及其主要服务，虚拟专网（VPN），虚拟 ISP，IP 长途电话等。

CNCNET 将成为新一代的开放电信平台。通过这一平台，可以连接和支持 VPN、VoIP 网络、第三代移动通信、有线电视网络接入等，还将与国内外电信运营商的网络连接。

在 2003 年中国电信重组过程中，中国网通集团在北京向社会各界公布中国网通集团与中国电信集团的公众计算机互联网（ChinaNet）实施拆分，CNCNET 网络加大建设力度，国际出口总带宽居于中国骨干互联网的第二位，有上海、广州两个出口，并隆重推出中国网通集团新业务品牌"宽带中国 CHINA169"。

6.6.7　中国移动互联网

中国移动 IP 骨干网 CMNET 是继中国电信 ChinaNet、中国联通 UNINET、中国网通 CNCNET 之后的又一全国性高速宽带 IP 骨干网络。

中国移动通信公司于 2000 年 10 月开始 CMNET 的建设，至 2001 年年初全网进入试运行，年底建成覆盖全国 28 个省的骨干网。在我国电信事业中，CMNET 已经担负起重要职能，正在为全国数以亿计的用户提供形式多样的各类电信服务。

建设 CMNET 的目的是要创建 VoIP、VPN、WAP 等业务的承载网络，即"四网一平台"，将邮件系统、短消息网关以及 GPRS 等业务融合其中，为中国移动用户提供具有鲜明移动特色的全方位服务，同时 CMNET 灵活的扩展性还将为未来三代（3G）移动系统的发展奠定基础。中国移动互联网的国际出口总带宽为 200Mb/s，有北京和广州两个出口。

中国移动互联网 CMNET 以宽带 IP 为技术核心，同时提供话音、传真、数据、图像、多媒体等服务的电信基础网络，接入号是 172。中国移动通信集团公司（以下简称中国移动）是在原中国电信总局移动通信资产整体剥离的基础上新组建的重要国有骨干企业。

CMNET 从网络结构上可分为骨干网和省网，网络以 IP over DWDM 为核心技术，在 2000 年 10 月底覆盖全国所有省市。CMNET 向固定用户和移动用户在内的所有用户提供 IP 电话、电子邮件、Web 业务、FTP 业务、电子商务、主机托管、管理服务和专业服务等，同时根据移动用户的特点逐步推出 WAP 业务、基于位置信息的业务、短信息结合业务等具有移动特色的因特网服务。

6.6.8 其他骨干互联网

UNINET 中国联通共用互联网。该网是 1998 年由信息产业部批准的我国第五家公用计算机互联网运营单位，也是继 ChinaNet 和 ChinaGBN 之后，我国第三家面向公众经营的计算机互联网。1999 年底已建成覆盖约 100 个城市的网络，2000 年建成覆盖全国绝大部分本地网，有上海、广州两个出口。

目前，UNINET 已经覆盖国内 350 多个城市，并延伸到中国香港、美国等地区和国家。在一个网络平台上承办的业务有话音、传统数据（帧中继、电路仿真等）、互联网、视频以及 CDMA1X 移动数据等多种业务。

CIETNET 中国国际经济贸易网。信息产业部于 2000 年 1 月 18 日正式下文，中国国际电子商务中心成为中国计算机网络国际联网的互联单位，负责组建中国国际经济贸易网（简称中国经贸网，英文简称 CIETNET）。中国经贸网将主要向企业用户、特别是中小企业，提供网络专线接入和安全的电子商务解决方案，同时提供虚拟专网（VPN）和数据中心（data center）业务。中国国际经济贸易互联网国际出口总带宽为 2Mb/s。

CGWNET 中国长城互联网。该网成立于 2000 年 1 月，目前正在建设中。已能连通全国 25 个城市，计划将要覆盖全国 180 多个城市。

CSNET 中国卫星集团互联网。该网正在建设中，负责国内卫星移动通信业务的运营工作。

6.7 Internet 的技术管理机构

Internet 在某种意义上是一个不受某一个政府或某一个人控制的全球性超级网络。Internet 虽然不受某一个政府或某一个人控制，但是，它本身却以自愿的方式组成一个引导 Internet 发展的最高组织，称为"Internet 协会"（Internet Society，ISOC）。该协会成立于

1992 年，是非盈利性的组织，其成员是由与 Internet 相连的各组织和个人组成的，会员全凭自愿参加，但必须交纳会费。Internet 协会本身并不经营 Internet，但它支持 Internet 体系结构委员会（Internet Architecture Board，IAB）开展工作，并通过 IAB 实施对 Internet 的技术管理。为了加强各网络成员之间的交流和合作，它出版了一种刊物《ISOC 新闻》，每年召开一次 INET 年会，讨论 Internet 用户共同关心的问题。

IAB 由两个部分组成，一部分是 Internet 工程工作组（Internet Engineering Task Force，IETF），它关注正在应用和发展的 TCP/IP 协议；另一部分是 Internet 研究工作组（Internet Research Task Force，IRTF），它主要致力于发展网络技术。此外，IAB 控制着 Internet 的网络号码分配管理局 IANA，这个局根据需要在世界不同地区共设定了 3 个网络信息中心（Network Information Center，NIC）：

- 位于荷兰阿姆斯特丹的 RIPE-NIC，负责欧洲地区的网络号码分配工作；
- 位于日本东京的 AP-NIC，负责亚洲地区的网络号码分配工作；
- 位于美国的 Inter-NI，负责美国和其他地区的网络号码分配工作。

上述这些网络信息中心负责监督网络 IP 地址的分配。同时 IAB 还控制着 Internet 的网络登记处，它跟踪域名系统（DNS）的根数据库，并且负责域名与 IP 地址的联系。

Internet 的几乎所有文字资料，都可以在 RFC（Request For Comments）中找到，RFC 的意思是"评议请求"。RFC 是 Internet 的工作文件，其主要内容除了包括对 TCP/IP 协议标准和相关文档的一系列注释和说明外，还包括一些政策研究报告、工作总结和网络使用指南等。

6.8 Internet 的主要应用

6.8.1 互联网提供的基本服务

1. 信息浏览 WWW

WWW 是目前 Internet 中最流行的服务项目。由于计算机技术不断的进步，许多程序软件都是以结合文字、图形、声音、视频等媒体的形式出现。我们一般都是通过 WWW 来浏览这些分布于世界各地的精彩信息（见图 6.12）。

2. 电子邮件

电子邮件（E-mail）是 Internet 上最广泛使用的服务。它是一种通过互联网与其他用户进行联系的一种快速、简便、高效、价廉的现代化通信手段。电子邮件服务器充当"邮局"的角色，用户可以在电子邮件服务器上租用一个"电子邮箱"。当需要给网上的某一个用户发送信件时，发信人只需将要发送的内容通过"邮局"送达收件人租用的电子邮箱即可，电子邮件系统会自动将用户的信件通过网络送到目的地。若给出的收信人的电子邮件地址有误，系统会将原信退回并通知不能送达的原因。当信件传送到目的地后，便存入在收件人的电子邮箱内，收件人打开自己的电子邮箱，便可以读取自己的邮件。

尤其现在的电子邮件不只是传送单纯的文字信息，更可以包括声音、影像、动画等多媒体信息。而且只要写上对方邮箱的地址，可以在任何时间任何地点向任意多个人发送邮件（见图 6.13）。

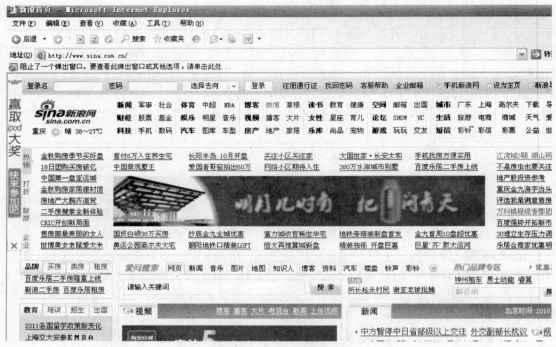

图 6.12   WWW 信息浏览

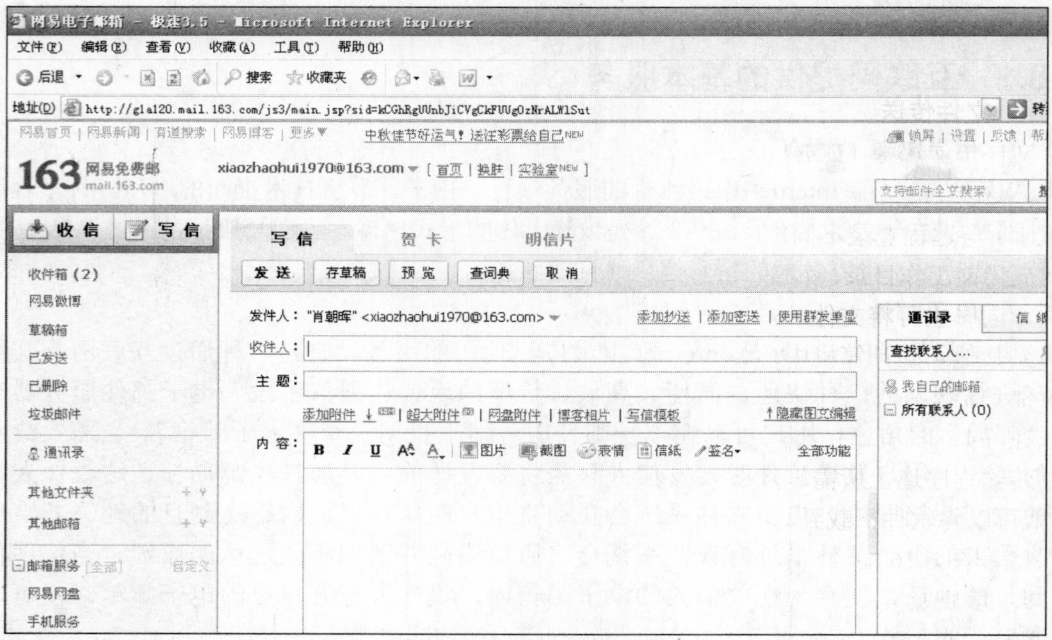

图 6.13   电子邮件服务

3. 远程登录

远程登录（Telnet）是指在另一个网络通信协议 Telnet 的支持下，用户的计算机通过 Internet 暂时成为远程计算机的一个终端过程。当然，要在远程计算机上登录，必须首先成为该系统的合法用户并拥有相应的账户和口令。一旦登录成功，用户便可以使用远程计算机提供的共享资源。在世界上的许多大学图书馆都通过 Telnet 对外提供联机检索服务。一些研究机构也将它们的数据库对外开放，并提供各种菜单式的用户接口和全文检索接口，供用户通过 Telnet 查阅。用户还可以从自己的计算机上发出命令运行其他计算机上的软件（见图 6.14）。

图 6.14　远程登陆服务

4. 文件传送

文件传送服务（FTP）允许 Internet 上的用户将一台计算机上的文件传送到另一台计算机上。这与远程登录有些相似，它是一种实时的联机服务，工作时首先要登录到对方的计算机上。与远程登录不同的是，用户在登录后仅可进行与文件搜索和文件传送有关的操作，如改变当前工作目录、列文件目录、设置传输参数、传送文件等。通过 FTP 能够获得远方的文件，同时也可将文件从自己的计算机中拷贝到其他人的计算机中。特别是许多共享软件（shareware）和免费软件（freeware）都放在 FTP 的资源中心。只要使用 FTP 文件传输程序连上所需软件所在的主机地址，就可以将软件下载到自己的硬盘中（见图 6.15 和图 6.16）。

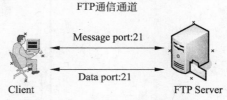

图 6.15　FTP 工作模式

5. 信息搜索

Internet 上信息资源非常丰富，但要找到自己想要的信息，犹如大海寻针。Internet 提供了各种搜索引擎软件，如百度、YAHOO、Google 等帮助用户轻易地获取希望得到的信息（见图 6.17）。

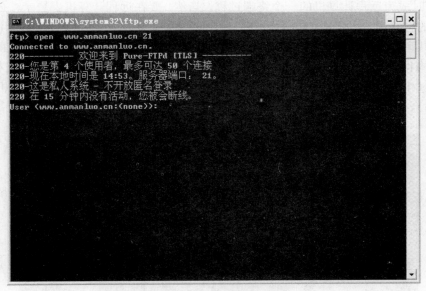

图 6.16　FTP 服务

图 6.17　信息搜索

6.　娱乐

Internet 不仅可以让用户同世界上所有的 Internet 用户进行实时通话，而且还可以参与各种游戏，如与远在数千里以外不认识的人对弈，或者参加联网对战游戏等（见图 6.18）。

图 6.18 联网游戏

7. 会话与聊天

1）电子布告栏

电子布告栏（bulletin board system，BBS）提供较小型的区域性在线讨论服务（不像网络新闻组规模那样大）。它在 Internet 尚未流行之前已随处可见。通过 BBS 可进行信息交流、文件交流、信件交流、在线聊天等（见图 6.19）。

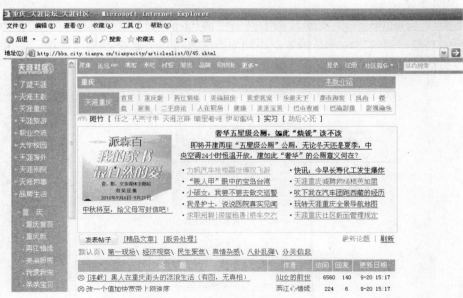

图 6.19 BBS 论坛

2）网络新闻组

网络新闻组（NetNews）拥有上千个新闻讨论组（NewsGroup），可供网虫们谈天说地、交换信息。尤其在 Internet 的网络新闻组上，各种各样的讨论区比比皆是，多如牛毛！其实网络新闻组也就是 BBS 各种讨论区的大集合。

3）多人实时聊天

和 BBS 站的功能相似，多人实时聊天（Internet relay chat，IRC）是闲话家常的好去处。不过唯一不同的是在 IRC 上有许多频道（channel），并且在进入某个频道后，可以跟来自五湖四海的朋友同时一起用文字的方式交谈（见图 6.20）。

图 6.20　聊天

4）网络会议

网络会议（NetMeeting）是最近随着网络电话（I-phone）发展成熟，才在 Internet 上逐渐风行的功能，简言之，就是很多在不同地方的人可以一起举办电话会议。如果再配合视频设备的话，还可以举办临场感十足的视频会议（见图 6.21）。

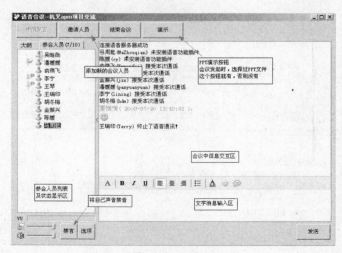

图 6.21　网络会议

8. 名录查找服务

名录查找服务可分为白页服务和黄页服务两种。前者用来查找人名或机构的 E-mail 地址，后者用来查找提供各种服务的 IP 主机地址（见图 6.22）。

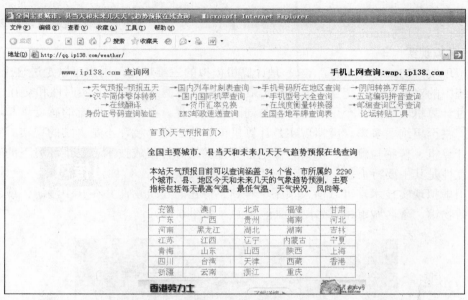

图 6.22　名录服务

以上介绍的是 Internet 上比较常用的几种服务功能，而实际在 Internet 上还有很多功能有待"挖掘"，比如实时播放（RealAudio）、网上理财、网络购物、网络传真、网上电影等。相信在不久的将来，Internet 肯定会成为每个现代人的必备工具（见图 6.23）。

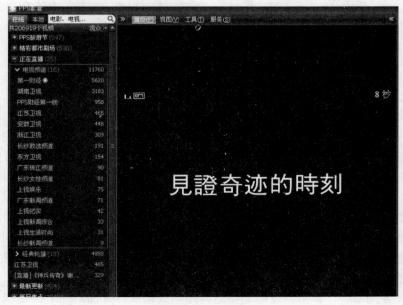

图 6.23　实时播放

6.8.2　互联网上的多媒体技术应用

随着在 Internet 上开发的应用项目增多，Internet 的用户大幅度增加，其存在的价值也越来越高。目前，人类各种形式的信息交流，包括数字、文字、图纸、声音和影像等多媒体元素都可以通过 Internet 进行。

1．虚拟现实

虚拟现实（Virtual Reality，VR）是计算机模拟的三维环境，用户可以走进这个环境，操作系统中的对象并与之交互。虚拟现实最重要也是最诱人之处是其实时性和交互性。

通过计算机网络，多个用户可以参与同一虚拟世界，在视觉与听觉的感受上与现实世界一样，甚至更绚丽多彩。虚拟现实是计算机模拟的三维环境，不是真实的现实。它是一项关于计算机、传感与测量、仿真、微电子等技术的综合集成技术。三维环境下的实时性和可交互性是其主要特征。

使用虚拟现实技术，可以使人预先"看到"待建的建筑物，并在其中漫游；或者在虚拟艺术博物馆、著名城市和著名浏览景区漫游（见图 6.24）。

图 6.24　虚拟现实

2．可视图文

可视图文是一种新的通信业务，是公用的、开放型的信息服务系统。用户在自己的电话机上并联一个可视终端，通过现有的公用电话和公共数据网，就可以检索到分布在全国的可视图文数据库的信息。可视图文信息服务可以分为信息检索和交互应答两大类。

3．电视会议系统

近年来，电视会议技术发展非常迅速，许多电视会议系统已在世界各地投入使用。电视会议，简单地说，就是通过电视会议系统中的摄像机拾取图像和声音，并传送到编解码器，转换为数字信号，并加以压缩，再通过通信网络把信号传送出去。远方则将接收的信号解压缩，再还原为模拟信号，通过显示器和扬声器播放出来。整个电视会议的过程基本是"实时"进行的。

利用电视会议系统，各用户能够与身处异地的人们进行"面对面"的交谈，通信中不仅可以听到对方的声音，更可以看到对方的表情、动作，还可以传送数据资料。电视会议系统技术复杂，一般是通过电话线拨号或数字专线进行数据传输，价格昂贵。

电视会议系统是一种可视图文业务。该系统能同时传输声音、数据、传真及图像的多媒体网络。

Internet 为视频会议提供了一个崭新的廉价解决方案。在 Internet 电视会议系统中，系统使用标准的摄像机和声卡，系统主要采用点对点的传输方式。

4. 视频点播

视频点播（Video on Demand，VOD）即按需视频流播放。表面含义为"视频点播"，但实际意义是泛指在用户需要时，随时可以提供交互式视频服务的技术。通俗来讲，即在包含着大容量的影片、图像、声音、信息等视频信号的计算机网络中，每个用户"想看什么就看什么，想什么时候看就什么时候看"。

当人们打开电视时，可以不看广告，不为某个节目赶时间，随时直接点播希望收看的内容，就好像播放刚刚放进自己家里录像机或 VCD 中的一部新片子，而又不需要购买录像带或者 VCD 盘，也不需要录像机或者 VCD。信息技术的梦想就是通过多媒体网络将视频流按照个人的意愿送进千家万户。

放眼宽带网络的应用，VOD 最贴近百姓生活，它的技术难度也最大。对于中国电信来说，就是高速路有了，就要有车跑，VOD 应用就是宽带多媒体网络上最耀眼的车。

VOD 技术不仅可以应用在电信的宽带网络中，同时也可以应用在小区局域网及有线电视的宽带网络中。如今在建设智能小区过程中，计算机网络布线已成为必不可少的一环，小区用户可以通过计算机、电视机（配机顶盒）等方式实现 VOD 视频点播，丰富了人们的文化生活；有线电视经过双向改造，可以让广大的电视用户通过有线电视网络点播视频节目。

VOD 系统的结构及组成分 3 部分：前端系统、网络系统和客户端系统。前端系统一般由视频服务器、各种档案管理服务器以及控制网络部分组成；网络系统包含主干网络和本地系统两部分，是影响连续媒体网络服务系统性能的关键部件；只有利用终端设备，用户才能与某种服务或服务提供者进行互操作。实际上，在计算机系统中，它是由带有显示设备的 PC 终端完成；在电视系统中，它是由电视机加机顶盒完成；而在未改造的电话系统中，它由电话预约完成。

5. 网络电话和 WAP 手机

据预测，网络电话（IP Phone）系统将是下一代通信网络的基础，其核心是把电话网与 IP 网络相结合，语音数据将封装在数据包中，语音、数据和图像将统一在同一个平台上传输。数据网最终将取代语音网络，传统的电话时代将结束。

网络电话是一种利用 Internet 作为传输载体进行语音通信的技术。由于 IP 电话采用了分组交换和统计复用技术，实现了话音、数据的综合传输，占用资源小，所以成本很低，价格便宜。

IP 电话的基本原理是，由专门设备或软件将呼叫方的话音/传真信号采样并数字化，然后压缩、打包，经过 Internet 网络传输到对方，对方的专门设备或软件接收到话音包后解压缩，还原成模拟信号送给听筒或传真机。

IP Phone 系统主要由网关和电话终端构成。网关的主要作用是实现 IP 网络和现有的

PSTN 电话网络之间互通；IP 电话终端则可以是以太网接口的电话终端，或者是基于 PC 的电话终端。这样未来的发展方向是，交换机从应用中分开，包交换将取代电路交换。这种软件交换也可应用在 Internet 网上完成路由器的功能；也可以一侧是电话网，一侧是 Internet 网，完成网关的功能。其技术核心是把语音数据变成一个个 IP 包，然后在一个高速计算机系统中，通过软件的方法完成交换。

　　IP 电话系统和传统的电话系统有所不同：传统电话系统是基于模拟信号交换的，IP 电话是基于数字信号交换的；传统电话系统可以连续实时地传送信息，在传送数据时却略显不足，IP 电话则恰好相反。

　　目前 IP 电话可以分为 PC 到 PC、PC 到电话、电话到电话 3 种类型。这 3 种类型的 IP 电话在国内都有应用。

　　WAP 手机是手机中的一个新品种，其支持 WAP 协议。所谓 WAP 协议就是为现有无线通信与 Internet 连接制定的一个协议。

　　通过 WAP 手机，用户可以像在 Internet 终端上一样进行网页浏览、收发 E-mail 等，利用 WAP 手机还能收发传真、收看新闻、享受各种通信增值服务（见图 6.25）。

6. 网络传呼

　　网络传呼（ICQ）提供了全球范围内的实时"交谈"方式，是双方通过在计算机上输入所要交流内容的信息交流方式。ICQ 是英文 I Seek You 的连音缩写，它使用户不但可以在网上进行即时交谈，还可以传送档案，发送语音留言等。

　　ICQ 在安装时需要到 ICQ 服务器中登录基本数据，以便能够取得个人专用的 ICQ 号，ICQ 号跟 E-mail 类似，别人可以通过 ICQ 号对你进行定位，用户可以决定是否将这个 ICQ 号对特定网友开放。另外，在用户将 ICQ 号对特定网友开放的同时，也可以取得对方的 ICQ 号，并加入到自己的联络名单中。以后只要网友一上网，ICQ 便会主动通知用户，这就是很多人都将它称为"网络 BP 机"的原因（见图 6.26）。

图 6.25　WAP 手机

图 6.26　ICQ

7. 机顶盒

作为用户获取多媒体信息的沟通桥梁，机顶盒（SET-TOP-BOX，STB）是一种智慧型的数字式信号转换器。现今用户端机顶盒趋势是朝微型计算机发展，即逐渐集成电视和计算机的功能，成为一个多功能服务的工作平台，用户通过此设备即能够实现交互式数字电视、数字电视广播、Internet 访问、远程教学、会议电视、电子商务等多媒体信息服务；同时采用 Web 方式实现这些业务的用户接入（见图 6.27）。

8. 网络娱乐

Internet 不仅能够使人们方便、快捷地获得和发布信息，而且也可以提供娱乐功能，如网上银行、网上电影及网络游戏等。

图 6.27　机顶盒

网上音乐可分为两种方式：一种是通过 realplayer 等软件在线实时收听音乐网站提供的音频流；另一种方式则是先将音乐文件下载，然后通过 Windows media player 软件播放（见图 6.28）。网上所使用的音频技术大多是经过压缩的，其技术标准有 AV 标准、具有 CD 品质的 MP3 标准、MIDI 标准、Wav 标准以及广泛使用的 RealAudio 标准。

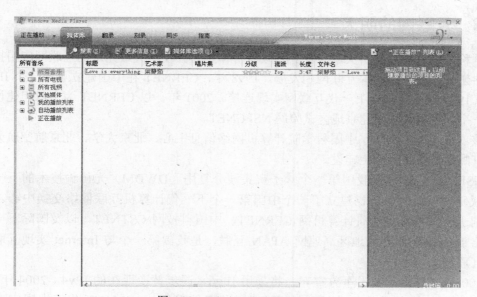

图 6.28　Windows media player

网上电影和网上音乐类似，分为实时播放和下载后再播放两种方式。其主要格式有常用的 MPEG 格式、AVI 视频文件格式和著名的 QuickTime 格式文件等（见图 6.29）。

网络游戏同传统的计算机游戏一样，也是一种通过计算机进行娱乐的方式，所不同的是，它不是那种在购买或下载了游戏程序后在单个计算机上进行，而是通过 Internet 进行的单人或与其他同时上网的 Internet 用户之间进行的多人游戏。用户可以通过它打牌、下棋或参与一些大型战略游戏。

随着 Internet 技术的发展，互联网的应用会越来越广泛，必将成为人们不可缺少的工具。

图 6.29　暴风影音播放器

6.8.3　互联网的明天

据称全球有 170 多所大学与业界及政府合作正在开发研究最先进的互联网应用技术。中国科学家始终密切跟踪互联网的发展。1998 年，CERNET 在中国建立了第一个 IPv6 试验床。1999 年，与国际下一代互联网实现连接。2001 年，以 CERNET 为主承担建设了中国第一个下一代互联网北京地区试验网 NSFCNET。

该项目由清华大学、中国科学院计算机网络信息中心、北京大学、北京航空航天大学和北京邮电大学联合承担建设。

NSFCNET 建成了我国第一个基于密集波分复用（DWDM）光传输技术的下一代高速互联研究试验网络，也建立了一个中国第一个下一代计算机互联网络交换中心。该网络分别于中国教育和科研计算机网 CERNET、中国科技网 CSTNET，以及国际下一代互联网络 Internet2 和亚太地区高速网 APAN 互联，是我国第一个与 Internet 实现互联的计算机互联网。

2003 年 10 月，美国军方宣布，将采用 IPv6，逐步替换现在的 IPv4。2004 年 1 月，世界八大下一代互联网在欧洲宣布同时开通并提供服务，CERNET 代表中国宣布开通服务。

2004 年 3 月，中国第一个全国性下一代互联网 CERNET2 试验网开通。12 月 25 日，中国第一个全国性下一代互联网 CERNET2 正式开通并提供服务。

在这个网上开通了高速实时视频传输、高速网科学数据库、远程教育系统、地理信息系统等四大应用，研究试验均取得了令人满意的效果。

依托下一代互联网，可以实现基于高质量视频通信的远程教育，提高各级教育水平；可以实现高可靠性的远程医疗，提高人民健康保障条件；可以利用交互式网络技术扩大政府宣传力度，丰富文化娱乐生活，建设社会主义精神文明；可以建立超大容量共享资源库，完善社会保障机制，提高公共服务水平，从而全面促进社会进步和提高人民生活质量。

基于 CERNET2 开展具有下一代互联网特征的关键应用开发，包括大规模点对点的多媒体通信系统、网络、高品质视频、共享虚拟现实、家庭网络等。

下一代互联网将把我们带进真正的数字化时代：家庭中的每一个物件，包括冰箱、电视、DVD、电灯、门锁、热水器等都将可能分配一个 IP 地址，一切都可以通过网络来调控。比如因交通拥堵，不能及时回家，客人到达时，可以通过手中的移动终端为其开门，开灯，开电视，煮咖啡等。

下一代互联网支持大规模科学计算，实现网络之间大容量、高可靠性的数据传输，实现分布式高速安全交易和全网计费审计，为具有大规模、多站点分布式计算和数据挖掘技术特性的重大应用提供服务。

支持大规模点对点的视频通信：提供端到端高性能传输和无线/移动接入服务，实现基于组播、具有网络性能保障的大规模视屏会议和高清晰度电视广播应用。

支持远程仪器控制、虚拟实验室：建立具有实时远程控制功能的虚拟现实环境，实现远程仪器控制和虚拟实验室，以及远程控制信息传输的高可靠性、安全性和实时性。

实现真正的远程教育：基于交互性协同视频会议技术进行远程授课和辅导；基于高清晰度视频广播技术进行授课内容回放；基于按内容流媒体检索和点播技术实现随时随地按需学习；实现海量信息存储与检索等。

6.9　接入互联网的方式

互联网 Internet 的飞跃发展激发了每个人上网的积极性。要上网，首先要让自己的计算机接入 Internet，才能利用 Internet 的各种应用软件实现对网上资源的访问。用户计算机与 Internet 的连接方式，通常可以分为专线连接、电话拨号连接、通过局域网连接、通过 ISDN 连接、通过各种宽带连接和无线连接等。不同的连入方式，所要求的硬件配置，特别是软件配置各不相同。当然还要根据用户的需要和可能而定。

6.9.1　专线接入 Internet

6.9.1.1　DDN 专线接入

DDN（digital data network，数字数据网），为用户提供高质量的数据传输通道，传送各种数据业务。

相对于拨号上网来说，通过 DDN 上网具有速度快、线路稳定、长期保持连通等特点。因此，对于那些上网业务量较大或需要建立自己网站的单位来说，租用 DDN 专线是比较理想的选择。租用 DDN 专线，首先需要向当地的因特网服务提供商（ISP）咨询目前是否能够申请 DDN 上网，若可以，就请 ISP 代为办理，因为这样可以省去不少麻烦。现在电信提供的 DDN 专线的通信速度标准很多，在 $N \times 64\text{Kb/s}(N = 1\sim32)$ 之间，即从 64Kb/s 到 2Mb/s。随着发展，速度标准越来越快，租用收费当然就越高。租用时可以根据自己的业务需要及资金承受能力来选择。

使用 DDN 专线上网,除上网的基本设备外,还需要购买 1 台基带 modem 和一台路由器。

DDN 专线申请到位后,要先将其两对双绞线(用户端所见)与基带 modem 相连,再将基带 modem 与路由器的同步串口连接,最后将路由器的以太网接口连上用户的局域网。这里需要说明一点,一般的局域网都是双绞线以太网,而路由器提供的以太网接口通常是 AUI 标准,所以另外还需要一个以太网 Transceiver(双绞线与粗缆的信号转换设备)来进行信号转换。新买的路由器在使用前需要进行配置,包括以太网接口的 IP 地址、路由协议等,但是别担心,以上的连线及配置工作由 ISP 负责。

DDN 业务与传统的模拟专线业务相比,有许多优点:

- 传输质量高,时延小,通信速率可以根据用户需要任意选择;
- 路由自动迂回,可保证电路的高可用率;
- 全透明传输,可支持数据、图像、语音等多媒体业务;
- 能方便地组建虚拟专用网(VPN),建立自己的网管中心,根据需要选择不同的业务功能。

用一条 1Mb/s 的 DDN 专线将局域网直接接入 Internet 中国主干网 ChinaNet,此局域网就成为 ChinaNet 的一个组成部分,局域网上机器无须拨号即可使用 ChinaNet 提供的 WWW、E-mail 等服务,甚至可以自己安装相关的服务器,为自己企业内部或其他网络用户提供上述服务。同时,也可以向全球 Internet 用户宣传企业的产品和服务,并用网络订购、信息反馈等交互手段与客户联系。

用户租用 DDN 业务需要申请开户。DDN 的收费一般可以采用包月制和计流量制,这与一般用户拨号上网的按时计费方式不同。DDN 的租用费较贵,普通个人用户负担不起,DDN 主要面向集团公司等需要综合运用的单位。DDN 按照不同的速率带宽,收费也不同,例如,在中国电信申请一条 128Kb/s 的区内 DDN 专线,月租费大约为 1000 元,租用稍快一点的每年需要几万元的通信费,因此它不适合个人用户的接入,DDN 更适合于资金雄厚的大型企业或大学的局域网连接 Internet,或者是经营条件比较好,经营规模比较大的网吧,对社区商业用户有一定的吸引力。DDN 的具体连接如图 6.30 所示。

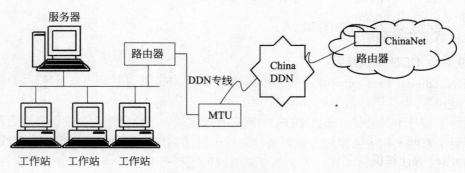

图 6.30 通过 DDN 专线连入 Internet

6.9.1.2 光纤接入网

光纤接入网是指从业务结点到用户终端之间全部或部分采用光纤通信。光纤接入网的接入方式，一种是使用光纤同轴电缆接入技术（HFC），该技术只是指用光纤接到 ISP，而从 ISP 到用户端，则采用有线电视部门的同轴电缆；另一种是以接入网的主干系统与配线系统的交接点-光网络单元（ONU）、光纤到大楼（FTTB）、光纤到小区（FTTZ）和最终的光纤到家庭（FTTH）等几种。

光纤接入网的特点是提供标准的 V5 接口，可实现与任何种类的具有 V5 接口的交换机连接。这不同于交换系统的远端模块，只提供专用和封闭的内部接口协议。光纤接入网可通过光传输系统将它的远端设备 ONU 放置在小区、大楼和路边等更接近用户的地方，从而缩小铜线的铺设半径，减小投资，也有利于宽带业务的引入。光纤接入网可独立于交换机进行升级，灵活性高，有利于向宽带网过渡；也可提供综合业务接入，它的频带宽，容量大，可传输高速数据，甚至高清晰电视节目，并能适应于 B-ISDN 和信息高速公路。通过 SDH/PDH 光传输设备，接入网的局端设备与远端设备之间的距离可达几十 km，使交换机的服务半径按需延伸，从而扩大了交换区的覆盖范围，符合"大容量，少局所"优化本地网络的建设方针。

6.9.2　使用 modem 拨号上网

从 CNNIC 的历次《中国互联网络发展状况统计报告》中看出，大多数网民上网都是通过电话拨号上网的。根据 2006 年 1 月 17 日，中国互联网络信息中心（CNNIC）在京发布"第十七次中国互联网络发展状况统计报告"显示，截至 2005 年 12 月 31 日，拨号上网网民（包括 ISDN 网民）有 5100 万人，至今还占到我国上网用户总数 1.11 亿人的 46.4%，电话拨号上网还是互联网应用的主渠道之一。那么，如何才能做到电话拨号上网呢？下面将具体介绍。

6.9.2.1　安装调制解调器

用户只要从 ISP 那里申请到一个账号，购买一个 modem，就可以把自己的计算机接入 ISP 的主机，从而连入 Internet。

在具体连接时需要注意如下：

（1）如果购买内置式 modem，可以打开机箱找到合适的插槽，直接插入其中即可。但如果购买外接式 modem，则在购买 modem 之前，需要检查一下自己计算机的串口类型（即计算机背面带针的端口）是 9 芯的，还是 25 芯的。根据实际情况，在购买 modem 的同时，需要购买一条 9 芯转为 25 芯的，通过这条电缆连接线才能将计算机与 modem 连接起来。

（2）如果使用外接式 modem，用 25 芯的通信电缆连接线与计算机的串口（COM2）连接（一般串口 1 用于鼠标），并接好外接电源。如果使用内置式 modem，则需要设置 modem 的串口跳线为串口 2（I/O 地址 = 2F8，中断 IRQ = 3），并将主板或多功能卡的串口设为失效。假如用户的计算机已经使用了串口 1（COM1）和串口 2，那么，就只能购买内置式的 modem，并将 modem 设置为串口 3（COM3）（I/O 地址 = 3E8.，中断 IRQ = 10）或串口 4（COM4）（I/O 地址 = 2E8，中断 IRQ = 12）。

（3）内置式和外接式 modem 都有两个信号接口：Line 和 Phone。其中，标有 Line 的接口接电话外线，标有 Phone 的接口接电话机。安装完毕之后，便可启动计算机，运行通信软件，对 modem 进行相应的设置。

6.9.2.2 创建拨号连接入 Internet 的软件安装和设置

采用电话拨号方式上网，需要 1 台计算机、1 个 modem 和 1 条有权电话线，还需要安装 3 种软件，才能访问 Internet。这 3 种软件分别是 TCP/IP 驱动软件、SLIP/PPP（串行接口协议/点对点协议）拨号连接软件以及提供访问 Internet 的应用软件。只有通过拨号软件建立与主机的连接以后，才能利用浏览器或电子邮件等软件对 Internet 进行访问。

在上网的用户中，绝大部分用户都采用单机系统 Windows 98/2000/XP。因此，如果用户的计算机已经安装上中文版的 Windows 98/2000/XP，那么，就可以利用 Windows 98/2000/XP 本身的功能，正确配置 modem 网络通信协议、网络适配器以及为拨号网络创建连接等，而后利用拨号网络拨号上网。下面将按 Windows 98 具体介绍各项安装和设置的操作步骤。

1. 添加"通信"程序和"拨号网络"

在 Windows 98 中需要通过添加"通信"程序正确安装"拨号网络"和"电话拨号程序"。

（1）单击"开始"→"设置"→"控制面板"选项，弹出"控制面板"窗口；

（2）在控制面板窗口中，双击"添加/删除程序"图标，弹出"添加/删除程序属性"窗口；

（3）在其中的组件列表中双击"通信"选项，弹出"通信"窗口，选中"拨号网络"和"电话拨号程序"的组件。

完成了上述操作以后，用户就可以使用 Modem 拨号呼叫 ISP 电话，与其他计算机拨号连接。

2. 安装 modem 驱动程序并进行设置

在正确安装 modem 之后，启动 Windows 98，单击"开始"→"设置"→"控制面板"选项，在控制面板窗口中，双击"调制解调器"图标，如果以前没有安装 modem，则进入安装 modem 驱动程序，然后，再进入 modem 设置程序。如果以前安装过 modem，则程序会自动直接进入 modem 的设置程序。

1）安装 modem 驱动程序

安装 modem 驱动程序的操作步骤如下：

（1）双击控制面板窗口中的"调制解调器"图标，在弹出的窗口中，在"不检测调制解调器，而将从清单中选定一个"的选项左边打上"对勾"，程序便会自动安装 modem。

（2）单击该窗口的"下一步"按钮，在弹出的窗口中对 modem 厂商进行选择。如果在列表中找不到对应的厂商，可选择"（标准调制解调器）"。

（3）而后在"型号"列表中，选择欲安装的调制解调器的型号。如果所安装的调制解调器不能正常工作，用户可以尝试选择标准调制解调器。选择之后，单击该窗口的"下一步"按钮，跟随安装向导完成其余的步骤。

2）modem 的设置和诊断操作

在完成 modem 驱动程序的安装以后，将会自动进入设置和诊断操作，并自动弹出"调制解调器属性"窗口。具体的设置和诊断操作步骤如下。

单击弹出窗口中的"属性"按钮，再在新弹出窗口中的"最快速度"栏目下，对于使用 33.6Kb/s modem 的用户，可选择速度 115 200，单击"确定"按钮退出。

再单击调制解调器窗口中的"诊断"选项卡，单击"详细信息"按钮。

在刚弹出的窗口中检查端口信息，若其信息正确，则表明 modem 驱动程序安装正确。单击"确定"按钮退出该窗口，再单击图中的"关闭"按钮退出，回到控制面板窗口，完成 modem 的设置。

3. 安装拨号网络和拨号网络适配器

用户可以检测一下自己的计算机是否已经安装了拨号网络程序。具体方法如下：

选择"开始"→"程序"→"附件"→"通信"，如果计算机已经安装了拨号网络程序，则在弹出的菜单中将显示"拨号网络"菜单项，这样就可以直接跳到安装拨号网络适配器。

安装拨号网络适配器的具体步骤如下：

（1）选择"开始"→"程序"→"附件"→"通信"，弹出"控制面板"窗口，双击"网络"图标，弹出"网络"窗口；

（2）在此窗口中的"配置"选项卡中，单击"添加"按钮；

（3）在弹出的列表中，选择"适配器"，单击"添加"按钮，弹出选择适配器窗口；

（4）在此窗口的"厂商"列表中，选择 Microsoft，在网络适配器列表中，选择"拨号适配器"，单击"确定"按钮。

4. 安装 TCP/IP 协议

安装 TCP/IP 协议的具体步骤为：

（1）选择"开始"→"设置"→"控制面板"，进入"控制面板"窗口；

（2）在"控制面板"窗口中，双击"网络"图标，弹出"网络"窗口。单击"添加"按钮，在弹出的安装网络组件列表中，选择"协议"，并单击"添加"按钮。

（3）在选择网络协议窗口中的"厂商"列表中，选择 Microsoft，在"网络协议"列表中，选择 TCP/IP。单击"确定"按钮，关闭窗口，返回网络窗口。

（4）单击"确定"按钮，此时，系统将要求重新启动计算机，使安装生效。

5. 设置 TCP/IP 协议

安装完 TCP/IP 协议以后，需要对它进行设置。具体步骤如下。

（1）进入控制面板窗口。在其中双击"网络"图标，弹出"网络"窗口。

（2）在窗口的"配置"选项卡下，选择 TCP/IP，接着，单击"属性"按钮，弹出 TCP/IP 属性窗口，选择"DNS 配置"选项卡，并选择"启用 DNS"的单选项。

（3）在"主机"处，输入用户的主机名。主机名可以任意取，但必须输入一个名字，在"DNS 服务器搜索顺序"处，输入用户的 ISP 域名服务器（DNS）的 IP 地址，例如"重庆理工大学" DNS 的 IP 地址为 202.114.64.2。然后，单击"添加"按钮。如果用户的 ISP 有两个 DNS 的 IP 地址，则可以把它们都输入进去。

（4）在选择"WINS 配置"选项卡，选中弹出窗口中的"禁止 WINS 解析"单选项。

（5）在同窗口中单击"IP 地址"选项卡，选中"自动获得一个 IP 地址"单选项。

（6）单击"确定"按钮，关闭此窗口，退回原来的窗口。

（7）单击"确定"按钮，关闭此窗口（注意：此外需要插入 Windows 98 的系统盘）。

6. 设置拨号网络

在 Windows 98 下，单击"开始"→"程序"→"附件"→"通信"→"拨号网络"，弹出拨号网络窗口。

（1）在拨号网络窗口中，双击"建立新连接"图标，弹出"建立新连接"窗口；

（2）在"请输入对方计算机的名称"处，输入连接名。连接名可任意取，例如与重庆理工大学连接，可输入"重庆理工大学"。在"连接设备"处，选择 modem 型号，例如 Generic 56K HCF Data Fax Modem，然后，单击"设置"按钮。

（3）在新弹出窗口中的"常规"选项卡下，选择"通信端口（COM1）"，或根据用户 modem 设置来选择，在"最快速度"栏目下，选择 115 200。

（4）选择"选项"选项卡，再选择"拨号后出现终端窗口"复选项，即在其左边框打上"对勾"，并单击"确定"按钮，退出该窗口，回到"建立新连接"窗口。

（5）单击窗口中的"下一步"按钮，输入上网电话号码，例如，在重庆理工大学上网的用户可输入"68754962"。单击"下一步"按钮，再单击"完成"按钮，回到"拨号网络"窗口中。此时，在该窗口中将增加一个图标。如果用户在步骤（2）中输入"重庆理工大学"，那么这里将显示标有"武汉大学"的图标。再用鼠标右键单击此窗口中的"重庆理工大学"图标，便弹出一个下拉菜单。

（6）在下拉菜单中选择"属性"菜单项，弹出一个以"重庆理工大学"为名的拨号网络窗口。

（7）在此窗口中选择"使用区号与拨号属性"复选框，即去掉方框中的"对勾"，并单击"确定"按钮，即完成拨号网络设置。

6.9.2.3 启动拨号连接接入 Internet

在拨号连接窗口中，双击已建连接的图标，或直接在桌面上建一个已连接的快捷方式图标，双击该快捷方式图标，如"重庆理工大学"，将弹出如图 6.31 所示的窗口。在用户名和密码处分别填上 ISP 和用户共同商定的账号和密码，在"拨号"输入栏输入拨号的号码，单击"拨号"按钮，就可以进行拨号连接。

如果是家用计算机连入 Internet，则可以选中"保存密码"复选项，这样每次拨号时就不用再输入密码了。单击"拨号"按钮后，如果线路通畅，系统检测用户名和密码无误，计算机就可以连入 Internet 了。而且，将在屏幕右下角显示一个连入 Internet 的图标，同时短时间显示一下服务器已连通的说明和所连接的通信速度。

经过以上各个项目的安装和设置并连入 Internet 以后，用户便可以使用 E-mail 的客户程序收发电子邮件，用 WWW 浏览器等软件畅游 Internet。

这种接入方式是大家非常熟悉的一种接入方式，目前最高的速率为 56Kb/s，已经达到香农定理

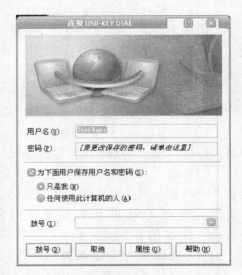

图 6.31　连接到对话框

确定的信道容量极限。这种速率远远不能够满足宽带多媒体信息的传输需求，但由于电话网非常普及，用户终端设备 modem 很便宜，大约 100～500 元，而且有的地方甚至不用申请就可开户，只要家里有计算机，把电话线接入 modem 就可以直接上网。因此，这种拨号接入方式比较经济，至今仍是网络接入的主要手段。这种接入方式如图 6.32 所示。

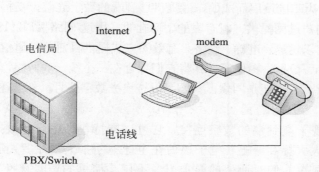

图 6.32　利用 modem 进行电话拨号接入 Internet

6.9.3　通过局域网连接 Internet

目前，我国很多单位已经建立了局域网，例如 Novell 网、NT 网等，如果能将这种局域网与 Internet 的一台主机连接起来，那么，无须增加设备，单位内的局域网中所有用户就能进入并访问 Internet。例如，现在所有的高等院校和大部分的中等专科学校、中学都已经建立了功能强大的校园网，并且接入了 Internet，用户可以很容易地通过校园网接入 Internet。

这些局域网本身可以通过前面所讲的专线连接方式和后面即将谈到的 ISDN 方式连入 Internet。当然还可以连接到已经与 Internet 连接的局域网，从而达到接入 Internet 的目的。

不是局域网内部用户也可以通过局域网连接 Internet，只要将自己的计算机连接到这个局域网中就可以了。

用户计算机与局域网的连接方式取决于用户使用 Internet 的方式。如果仅打算在需要时才接入 Internet，可与通过刚刚讲到的用电话线和调制解调器进行拨号连接的方式接入，这种方式的连接费用较低，但传输效率也较低，而且受到诸多因素的影响。

如果需要随时接入 Internet，并且有较高的上网速度，就需要拉一根专线到局域网。

还可以通过无线接入方式连接局域网。只要在无线网的信号覆盖区域内任何一个位置都可以接入网络，而且安装便捷，使用灵活，可以随便变化。

采用局域网（LAN）方式接入可以充分利用局域网的资源优势，为用户提供 10Mb/s 以上的共享带宽，这比现在拨号上网速度快 180 多倍，并可根据用户的需求升级到 100Mb/s 以上。

以太网技术成熟，成本低，结构简单，稳定性、可扩充性好，便于网络升级；如果在社区，同时可实现实时监控、智能化物业管理、小区/大楼/家庭保安、家庭自动化（如远程遥控家电、可视门铃等）、远程抄表等，可提供智能化、信息化的办公与家居环境，满足不同层次的人们对信息化的需求。根据统计，社区采用以太网方式接入，比其他入网方式要经济得多。

6.9.4　通过 ISDN 连接上网

6.9.4.1　ISDN 简介

ISDN（Integrated Service Digital Network，综合业务数字网）俗称为"一线通"。它是以

综合数字网（IDN）为基础发展而成的，能提供端到端的数字连接，支持一系列广泛的语音和非语音业务，为用户进网提供一组有限的、标准的多用途/网络接口。ISDN 是数字交换和数字传输的结合，它以迅速、准确、经济、有效的方式提供目前各种通信网络中进行现有的业务，如电话、传真、数据、图像等，并将它们综合在一个统一的网络，也就是说，不论原始信号是语音、文字、数据还是图像，只要可以转换成数字信号，都能在 ISDN 网络中进行传输。

由于 ISDN 实现了端到端的数字连接，它可以支持包括语音、数据、图像等各种业务，而且传输质量大大提高。随着电子通信在全球不断扩大，许多人需要和不同地区的用户交换信息，而现在人们对通信的要求已经不仅是简单的声音交换，还需要共享各种格式的不同信息。例如，有些人需要进行高速数据文件传输；有些人可能需要传输多媒体和会议电视；有些人则希望能访问中央数据库。ISDN 的业务覆盖了现有通信网的全部业务，例如传真、电话、可视图文、监视、电子邮件、可视电话、会议电视等，可以满足不同用户的需要。ISDN 还有一个基本特性，就是向用户提供标准的入网接口。用户可以随意地将不同业务类型的终端结合起来，连接到同一接口上，并且可以随时改变终端类型。

ISDN 主要有基本速率（BRI）和基群速率（PRI）两种类型。两者差别在于所支持的 B 信道个数。在 ISDN 中，B 信道主要用于传送数字化的语音、数据等用户信息流，传输速率为 64Kb/s。D 信道用来传送建立、接收和控制通话的信令信息或分组交换的数据信息，传输速率为 16Kb/s 或 64Kb/s。电信局向普通用户提供的均为"一线通"ISDN BRI 接口（2B + D），采用原有的双绞线，速率可达 144Kb/s。基本速率（BRI ISDN）在一对双绞线上提供两个 B 通道（每个 64Kb/s）和一个 D 通道（16Kb/s），D 通道用于传输信令，B 通道则用于传输语音、数据等。一路电话只占用一个 B 通道，因此，可同时进行多种业务或对话。基群速率（PRI ISDN）接口有 30 个 B 信道和 1 个 D 信道（30B + D），传输速率近 2Mb/s。综合业务数字网有窄带（N-ISDN）和宽带（B-ISDN）两种，窄带的综合业务数字网向用户提供 2B + D 和 3B + D（美国、日本为 23B + D、欧洲为 30B + D），宽带的综合业务数字网向用户提供 155Mb/s 以上的通信能力，也就是实现了信息高速公路，后者是正在开发的服务。

6.9.4.2 ISDN 的特点

1. 费用低廉

ISDN 连接方式只使用一对用户线、一个入网接口就能获得语音、文字、图像、数据在内的各种综合业务，大大节省了投资。

2. 使用方便

通过 ISDN 连接方式，信息信道和信号信道分离，因而在一对传统的电话线上最多可接 8 种不同的 ISDN 终端，并可同时使用。用户只需一个入网接口，就能使用网络提供的各种业务。例如，可以把电话和个人计算机同时接入 ISDN，在上网的同时可以拨打电话、收发传真，就像两条电话线一样。还可接入可视电话、会议电视、ISDN 路由器等设备。由于这些设备均有相应的国际标准，可以像家用电器一样具有便携性，可以一个插座上拨到另一个有插座的地方去使用。

3. 自动识别通信业务

在 ISDN 连接方式中，ISDN 通信时提供了终端自动选配功能，即自动寻找与主叫用户终端设备相匹配的被叫终端，无匹配终端时进行呼叫失败处理，如数字话机只能与数字话机通信。

4. 高速数据传输

ISDN 提供多种信道类型和接口结构，最常用的就是 B 信道，它由两个 B 信道和一个 D 信道（2B + D）组成，最高速率达到 $64 \times 2 = 128$Kb/s。ISDN 实现了所谓"双信道"通信，也就是说既可以把这两个信道都用于上网（以 128Kb/s 的速度），也可以 64Kb/s 的速度上网，同时用另一个信道打电话或收发传真。对于 Internet 用户来说，使用 56Kb/s 调制解调器时，文件下载速率最快为 4Kb/s 左右，还需视所连网络的情况而定；而使用 ISDN，若同时使用两个 B 信道，下载文件时速率最快可达 12Kb/s 左右，整整提高 3 倍！许多用过 ISDN 的网友对这一点都有切身体验，3s 就登录成功，本地下载软件单信道速度达 7.8Kb/s，双信道达到了 14.7Kb/s。

5. 传输质量高

由于 ISDN 连接方式中的终端和终端之间的通信完全数字化了，其传送误码特性和信号失真特性比以前改善了数倍。由于 ISDN 采用端到端的数字连接，传输质量很高，它不会像模拟线路那样受到静电和噪音的影响。此外，由于 ISDN 中的数字设备便于故障检测，系统可靠性也得到提高。

6. 网络互通性强

ISDN 能与电话网、分组交换网、互联网、局域网等网络广泛连接。

6.9.4.3　ISDN 的连接

对于普通的上网用户来说，接入 ISDN 的必要设备主要有两种：网络终端（NT1）或智能网络终端（NT1++）、外置的调制解调器即 TA 信号转换器（有的也叫 TA 适配器）或内置调制解调器即 ISDN 内置卡（有的也叫 ISDN 适配卡）。计算机先与内置或外置的 ISDN 调制解调器相连，再与 NT 终端相连，通过终端进行数据传输。与此相对应的有两种接入方式，一是使用外置 TA，另一种是使用 ISDN 内置卡。ISDN 接入技术示意如图 6.33 所示。

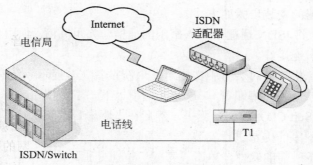

图 6.33　ISDN 连接

安装 ISDN 分为"新装"、"加装"和"改装"。如果不上网，可用一线一号接两部电话，同时使用时互不干扰，但得交两份电话费。如果只上网，仍有两种选择：一是和使用普通电话拨号上网一样，买一个普通的 56K 的 modem，但这样就享受不到数字网的高速度了；另一种选择就是买一个 ISDN 的调制解调器。

需要说明的是，如果使用外置的 TA，仍可以把普通电话机连在 TA 上使用；如果使用内置卡，就必须将数字电话（带来电显示的电话机）直接接在 NT1+ 上使用。如果选择"加装"，那么原来的普通电话服务不会中断，从理论上说就有了 3 条通信线路（ISDN 的两个信道和原来的电话线路），但是必须为此支付两份月租费（ISDN 的和普通电话的）。

ISDN 用户需要一个网络终端，即 NT1。NT1 在 ISDN 中占有举足轻重的地位，没有它就构不成 ISDN 网络，它就好比一座桥梁，用来实现电话局与用户连接。

NT1 设备是放置在用户家中的，通过该设备，用户可同时拨打电话及访问 Internet，互不影响。虽然 NT1 是放置在家中，但它是由电话局进行维护的。一旦出现故障，电话局可立即处理。

一般来说，NT1 由电话部门提供，所以 NT1 由电信部门上门安装和调试，可以不用关心它怎样与外线连接。与用户关系较为密切的是连接到 NT1 的接口和设备，NT1 一般提供一个 U 接口，提供一个或两个数字接口（S/T 接口），U 接口与 ISDN 外线连接，S/T 接口则直接连接用户的数字设备，所有用户的 ISDN 终端设备都是通过 NT1 设备上的一个或两个 S/T 接口接入网络的。

NT1 的 S/T 接口为数字接口，用户的终端设备必须支持数字接口才能直接连到 NT1 的 S/T 接口，像数字话机等都可以直接连到 NT1 设备上。通常使用的电话机是模拟设备，不能直接接到 NT1 的数字接口，这时需要借助终端适配器（TA）将模拟接口（R 接口）转换为数字接口（S/T 接口）。同样，上网的计算机也不能直接接到 NT1 的数字接口，也需要一种专用的 PCTA 适配器。

外置的终端适配器外形类似于普通的 modem，有自己的电源，通常有一个或两个 RJ-11 接口用来连接电话机或数字传真机，另有一个 COM 接口用来连接计算机的串口。内置终端适配器通常称为"ISDN PC 适配卡"或"ISDN PC 卡"，作为计算机的内置插卡，它的接口要相对简单一些，有一个或两个 RJ-11 接口。因为直接插在计算机里，所以没有其他接口。这两种设备各有千秋，都能满足用户的需要，作为一般的家庭用户，从费用的角度看，选用"ISDN PC 卡"更合适些。

内置终端适配器的安装步骤如下。

（1）打开机箱，将 ISDN 适配卡插入空闲的插槽，关闭机箱。使用数据线将 NT1+ 上的 S/T 口与 ISDN PC 卡连接好。

（2）开机，计算机启动时会有中文提示发现新设备（若提示系统有冲突或不能开机，就将卡拔下插入另一空闲插槽即可）。这时，单击"下一步"按钮，将 ISDN PC 卡驱动光盘（ISDN Software Suit CD）放到光驱里，然后在光驱根目录下执行 CDSETUP.EXE。

（3）按照安装程序的提示进行安装，一般选择默认值安装即可。安装结束后，系统提示已经安装了新设备所需的软件，单击"完成"按钮并重新启动计算机。

（4）系统重新启动后，可在控制面板的"网络"里看到添加了 ISDN 卡。

（5）在拨号连网里建立新的连接（如 ISDN 连接），与普通 Modem 拨号连网时的建立过程基本相同，只不过这时的调制解调器类型一栏，要选择 EICON CHANNEL 0。

（6）捆绑另外一个 B 通道，这是非常重要的一个步骤，也是与 modem 拨号网络安装不同的地方。用鼠标指向已创建 ISDN 连接的图标，右击，选择"属性"，在随后弹出的窗口里选择"设置"，并按"添加"按钮，选择另外一个设备名 EICON CHANNEL.1。

（7）现在通过 ISDN 连接就可像 modem 拨号那样上网了。选择"我的电脑"→"拨号网络"→"新建连接"，按提示进行配置，运行"我的连接"，输入用户名和口令，单击"连接"即可。登录成功后的屏幕右下角出现该连接的小图标。单击 IE，输入网址，即可以享受 ISDN 带来的"高速"冲浪的感觉了。

上面的介绍只是安装 ISDN 卡的一般步骤，在具体的安装过程中可以参见 ISDN PC 卡附带的说明书。

6.9.4.4　ISDN 调制解调器的选择

ISDN 调制解调器的选择应考虑如下因素。

（1）ISDN 调制解调器分为内置（ISA、PCI）和外置（TA）两种，内置的又有带模拟语音口和不带语音口两种。要根据自己用的 NT1 设备是 NT1，还是 NT1+来确定 ISDN 调制解调器类型。如果是 NT1 设备，那肯定是用外置 ISDN TA，因为这样还可以使用模拟电话设备。如果是 NT1++设备，那肯定是用内置 ISDN PC 卡，因为这样既可以用模拟设备，又可以节省经费。

（2）由于 ISDN 的基本速率接口有 2 个 B 信道（64Kb/s）和一个 D 信道（16Kb/s），所以 ISDN 可以使用 Multi-PPP 绑定两个 B 信道以达到 128Kb/s。市场上大多数 ISDN 适配器都支持 Multi-PPP，但是也有少数早期的产品不支持，所以选购的时候一定要注意，这种适配器最高速率往往只能达到 64Kb/s。

（3）由于 ISDN 调制解调器比普通 modem 更复杂，所以许多功能（比如 64Kb/s 与 128Kb/s 的切换、来电自动应答等功能）需要用 AT 指令以完成这些设置，而每种 ISDN 的配置工具是不兼容的，所以，这些工具的功能完善和易用性也是选购 ISDN 调制解调器时要注意的。

（4）是否支持按需分配带宽或带宽请求（Bandwidth-On-Demand）功能，此功能可以根据网络需求自动增加或断开一个 B 信道。当用户在阅读下载的主页或进行少量数据交换时，自动断开第二个 B 信道；当用户要使用最大带宽，如下载一个较大的文件时，它又能自动将第二个 B 信道连上。

是否支持呼叫碰撞（需开通呼叫等待功能），就是当两个 B 信道都被使用时，若外来语音电话，它会自动释放一个 B 信道去收听来电。这些功能既能使用户享受最大的带宽，又不妨碍接听电话，更节约了费用。

（5）速度，这也是最重要的，要支持标准的 V.42bis 和 STAC 数据压缩协议，支持 DTE 高速串口等。

（6）是否易于安装也要考虑，不过现在很多销售商都负责上门安装。

6.9.4.5　ISDN 的用途

1．个人/企业用户通过 ISDN 接入 Internet

如图 6.34 所示，对于家庭个人用户，可通过一台 ISDN 终端适配器连接个人计算机、电话机等，这样个人计算机就能以 64Kb/s 或 128Kb/s 速率访问 Internet，同时照样可以打电话。

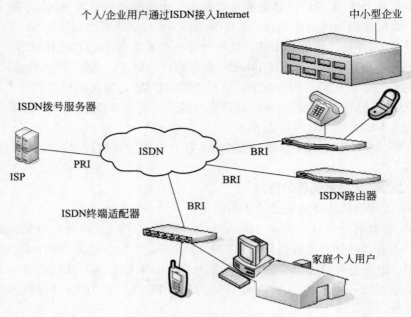

个人/企业用户通过ISDN接入Internet

图 6.34　个人/企业用户通过 ISDN 接入 Internet

　　对于中小型企业，可将企业的局域网、电话机、传真机通过一台 ISDN 路由器连接到一条或多条 ISDN 线路，以 64Kb/s 或 128Kb/s 或更高速率接入 Internet，同时照样打电话/收发传真。

　　以上也是目前 ISDN 最常用的用途，能体现 ISDN 的特点：数字化传输、高速、方便、费用廉价。

2. 利用 ISDN 组建企业内部网

　　目前，许多跨地区的企业都希望将分布在不同地区的分公司、分部、连锁分店、超市以及在家工作的职员与企业总部通过网络连接起来，从而构成高速的企业内部网。某企业在若干个不同的地点设置分公司，在每个分公司申请一条 64Kb/s 或 128Kb/s 的 ISDN BRI电话线，使用一台 ISDN PRI 线路，使用一台 ISDN 路由器或接入集中器，就可以构成跨地区的企业内部网。各地的分公司可以用 64Kb/s 或 128Kb/s 速度访问总部的网络，也可以用64Kb/s 或 128Kb/s 的速度与其他分公司的局域网进行互联。而且，同一条 ISDN 电话线还可以用于普通的语音/传真业务。同样，在家工作的职员也可通过 ISDN 适配器以 64Kb/s 或128Kb/s 的速度访问总部的网络。

3. 小型办公室的多种通信要求

　　利用 ISDN 可以满足小型办公室的文件传送、G3/G4 传真、电话等多方面的通信要求。

4. 利用 ISDN 实现远程教学

　　在校园教学设施不足或教室分散而学生要学习相同课程的情况下，就需要远程教学。在这种应用中，教学场地在两个不同的地点，两个场地之间的信息传送就可采取 ISDN 技术。学生可以共享展示的幻灯并参与包括视频、数据和图形传输的会议通话。异地的学生和教师可以进行实时交互式双向声频和视频通信，阅读光盘视频片段，发送和标注图形和文字。

5. 利用 ISDN 建网吧

网吧是 ISDN 的最好应用场合。网吧的信息传输量大，使用率高，对速度的要求高，而且是多媒体传输，宽带 ISDN 完全能够适应，而且费用低廉。

当然，ISDN 的用途还远不止上面所提到的，如果使用宽带的综合业务数字网，ISDN 将更好地服务于人们的工作和生活。

6.9.5 宽带接入法

宽带接入是人们向往的一种接入 Internet 的方法，也是正蓬勃发展的接入技术。根据 2006 年 1 月 17 日，中国互联网络信息中心（CNNIC）在京发布的"第十七次中国互联网络发展状况统计报告"显示，截至 2005 年 12 月 31 日，我国利用宽带（xDSL、cable modem 等）上网的人数达到 6430 万人，占我国上网用户总数 1.11 亿人的 58%，与上年同期相比，宽带上网网民人数一年增加了 2150 万人，增长率为 50.2%。

目前我国宽带网及宽带接入技术发展得很快，宽带网划分为很多类型：

- 长城宽带、艾维宽带推广的小区局域网方案 LAN；
- 中国电信、中国网通、中国铁通推广的数字用户线方案有 ADSL、HDSL、SDSL、VDSL；
- 广播电视系统推广采用的 cable modem；
- 中国网通推广的无线宽带接入方式 LMDS。

下面仅介绍几种用得较好的宽带接入技术。随着时间的推移，现有的技术还将不断地完善，同时会有更多的接入新技术诞生。

6.9.5.1 个人宽带：ADSL

ADSL（asymmetrical digital subscriber line，非对称数字用户线路）是一种能够通过普通电话线来提供宽带数据业务的技术，也是目前极具发展前景的一种接入技术。ADSL 素有"网络快车"之美誉，因其下行速率高、频带宽、性能优、安装方便、不需要交纳电话费等特点而深受广大用户喜爱，成为继 modem、ISDN 之后的有一种全新的高效接入方式。由此而形成一种个人宽带流行风。

ADSL 接入技术示意如图 6.35 所示。ADSL 方案的最大特点是不需要改造信号传输线路，完全可以利用普通铜质电话线作为传输介质，配上专用的 modem 即可实现数据高速传输。ADSL 支持上行速率 640Kb/s～1Mb/s，下行速率 1Mb/s～8Mb/s，其有效的传输距离在 3～5km 范围以内。它以比普通 modem 快 100 多倍的速度浏览互联网，通过网络学习、娱乐、购物，享受到先进的数据服务，如视频会议、视频点播、网上音乐等。在 ADSL 接入方案中，每个用户都有单独的一条线路与 ADSL 局端相连，它的结构可以看做是星状结构，数据传输带宽是由每一个用户独享的。

但是电话线质量较差的基础成为制约 ADSL 发展的主要障碍。尽管如此，ADSL 接入技术仍然是目前应用最广泛的一种宽带接入方式。

6.9.5.2 更高速的宽带接入法：VDSL

VDSL 比 ADSL 还要快。使用 VDSL，短距离内的最大下传速率可达 55Mb/s，上传速率可达 2.3Mb/s（将来可达 19.2Mb/s，甚至更高）。VDSL 使用的介质是一对铜线，有效传输距离可超过 1km。但 VDSL 技术仍处于发展初期，长距离应用仍需要测试，端点设备的普及也需要时间。

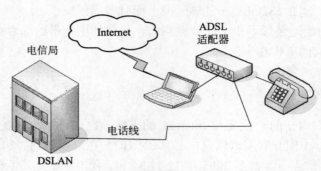

图 6.35　ADSL 接入技术示意图

目前有一种基于以太网方式的 VDSL，接入技术使用 QAM 调制方式，它的传输介质也会是一对铜线，在 1.5km 的范围之内能够达到双向对称的 10Mb/s 传输，即达到以太网的速率。如果这种技术用于宽带运营商社区的接入，可以大大降低成本。基于以太网的 VDSL 接入方式示意图如图 6.36 所示，方案是在机房端结点增加 VDSL 交换机，在用户端放置用户端 CPE，二者之间通过室外五类线连接，每栋楼只放置一个 CPE，而室内部分采用综合布线方案。这样做的原因是：近两年带宽建设牵引的社区用户上网率较低，一般为 5%～10%，为了节省接入设备和提高端口利用率而采用此方案。

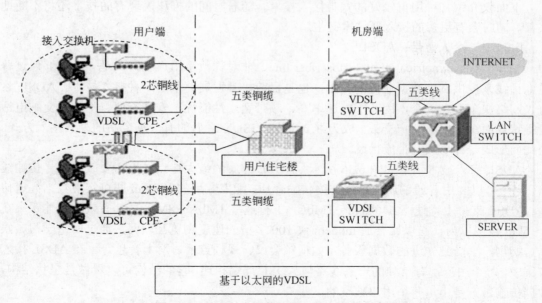

图 6.36　基于以太网的 VDSL 接入方式示意图

分别对采用 VDSL 技术与 LAN 技术的社区建设成本进行测算，发现对于一个 1000 户的社区而言，如果上网率为 8%，采用 VDSL 方案要比 LAN 方案节省 5 万元左右投资。虽然表面上看 VDSL 方案增加了 VDSL 用户端和局端的设备，但它比 LAN 方案省去了光电模块，并用室外双绞线替代光缆，从而减少了建设成本。

6.9.5.3 无源光网络接入：光纤入户

PON（无源光网络）技术是一种点对多点的光纤传输和接入技术，下行采用广播方式，上行采用时分多址方式，可以灵活地组成树状、星状、总线型等拓扑结构，在光分支点不需要结点设备，只需要安装一个简单的光分支器即可，具有节省光缆资源、带宽资源共享、节省机房投资、设备安全性高、建网速度快、建网速度综合成本低等优点。

PON 包括 ATM-PON（APON，即基于 ATM 的无源光网络）和 Ethernet-PON（EPON，即基于以太网的无源光网络）两种。APON 技术发展比较早，它还具有综合业务接入、Quos 服务质量保证等独有的特点，ITU-T 的 G.983 建议规范了 ATM-PON 的网络结构、基本组成和物理层接口，我国信息产业部也已制定了完善的 APON 技术标准。

PON 接入设备主要由 OLT、ONT、ONU 组成，由无光源分路器件将 OLT 的光信号分到树状网络的各个 ONU。一个 OLT 可接 32 个 ONT 或 ONU，一个 ONT 可接 8 个用户，而 ONU 可接 32 个用户，因此，一个 OLT 最大可负载 1024 个用户。PON 技术的传输介质采用单芯光纤，局端到用户的最大距离为 20km，接入系统总的传输容量为上行和下行各 155Mb/s，每个用户使用的带宽可以从 64Kb/s 到 155Mb/s 灵活划分，一个 OLT 上所接的用户共享 155Mb/s 带宽。例如富士通 EPON 产品 OLT 设备有 A550，ONT 设备有 A501、A550 最大有 12 个 PON 口，每个 PON 口上所接的 A501 上行带宽是共享的。

6.9.5.4 利用有线电视网络接入

cable modem（线缆调制解调器）是近两年开始应用的一种超高速 modem，它利用现成的有线电视（CATV）网进行数据传输，已是比较成熟的一种技术。随着有线电视网的发展壮大和人们生活质量的不断提高，通过 cable modem，利用有线电视网去访问 Internet 已成为越来越受业界关注的一组高速接入方式。

由于有线电视网采用的是模拟传输协议，因此网络需要用一个 modem 来协助完成数字数据的转化。cable modem 与以往的 modem 在原理上都是将数据进行调制后，在 cable（电缆）的一个频率范围内传输，接收时进行解调，传输机理与普通 modem 相同，不同之处在于它是通过有线电视 CATV 的某个传输频带进行调制解调的。

cable modem 的连接方式有两种：及对称速率型和非对称速率型。前者的数据上传（data upload）速率和数据下载（data download）速率相同，都为 500Kb/s～2Mb/s；后者的数据上传速率为 500Kb/s～10Mb/s，数据下载速率为 2～40Mb/s。根据频宽和调制方式不同，下载传输速率可以达到 27～56Mb/s，上传速率可以达到 10Mb/s。

通过 cable modem 接入 Internet 的有线宽带设置步骤如下所示。

1. 安装网卡

将网卡接入主板，板载网卡的可以直接使用。

2. 安装 cable modem

（1）将电视天线接到 cable modem 接线端，为 cable modem 接上电源。把 cable modem 接上电源。把 cable modem 附带的网卡连接线一端接到 cable modem 网络线接口，一端连接到安装好的网卡的接线口。

（2）cable modem 加上电源之后，前面的指示灯闪烁，最后只有一盏灯（最上面的 Online

灯）亮着（绿灯），同时，可以看见在 modem 后面网线接口处也有一个绿灯（表示网线连接良好），就表示可以上网。

（3）cable modem 安装好后，打开计算机，系统会自动发现新硬件，按照提示进行安装即可。

3. 通过 cable modem 上网的设置

用户在使用之前需要为计算机指定 IP 地址，以 Windows XP 系统为例，进行如下操作：

用鼠标右键单击"网上邻居"，选择"属性"选项，在"拨号和网络连接"窗口中，右击"本地连接"，选择"属性"选项，设置本地连接的属性，如图 6.37 所示。

双击"Internet 协议（TCP/IP）"，在出现的"Internet 协议（TCP/IP）属性"对话框中进行地址设置，如图 6.38 所示。

图 6.37 设置本地连接属性　　　图 6.38 "Internet 协议（TCP/IP）属性"对话框

如果用户使用的是动态 IP 地址，只需单击"常规"标签，选择"自动获取 IP 地址"单选按钮即可，其他各项设置都保持 Windows 系统的默认设置。

如果使用静态 IP 地址的用户，要在 IP 地址、子网掩码、默认网关、DNS 等相关位置填入用户登记表格中给出的相关数据。

经过以上的设置，上网配置就算完成。

使用时需要登录账号，如果没有登录，启动 IE 任意输入一个网址上网都会被带到登录页面。在登录页面上，输入用户名和密码后就可以上网。

如果用户想结束上网，双击在显示器右下角或桌面上的 Web 宽带上网图标，单击认证框中的"断开"、"确定"按钮，即可关闭认证页面。

有线电视网络原本就是宽带网络，但由于传统的有线电视网络只能传输单向业务，要实现双向宽带传输必须对现有网络进行 HFC 双向改造。当然，这种升级改造对进一步推广交互式数字电视也是必需的。cable modem 不存在由于电话线质量和串扰引起的开通率低的问题，但需要切实解决回传噪音问题。随着 DOSCSIS 标准的推行，该问题已得到了很好的解决。

采用 cable modem 上网的缺点是由于 cable modem 模式采用的是相对落后的总线形网络结构，这就意味着网络用户共同分享有限宽带；另外，购买 cable modem 和初装费还偏高。但是，它的市场潜力是很大的。

我国的有线电视网络线路总长度现在已超过了 300 万千米，光纤干线达到 26 万千米，近 2000 个县开通有线电视，其中 600 多个县已实现了光纤到乡、到村，HFC 网正在成为发展的主流。目前，有线电视用户总数已超过 9000 万，并以每年 500 万户以上的速度增长，有线电视用户数已位居世界第一。在这种条件下，依托有线电视网络资源，利用 PC/cable modem 或 TV/STB 组合实现宽带接入，向普通百姓提供视频、话音、数据"三合一"的多媒体信息服务。基于 HFC 结构、利用 cable modem 实现宽带接入不仅提供了对 Internet 的高速数据接入服务，还能提供交互式数字电视服务以及 IPphone 话音服务，前景无限。

6.9.5.5 无线宽带接入方式：LMDS

这是目前可用于社区宽带接入的一种无线接入技术。

在该接入方式中，一个基站可以覆盖直径 20 km 的区域，每个基站可以负载 2.4 万用户，每个终端用户的带宽可达到 25Mb/s。但是，它的带宽总容量为 600Mb/s，每基站下的用户共享带宽，因此一个基站如果负载用户较多，那么每个用户所分到带宽就很小了。所以这种技术对于社区用户的接入是不合适的，但它的用户端设备可以捆绑在一起，可用于宽带运营商的城域网互联。其具体做法是：在汇聚点机房建一个基站，而汇聚机房周边的社区机房可作为基站的用户端，社区机房如果捆绑 4 个用户端，汇聚机房与社区机房的带宽就可以达到 100Mb/s。

LMDS（local multipoint distribute service，本地多点分配接入系统）是在近些年逐渐发展起来的一种工作于 10GHz 以上的频段、带宽无线点对多点接入技术。1998 年被美国电信界评选为十大新兴通信技术之一。LMDS 属于无线固定接入手段，由于该技术利用高容量点对多点微波传输，可以提供双向话音、数据及视频图像业务，能够实现从 64Kb/s 到 2Mb/s，甚至高达 155Mb/s 的用户接入速率，具有很高的可靠性，被称为是一种"无线光纤"技术。

LMDS 系统可以提供高质量的话音服务，而且没有时延。可以包括低速、中速和高速数据业务。可支持模拟和数字图像业务，可用的图像信道包括 150 个远程节目、10 个本地节目，而且可以提供最少 10 个 PPV 节目信道。系统的信号可以来自卫星，也可以是本地制造；可以是加密的，也可以是未加密的。

由于 LMDS 具有更高带宽和双向数据传输的特点，可提供多种宽带交互式数据及多媒体业务，克服了传统本地环路的瓶颈，满足用户对高速数据和图像通信日益增长的需求。因此，是解决通信网接入网最后里程问题的有效方法，具有实施迅速，建设成本低，周期短，维护费用低，可靠性高等优点。

LMDS 采用一种类似蜂窝的服务区结构，将一个需要提供业务的地区划分为若干服务区，每个服务区内设基站，基站设备经点到多点无线链路与服务区内的用户端通信。每个服务区覆盖范围为几 km 至十几 km，并可相互重叠。

LMDS 的缺点除了频道干扰外，还存在雨衰、视距传输等问题，另外，设备价格目前还比较贵，所以，LMDS 目前主要用做前面讲述的两种带宽接入方式 xDSL 和 cable modem 的补充。

图 6.39 为星状 LMDS 拓扑结构。

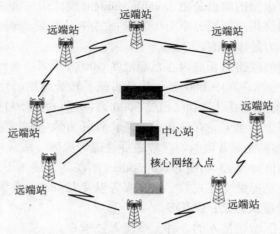

远端站　远端站　远端站

远端站

中心站

核心网络入点

远端站

远端站　远端站

图 6.39　星状 LMDS 拓扑结构

6.9.6　正在发展的入网方式

目前中国的互联网用户已超过一亿，其中很大部分仍是通过电话线拨号上网。由于现有电话传输系统的频带窄，导致上网速度慢、话费高、查询信息不便，因而有人风趣地将"万维网"（World Wide Web）这一互联网的主要服务项目称为"全球等"（World Wide Wait）；另外，有线电视网络的宽频带资源尚未充分利用。中国有线电视网络如今已覆盖了全国60%的国土、80%以上的城市，用户数已达到 9000 多万，收视人口 4 亿多人，并以每年500 万户的速度增长。而有线电视网目前仅传送几十套电视节目，约 2/3 的频带长期处于闲置状态。

网络的发展是推动信息家电市场的必要条件。网络运营商将在信息家电市场的启动方面起主导作用。国家广电总局已立项研究"多功能入户终端机顶盒体制"。有线电视网应用于网络的前景广阔。

6.9.6.1　家电机顶盒

所谓机顶盒原本是电视机联网的必要设备，它使用户可以通过电视在互联网上进行通信、购物、娱乐、学习等，并能连接和控制其他的家用电器。

微软公司总裁比尔·盖茨 1999 年 3 月访问深圳并推出了由微软中国研究开发中心开发的"维纳斯计划"。"维纳斯计划"实质上是一个应用机顶盒的方案，它的核心是采用微软公司的 Windows CE 操作系统作为平台，在它上面运行微软公司的其他应用软件，例如浏览器 IE，袖珍版的 Word、Excel 等，还可通过电视连接微软麾下的 WebTV 公司的网上服务。

机顶盒是将电视机和互联网连接的新一代消费电子产品，具有极其广阔的市场前景。我国目前只有 4950 万台 PC 上网和 1.11 亿人的网民，但我国目前仅看有线电视的就有 4亿多人，所以机顶盒的市场远远大于 PC 的市场和互联网市场，比尔·盖茨的意图在于占领我国广大的信息家电市场。

"维纳斯计划"公布不久，国内信息产业内外的人们在考虑，如果"维纳斯"一统江湖，对于中国信息家电业的发展究竟会带来什么样的负面影响，这是比尔·盖茨万万没有想到的。他更未曾想到，一个名叫"女娲"的"东方女神"，正在挑战"洋女神""维纳斯"。

"女娲"的研制者是中国科学院下属的北京凯思软件集团，"女娲"计划在长达 5 年的研制过程当中，始终默默无闻，只是借助"维纳斯"掀起的风波，才为外界所关注。

在技术上，"女娲"并不逊色于"维纳斯"，"女娲"掌握了几项极为先进的专有技术，可以大大促进信息家电在国内的推广。如国内许多家庭目前使用的老式电视机，显示分辨率不高，如果直接上网，用户根本无法看清所要浏览的画面。而凯思的合作伙伴为"女娲"开发的一套技术，可以根据电视机的扫描线数，自动选择能让用户看清楚的字形字体，保证显示效果。

在市场推广方面，"女娲"显然不及"维纳斯"。虽然"维纳斯"引来许多质疑声，但微软并没有放慢市场推广的脚步，"维纳斯"产品上市的计划没有多大的改变。然而，与"维纳斯"得到联想、海尔、步步高公司等国内一些知名企业加盟相比，"女娲"目前还没有得到国内企业的热烈响应。

无论"女娲"能否打败"维纳斯"，拥有自主知识产权的操作平台的面世，本身就代表了中国软件工业的一个进步。只要拥有自己的操作平台，即使微软在机顶盒这一产品上暂时占到上风，由于信息产业是一个新技术、新产品更新相当快的行业，一旦若干时间之后取代机顶盒的新产品问世，依然能跟上技术进步的潮流。

凯思集团拥有自主研发的嵌入式实时多任务操作系统"女娲 Hopen"，并以此为基础在 2000 年推出了以信息电器为目标的中国产业计划"女娲计划"，该计划获得政府、信息产业部、广电总局以及国内外众多知名厂商的支持。该嵌入式实时操作系统已经广泛用于移动计算（PDA）、家庭信息环境（机顶盒、数字电视）、通信计算平台（媒体手机）、车载计算平台（导航器）、工业、商业控制（智能工控设备、POS/ATM 机）、电子商务平台（智能卡应用、安全管理），该操作系统已在 Motorola、IBM、AMD、Philips、HITACH 等多家半导体生产商生产的芯片上运行。已与国内外芯片供应商、软件开发商共同合作，推出了其嵌入式操作系统的机顶盒、掌上电脑、智能手机等众多应用产品。

同维电子设计得最漂亮，价格最便宜的机顶盒，正好配合"女娲 Hopen"的软件系统，形成了一套完整的产品。

基于"女娲 Hopen"嵌入式操作系统，凯思集团公司已在 PDA、机顶盒、网络电视及家庭信息系统等领域与 Motorola、Panasonic、Winbond、上海贝尔等国内外知名厂商合作开发不同种类的产品。从最早与上海益濠公司合作的股票机顶盒，到与贝尔公司合作的宽带 VOD 视频点播机顶盒；从与联想集团合作开发生产的"天机 810"、e 卡通系列 PDA 产品，到与 TCL 集团合作的家庭信息显示器 HiD299e；从与 Motorola 合作的远程教育机顶盒，到与贵州以太公司合作的家庭信息网络控制器 Home Gateway，不懈探索，不断创造。

在 2001 年 3 月，凯思集团参加了在德国汉诺威举办的全球最大的信息技术博览会，会上展出的凯思新产品收到了参观者的好评。目前，凯思集团已完成用于掌上电脑的完整软件方案（Hopen PDA）及用于开发掌上电脑应用的开发工具包（Hopen SDK）两项科研成果，而最新开发的基于"女娲 Hopen"嵌入式操作的无线终端 WAP 软件，已经可以稳定地运行在几种硬件平台上。

2003 年 6 月，Intel、IBM、联想、微软公司等 17 家业界领先的消费电子、计算机和移动设备公司发起的"数字家庭工作组"宣布成立，联想成为其中唯——家国内厂商。

2003 年 6 月，微软、索尼公司以及其他来自消费电子产品、个人计算机以及移动设备制造行业的共 18 家重量级技术企业组成一个名为数字家庭联网的联盟机构，该机构将公布其支持统一的联网标准，确保这些企业的产品能够通过家庭无线网络进行相互之间的信息传输。

2003 年 7 月，由联想、TCL、康佳、海信、长城公司等国内 5 家企业发起的"信息设备资源共享协同服务标准化工作组"成立，并同期发布了"闪联"品牌，致力于打造数字家庭的中国标准。同时，中国数字家庭产品不断推出。

2003 年 9 月，在美国举行的英特尔信息技术峰会上，英特尔公司展示了联合 Gateway 等公司开发的 LCD 媒体中心、数字机顶盒参考设计，以及数字媒体适配器等。英特尔表示，这些产品、技术和服务无疑使业界向数字家庭的目标又跨进了积极地一步，消费者可以通过家中任意设备，更多地获得数字内容带来的乐趣。

2003 年，微软公司的 Windows XP MediaCenter Edition 操作系统推出。

2004 年，英特尔公司设立 2 亿美元"英特尔数字家庭基金"，华硕电脑率先推出全球第一款数字家庭概念笔记本电脑 W1N。

2005 年，各种 3C 娱乐产品（计算机 computer、通信 communication 和消费类电子品 consumer electrics）频繁推出，数字家庭产品市场化。数字家庭标准之争日趋激烈。

2006 年，英特尔公司推出数字家庭平台 VIIV（欢跃），AMD 推出 LIVE 平台。

国内外信息业界的广泛努力，无疑推动信息家电、数字家庭和家庭上网的发展。

6.9.6.2 宽带多媒体数据广播系统

在庞大的 Internet 信息空间中，每一用户所需信息只是一小部分，共性信息的需求才是大量的。80%的人对 Internet 上 20%的信息量感兴趣，而 20%的人对 Internet 上 80%的信息感兴趣。清华大学永新公司推出的基于 CATV 网的交互式多媒体数字数据广播系统，就是本着把 Internet 中 20%的信息量用广播的方式传给 80%的用户的思想，经过多年的研究，解决了提供共性信息海量下传的通道问题。

该系统以有线电视网为核心，建成一个遍布整个省、整个城市的信息服务中心，以满足社会对各种公用信息的需求。系统的特点是：

- 投资少，对有线网的质量要求较低，只要在有线网前端安装本系统播放装置，用户在计算机上安装接收卡即可接收；
- 误码率低，在信噪比为 19dB 时，误码率在 10^{-8} 以下；
- 数据量大，由于有线电视网的数据通路宽，数据可大量地传输，用户除了接收电视节目外，还可搜集、查询大量的多媒体信息；
- 可持续发展，系统采用开放型结构，在线路负荷范围内，节目资源可以任意地加减，服务项目可以任意地增删；
- 无滞后的同步性，对于一些需要实时播报的信息，由于以上特点，可以实现实时直播，如远程教育、股市行情、实时播报等；
- 信息丰富，可开展多项业务，国内国际重要新闻、知名网校同步教学、清华大学等高校的远程教育课程、股市最新动态即时评说、数十种电子报刊、著名网站精彩放送、数十张图片新闻、中高考考试指导、专业技能培训课程等。

6.9.6.3　WAP 无线应用协议及无线手机接入方式

WAP 是 Wireless Application Protocol 的缩写，即无线应用协议。这是一个使用户借助无线手持设备（如掌上电脑、手机、呼机和智能电话等）获取信息的安全标准。1997 年 6 月，移动通信界的四大公司爱立信、摩托罗拉、诺基亚和无线星球组成了无线应用协议（WAP）论坛，目的是建立一套适合不同网络类型的全球协议规范。它的出现使移动 Internet 有了一个通行的标准，标志着移动 Internet 标准的成熟。

2000 年 3 月 28 日，中国移动通信集团公司在上海、北京、天津、广州、杭州、深圳等 6 大城市同时开通全球通 WAP 商用试验网。

WAP 业务的开通为 Internet 与移动通信之间架起了一座应用平台。WAP 业务为具有数据业务功能的手机用户提供直接上网的功能。用户通过手机访问各类 WAP 站点，即可直接从手机上获取专门为 WAP 用户定制的内容，包括新闻、天气预报、股票信息、航班和车次信息、体育信息等。通过特定的站点和技术，还可以获得更多的业务内容，比如，通过手机炒股，通过手机实现银行账户的管理、在线订票服务等。WAP 业务以其移动性、灵活性、个人化、信息实时性、信息简短而受到全球手机用户的青睐。据预测，到 2004 年全球互联网用户将突破 10 亿，其中约有 3.5 亿用户将通过移动方式接入互联网。如果你的手机等无线手持设备支持 WAP，那么你大可试一试。用户可以通过 WAP 手机登录到 158 海融证券网的 WAP 网址 wap.158.china.com 浏览。

6.9.6.4　移动电话上网

笔记本电脑以其强大的处理功能、便利的移动特性深受用户欢迎，尤其适用于经常出差或野外办公的人们。目前上网大都采用普通电话拨号，对于移动办公的用户也许会遇到周围找不到电话上网的情况，如果这种情况经常出现，就不得不考虑使用移动电话上网。

现在笔记本电脑的无线数据通信方式多采用"笔记本电脑+FAX/modem 卡+数据连接设备+手机"的方式。关键是 FAX/modem 卡与手机的连接，需要采用数据连接设备（专用串口线）直接连到手机上，依靠软件驱动，就能使笔记本电脑连接到 GSM 网上，从而进一步实现对 Internet 的访问。这种方案虽然方便，其主要缺陷在于 FAX/modem PC 卡为专用卡，只有个别型号的卡和手机可用，数据连接设备也为专业，费用较高且操作不够简易。

为了克服上述缺陷，许多厂家推出了带有红外接口的笔记本电脑，这个红外接口可以用来打印和连接手机上网，当然，这要求手机也带有红外功能。还有更方便的方法，例如诺基亚 PC 卡，集 FAX/Modem PC 卡与无线收发装置于一体，用户只需将自己的 SIM 卡（也就是上 GSM 网的手机号卡）插入，即可实现笔记本电脑的无线数据传输。这种 PC 卡体积只比普通 PC 卡略长，它无须专用的连接设备，没有对手机型号的限制，操作更简单，适用于目前市场上主流的各种笔记本。虽然在速度上还受着我国 GSM 网 9600b/s 传输速率的限制，传输活动等对传输速度有较高要求的功能还不能充分发挥，但能较好地发挥笔记本电脑的移动性能。

Cisco 和摩托罗拉结盟计划在四五年内，共同投资 10 亿美元，建设一个无线 Internet。计划通过无线播送 IP 信号，来推动开发一种新型的先进产品和服务，其主导思想是把无线设备的方便性和移动性与存取 Internet 大量信息的能力结合起来。通过一个无线 Internet，将能够随时地进行数据、语音和视频一体化通信。例如，销售人员可以使用便携式设备，安全地访问公司网络中更新、更近的客户信息；出版商和广播公司则可以为用户按需播送数据、语音和视频节目。

小结

　　因特网 Internet 是当今世界上最大的国际性互联网络，它主要建立在基于 TCP/IP 协议基础上，采用客户机/服务器的工作模式向人们提供以下服务：WWW 服务、E-mail 服务、DNS 域名系统、FTP 服务、数据库服务和多媒体技术网络应用等。掌握 Internet 相关技术和应用越来越成为人们生活中必要的工具，通过它，可以实现各种形式的信息交流和应用，包括数字、文字、图纸、声音和影像等。

习题

1. Internet 的域名系统有哪些具体的规定？
2. Internet 上一台主机的域名与它的 IP 地址之间有什么关系？
3. 中国国内互联网络的用户域名有何规定？
4. 互联网能提供哪些基本的服务和应用？
5. 联入 Internet 的方式有哪几种？各有什么特点？
6. 什么是 ADSL？
7. 综述 Internet 在中国的发展。

第7章

电子商务与网页制作

电子商务是通过基于 Internet 的信息技术与传统商务活动的背景下相结合应运而生的一种相互关联的动态商务活动，这种基于 Internet 的电子商务给传统的交易方式带来了一场革命。通过在网上网页的制作来展示相关的信息，并自由安全准确地传输信息，Internet 实现了低成本、高效率的经营模式，这就是电子商务。因此，电子商务通过 Internet 技术将参与商务活动的各方，商家、顾客、银行或金融机构、信用卡公司、证券公司和政府等统一地处在一个统一体中，全面实现网上在线交易过程的电子化。

7.1 电子商务的概念及功能

7.1.1 电子商务的概念

1997 年 11 月，国际商会在法国首都巴黎举行了世界电子商务会议。全世界的商业、信息技术、法律等领域的专家和政府部门的代表，共同探讨了电子商务的概念问题。这是迄今为止电子商务最有权威的概念阐述：

电子商务（electronic commerce），是指实现整个贸易活动的电子化。从涵盖范围方面可以定义为：交易各方以电子交易方式而不是通过当面交换或直接面谈方式进行的任何形式的商业交易；从技术方面可以定义为：电子商务是一种多技术的集合体，包括交换数据（如电子数据交换、电子函件）。获得数据（如共享数据库、电子公告牌）以及自动捕获数据（如条形码）等。

美国 IBM 公司给出的电子商务的概念是：电子商务是指采用数字化电子方式进行商务数据交换和开展商务业务活动。这是在互联网上的一种相互关联的动态商务活动。

美国政府给出的定义为：电子商务是通过 Internet 进行的各项商务活动，包括广告、交易、支付、服务等活动，全球电子商务将会涉及全球各国。

联合国经济合作和发展组织给出的定义为：电子商务是发生在开放网络上的包含企业之间、企业和消费者之间的商业贸易。

通俗地讲，电子商务就是在计算机网络（主要指 Internet 网络）的平台上，按照一定的标准开展的商务活动。狭义的指利用 Web 提供的通信手段在网上进行的交易（ecommerce）。广义的指利用电子技术进行的全部商业活动（e-business）。

从微观角度说，电子商务是指各种具有商业活动能力的实体（生产企业、商贸企业、金融机构、政府机构、个人消费者等）利用网络和先进的数字化传媒技术进行的各项商业贸易活动。

尽管这些定义描述形式不同，侧重点也不同，但它们却有共同的内容。归纳起来，迄今为止，人们所谈及的电子商务，是指在全球各地广泛的商业贸易活动中，通过信息化网络所进行并完成的各种商务活动、交易活动、金融活动和相关的综合服务活动。其实质和目标仍为商务活动，信息化网络只是一个工具，电子商务在经济发展中固然有越来越重要的作用，但如果完全抛弃传统的商务方式，电子商务将不复存在。

电子商务（e-business，e-commerce，e-trade）从英文的字面意思上看就是利用现代先进的电子技术从事各种商业活动的方式。电子商务的实质应该是一套完整的网络商务经营及管理信息系统。再具体一点，它是利用现有的计算机硬件设备、软件和网络基础设施，通过一定的协议连接起来的电子网络环境进行各种各样商务活动的方式。这是一个比较严格的定义，说得通俗一点，电子商务一般就是指利用国际互联网进行商务活动的一种方式，例如，网上营销、网上客户服务以及网上做广告、网上调查等。

Internet 上的电子商务可以分为 3 个方面：信息服务、交易和支付。主要内容包括：电子商情广告，电子选购和交易、电子交易凭证的交换，电子支付与结算以及售后的网上服务等。参与电子商务的实体有 4 类：顾客（个人消费者或企业集团）、商户（包括销售商、制造商、储运商）、银行（包括发卡行、收单行）及认证中心。

电子商务是 Internet 爆炸式发展的直接产物，是网络技术应用的全新发展方向。Internet 本身所具有的开放性、全球性、低成本、高效率的特点，也成为电子商务的内在特征，并使得电子商务大大超越了传统贸易形式所具有的价值，它不仅改变企业本身的生产、经营、管理活动，而且将影响到整个社会的经济运行与结构。具备以下几个特点：

（1）电子商务将传统的商务流程电子化、数字化，一方面以电子流代替了实物流，可以大量减少人力、物力，降低了成本；另一方面突破了时间和空间的限制，使得交易活动可以在任何时间、任何地点进行，从而大大提高了效率。

（2）电子商务所具有的开放性和全球性的特点，为企业创造了更多的贸易机会。

（3）电子商务使企业可以以相近的成本进入全球电子化市场，使中小企业有可能拥有和大企业一样的信息资源，提高了中小企业的竞争能力。

（4）电子商务重新定义了传统的流通模式，减少了中间环节，使生产者和消费者的直接交易成为可能，从而在一定程度上改变了整个社会经济运行的方式。

（5）电子商务一方面破除了时空的壁垒，另一方面又提供了丰富的信息资源，为各种社会经济要素的重新组合提供了更多的可能，这将影响到社会的经济布局和结构。

当然要实现完整的电子商务还会涉及很多方面，除了买家、卖家外，还要有银行或金融机构、政府机构、认证机构、配送中心等机构的加入才行。由于参与电子商务中的各方在实际上是不见面的，因此整个电子商务过程并不是现实世界商务活动的翻版，网上银行、在线电子支付等条件和数据加密、电子签名等技术在电子商务中发挥着重要的不可或缺的作用。

7.1.2　电子商务的不同分类

电子商务按照不同的标准、不同的对象，有不同的分类方式。

（1）按照参与电子商务交易的涉及对象或参与商业过程的主体不同，可以将电子商务的构成分为 4 种类型。

①　企业与消费者之间的电子商务（Business to Customer 即 B to C，B2C），如顾客在网上购物；

②　企业与企业之间的电子商务（Business to Business 即 B to B，B2B），如两个商业实体之间在网上进行交易；

③　企业内部电子商务，即企业内部，通过 intranet 的方式处理与交换商贸信息；

④　企业与政府方面的电子商务（Business to Government，B to G，B2G）。

（2）按电子商务应用领域范围可分为 6 类。

①　B to B（B2B）：网上采购。

②　B to C（B2C）：网上购物。

③　B to G（B2G）：网上招标。

④　C to C（C2C）：网上拍卖。

⑤　C to G（C2G）：网上报税。

⑥　G to G（G2G）：电子政务。

（3）按照电子商务交易所设计的商品内容可分为间接电子商务（电子商务设计商品是有形货物的电子订货）与直接电子商务（电子商务涉及商品是无形的货物和服务）。

（4）按商业活动运作方式可以分为：

①　完全电子商务　即可以完全通过电子商务方式实现和完成整个交易过程的交易。

②　不完全电子商务　即无法完全依靠电子商务方式实现和完成整个交易过程的交易，它需要依靠一些外部因素，如运输系统等来完成。

（5）按照开展电子商务业务的企业所使用的网络类型，可分为如下 3 种形式。

①　EDI（Electronic Data Interchange，电子数据交换）网络电子商务。

②　互联网络（Internet）电子商务。

③　内联网络（intranet 网络，）电子商务，是指在一个大型企业内部或一个行业内开展的电子商务活动，形成一个商务活动链。

7.1.3　电子商务交易的基本流转程式

电子商务是一种商务活动，其操作活动不可避免地有买卖过程，也就是交易过程，它既有传统商务的共性，也有其自己的特点。

电子商务的交易过程大致可分为 4 个阶段：

（1）交易前的准备；

（2）交易谈判和签订合同；

（3）办理交易进行前的手续；

（4）交易合同的履行和索赔。

不同类型的电子商务交易，虽然都包括上述 4 个阶段。但其流转程式是不同的。对于 Internet 商业来讲。大致可以归纳为两种基本的流转程式，即网络商品直销的流转程式和网络商品中介交易的流转程式。

1. 网络商品直销的流转程式

网络商品直销的流转程式如图 7.1 所示。可以看出，网络商品直销过程可以分为以下 6 个步骤：

（1）消费者进入互联网，查看在线商店或企业的主页；

（2）消费者通过购物对话框填写姓名、地址、商品品种、规格、数量和价格；

（3）消费者选择支付方式，如信用卡、电子货币或电子支票等；

（4）在线商店或企业的客户服务器检查支付方服务器，确认汇款额是否认可；

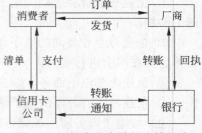

图 7.1　网络商品直销的流转程式

（5）在线商店或企业的客户服务器确认消费者付款后，通知消费部门送货上门；

（6）消费者的开户银行将支付款项传递到消费者的信用卡公司，信用卡公司负责发给消费者收费清单。

为保证交易过程中的安全，往往需要有一个认证机构对在互联网上交易的买卖双方进行认证，以确认他们的身份。

上述过程应当在 SET 协议下进行。SET 协议是有 MasterCard 和 Visa 与 IBM、Microsoft、Netscape、SUN、Oracle 等公司共同开发的安全电子交易的 4 个环节中，即从消费者、商家、支付网关到认证中心，这些公司均有相应的解决方案。

网络商品直销的优势之处，在于它能够有效地减少交易环节，大幅度地降低交易成本，从而降低消费者所得到的商品最终价格。在传统的商业模式中，企业和商家不得不拿出很大一部分奖金用于开拓分销渠道。分销渠道的扩展，虽然扩大了企业的分销范围，加大了商品的销售量。但同时也意味着更多分销商的参与。无疑，企业不得不让出很大一部分的利润给分销商，用户也不得不承担高昂的价格，这是生产者和消费者都不想看到的。电子商务的网络直销可以很好地解决这个问题：消费者只需输入厂家的域名，访问该厂家的主页，即可清楚地了解所需商品的品种、规格、价格等情况，而且主页上的价格既是出厂价。同时也是消费者所接受的最终价。这样就达到了完全竞争市场条件下出厂价格和最终价格的统一，从而使厂家销售利润大幅度提高，竞争能力不断增强。

从另一方面讲，网络商品直销还能有效地减少售后服务的技术支持费用。许多使用中经常出现的问题，消费者都可以通过查阅厂家的主页而找到答案，或者通过 E-mail 与厂家技术人员直接交流。这样，厂家可以大大减少技术服务人员的数量，减少技术服务人员出差的频率，从而进一步降低了企业的经营成本。

网络商品直销的不足之处主要表现在两个方面：

① 购买者只能从网络上判断商品的型号、性能、样式和质量，对实物没有直接的感知，在很多情况下可能产生错误的判断，而某些生产者也可能利用网络广告对自己的产品进行不实的宣传，甚至可能打出虚假广告欺骗顾客；

② 购买者利用信用卡进行网络交易，不可避免地要将自己的密码输入计算机，由于新技术不断涌现，犯罪分子可能利用各种高新科技的作案手段盗取密码，进而盗窃用户的资金，这种情况不论是在国外还是在国内，均有发生。

2．网络商品中介交易的流转程式

网络商品中介交易是通过网络商品交易中心，即虚拟网络市场进行的商品交易。在这种交易过程中。网络商品交易中心以互联网为基础，利用先进的通信技术和计算机软件技术，将商品供应商、采购商和银行紧密地联系起来，为客户提供市场信息、商品交易、仓储配送、货款结算等全方位的服务。其流转程式如图 7.2 所示。

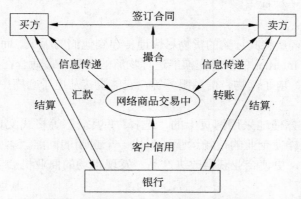

图 7.2　网络商品中介交易的流转程式

7.2　电子商务的功能

电子商务可提供网上交易和管理等全过程的服务，因此它具有广告宣传、咨询洽谈、网上订购、网上支付、电子账户、服务传递、意见征询、交易管理等各项功能。

1．广告宣传

电子商务可凭借企业的 Web 服务器和客户的浏览，在 Internet 上发布各类商业信息。客户可借助网上的检索工具迅速地找到所需商品信息。而商家可利用网上主页和电子邮件在全球范围内做广告宣传。与以往的各类广告相比，网上的广告成本最为低廉，而给顾客的信息量最为丰富。

2．咨询洽谈

电子商务可借助非实时的电子邮件、新闻组和实时的讨论组（chat）来了解市场和商品信息、洽谈交易实物，如有进一步的需求，还可用网上的白板会议（whiteboard conference）来交流即时的图形信息。网上的咨询和洽谈能超越人们面对面洽谈的限制、提供多种方便的异地交谈形式。

3．网上订购

电子商务可借助 Web 中的邮件交互传送实现网上订购，网上订购通常都是在产品介绍的页面上提供十分友好的订购提示信息和订购交互格式框。当客户填完订购单后，通常系统会回复确认信息单来保证订购信息的收悉。订购信息也可采用加密的方式使客户和商家的商业信息不会泄露。

4．网上支付

电子商务要成为一个完整的过程，网上支付是重要的环节，客户和商家之间可采用信用卡账号实施支付。在网上直接采用电子支付手段将可省略交易中很多人员的开销。网上支付将需要更为可靠的信息传输安全性控制以防欺骗、窃听、冒用等非法行为。

5. 电子账户

网上的支付必须要有电子金融来支持，即银行或信用卡公司及保险公司等金融单位要为金融服务提供网上操作的服务，而电子账户管理是其基本的组成部分。信用卡号或银行账号都是电子账户的一种标志。

6. 服务传递

对于已付了款的客户将其订购的货物尽快地传递到他们的手中。而有些货物在本地，有些货物在异地，基于 Internet 的信息交换能进行物流的调配。最适合在网上直接传递的货物是信息产品，如软件、电子读物、信息服务等，它能直接从电子仓库中将货物发到用户端。

7. 意见征询

电子商务能十分方便地采用网页上的"选择""填空"等格式文件来收集用户对销售服务的反馈意见，这样使企业的市场运营能形成一个封闭的回路。客户的反馈意见不仅能提高售后服务的水平，更使企业获得改进产品、发现市场的商业机会。

8. 交易管理

整个交易的管理将涉及人、财、物多个方面，企业和企业、企业和客户及企业内部等各方面的协调和管理。因此，交易管理是涉及商务活动全过程的管理。

电子商务的发展，将会提供一个良好的交易管理的网络环境及多种多样的应用服务系统。这样，能保障电子商务获得更广泛的应用。

7.3 怎样构建电子商务平台

要开展电子商务，首要的工作是建立起开展电子商务的平台，所谓电子商务平台，就是建立在互联网上的商店。这个"商店"，与日常所见到的商店有所不同，日常所见到的商店是有固定地点、有货架、有款台的实实在在的东西。而建立在互联网上的"商店"，则是一个"虚拟商店"，这个商店拥有传统意义商店的所有功能：可以陈列商品、可以让顾客选购、可以结算、可以送货上门、可以提供售后服务等；但是，与传统意义商店不同的是，它不需要租店面，不需要购置货架，不需要雇用大量的售货员，和传统意义的商店比起来，它的运营更经济，也更富有效率。就目前的技术发展趋势来说，尽管广义的电子商务的形式是多样的，但速度最快、普及最广的莫过于 Internet，所以现在所谈到的电子商务平台的构建，从技术的实用性上来说，就是 Web 平台的建设。要建立一个可开展电子商务的平台，要完成以下一些工作。

7.3.1 ISP 及接入方式的选择

目前，国内提供 Internet 接入的服务提供商及其代理已有很多，在选择 ISP 时主要考察以下 4 个方面的问题。

1. ISP 出口带宽接入用户数

ISP 是否具有独立国际出口、其出口带宽接入用户数、二级代理接入上级 ISP 的带宽是衡量一个 ISP 接入能力的 3 个重要参数，"出口带宽"是指 ISP 本身以多高的速率连接到 Internet 或其上级 ISP。如果采用拨号方式接入 Internet，就要注意 ISP 所能提供的中继线的数量。例如，某 ISP 有 10 条中继线则至多只能支持 10 个用户同时上网。若不巧你是第 11 个用户就会得到"占线"的提示，无法上网。

2. 考虑 ISP 提供的服务种类、技术支持能力

用户上网的目的是要获取和发布信息或进行某种业务交易，所连接的 ISP 应能提供足够的、有价值的信息，有足够的技术力量和设备对用户的业务进行技术支持，并保证用户交易的安全。

3. 考虑 ISP 的服务费用问题

ISP 提供连接 Internet 的服务，同时收取一定的费用，也就是人们所说的网费，不同的 ISP 收费的形式不同，如果网费是其中一个决定因素的话，那么要根据自己使用 Internet 网的总时间和时段的情况，决定该向哪个 ISP 申请账户和选择该 ISP 提供的哪项收费服务。

4. Internet 的接入方式

一般有两种方式：一种为服务器托管方式，另一种为通过公用网络接入方式。

服务器托管方式，即信息载体的服务器由 ISP 托管。采用这种方式可省去公用网络接入的费用，缩短建设周期。这种方式常用于建站初期及电子商务企业的自身技术和资金均有限的情况。如果企业自身有足够的实力，又想有较大的自主性和安全性的话，就可考虑租用专线并通过 ChinaNet、ChinaPAC 等公用网接入，在公用网络带宽大大增加的情况下，这种方式的选用对用户来说，带宽不是大的问题。

7.3.2　站点准备

1. 向 ISP 申请 IP 地址及申请域名

在申请域名时要注意申请符合规范的域名。国内的商用域名一般以 com.cn 结尾，大部分 ISP 可免费帮助用户注册域名，甚至可注册以.com 结尾的域名（见图 7.3）。

2. 硬件设备的购置及网络的建设

硬件设备包括服务器、工作站（PC）及各种网络设备。硬件尤其是服务器的选型应充分考虑到站点可能的信息容量、提供的服务种类、每日的点击率（hits）以及站点发展的需求。这种选择一般可交由专业性的公司，他们可利用自己的专业优势提供较好的解决方案。

3. 确定提供服务种类及选用合适的服务器软件

Internet 可提供的服务有很多，在选择服务种类时应充分考虑各种服务的信息流量，考虑服务器的处理能力及对安全性要求不是很严格时，它是一个理想的选择。

4. 信息的采集、整理和站点的定位

一个站点不可能包含所有的信息，面面俱到不可能设计出好的站点来，因此，在建站初期就应有明确的指导方针，确定站点的发展方向，涉及几个拳头性的服务项目，通过在某一领域的知识积累确定自己在这一领域内相应的目标市场。

5. 选择合适的数据库后台支持

为了完成对大量数据的有效管理和及时更新，需要利用数据库管理系统对数据进行管理，根据自身需要，用户可以选择适当的数据库产品。

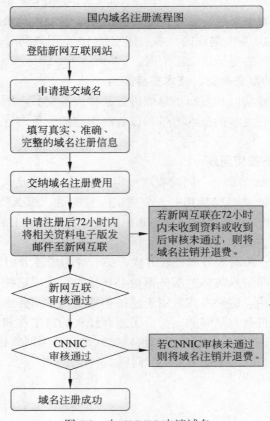

图 7.3   向 CNNIC 申请域名

7.3.3   总体设计

在前期准备工作完成后，接下来的工作是要对电子商务平台的设计进行总体设计和规划。这可分为两个层面，一个是从技术的层面，另一个是从业务的层面。

从技术的层面上说，电子商务平台的建设是一个信息系统的建设过程，因此它应当遵循信息系统建设的一般规律，有一个从系统分析、系统设计、系统实施到系统转换的全过程，而且还应考虑到信息系统的建设是一种长期的、动态的投资，需要根据企业或组织的发展做出恰当的分步骤的规划。

从业务的层面来分析，应明确建立电子商务平台的目的是为了开展商务活动，平台的建设应与业务的拓展相适应。

7.3.4   站点建设和维护

在经过系统分析、系统设计之后，就可以进入到系统实施，即站点的建设阶段了。站点的建设是一个系统工程，需要计算机人员、业务人员以及企业的决策层参与，从界面的设计、内容的提供到技术的选择都应给以高度重视，因为电子商务平台最终将成为企业的战略资源。

站点的建设是一个动态过程，不断会有新的内容、新的页面的加入，在设计阶段就应充分考虑到站点的维护性能。站点的整体框架应具有开放性、动态性和扩展性。站点的维护是一个长期性的工作，其目的是提供一个可靠、稳定的系统，使信息与内容更加完整、统一，并使内容更加丰富，不断满足用户更高的要求。

另外，平台与企业中的最基础、最敏感的经济信息有关，其安全性显得尤为重要。因此，在平台建设中采用适当的安全技术，对于保护企业利益，更好地发挥平台的作用是很重要的。

7.3.5　网络站点促销

企业把产品推介到目标市场的过程就是促销，它是厂商拓展市场的重要方法和手段。网络促销应其自身的特点和形式，也被各企业争相采用。

1．网络促销的概念、分类与应用

网络促销是指利用现代化的网络技术向虚拟市场传递有关商品和劳务的信息，以启发需求，引起消费者购买欲望和购买行为的各种活动。

网络促销活动主要分为旗帜广告促销和网络站点促销两大类。前者是指通过信息服务商（ISP）进行广告宣传，开展促销活动；后者主要是利用企业自己的网络站点树立企业的形象，宣传产品，开展促销活动。这是两种促销方法，各有自身的特点和优势。

网络促销的作用主要表现在以下几个方面：

- 告知功能。网络促销能够把企业的产品、服务、价格等信息传递给公众，引起他们的注意。
- 说明功能。网络促销的目的在于通过各种有效的方式，解除公众对产品或服务的疑虑，说服公众坚定购买决心。
- 反馈功能。网络促销能够通过电子函件及时地收集和汇总顾客的需求和意见，迅速反馈给企业管理层。
- 创造需求。运作良好的网络促销活动，不仅可以诱导需求，而且可以创造需求，发掘潜在的顾客，扩大销售量。
- 稳定销售。企业通过适当的网络促销活动，树立良好的产品形象和企业形象，以达到稳定销售的目的。

2．旗帜广告促销

就目前来讲，网络广告的形式大致可以分为 3 类。一种形式是在互联网上建立介绍公司及产品的 FTP、Gopher、WWW 广告服务器，由感兴趣的读者自己来查阅这些广告。但这种形式需要花费巨额投资，是一般企业所不能承受的。另一种形式是向广告服务商租用空间，自己进行广告发布。这种形式的价格较第一种形式便宜许多，但由于不与热门站点相连接，点击率不高，广告效果不明显。第三种形式是在热门站点上做旗帜广告。这种方法投资最少，效果最佳，是目前网络上应用最广泛的一种广告形式。

在网络漫游时，网民们经常会发现，绝大多数的网页中都有各种各样的图片广告，有的是静态的，更多的是动态的，文字和图片像放电影似的出现。这些图片多为长方形或正方形，设计和制作都很精致，色彩鲜艳，富有强烈的吸引力，常常会吸引你用鼠标点击它们。当你有意或无意地点击后，这些图片会引导你去浏览一个新的网页。此时，设置图片的人就达到了宣传网址和广告的目的。这种方法所做的广告就叫做旗帜广告，其英文说法为 banner advertisement。旗帜广告以 GIF、JPG 等格式建立图像文件，定位在网页中，大多用来表现广告内容，同时还可以使用如 Java 等语言使其产生交互性，用 Shockwave 等插件工具增强表现力。

3. 网络站点促销

电子商务的发展最终要求企业必须建立自己的站点以形成最终的虚拟社区，以形成稳定的消费群体。

企业要实行网络站点促销，首先必须建立出色的网络站点。什么样的网络站点是出色的站点呢？根据成功站点的实践，总结出以下几个方面。

- 技术融合量：指站点上 Plug-in、Java、JavaScript、VBScript 和 VRMLD 的使用，以及加载各种页面的时间。
- 用户界面的质量：站点的友好用户界面、页面布局、图片的质量和对它们的适当应用，以及文字的可读性，这一项是评估的重点。
- 方便灵活的导航：栏目、检索引擎、导航按钮、所列链接的有效性和正确性。
- 产品和服务信息：根据公司的产品和服务在规定站点提供的动态或静态信息。
- 公司数量和质量：评定站点所提供的公司信息，考察它的背景、求职机会、合作消息、研究报告、数据和调研报告等。这一项也是评估的重点。
- 商业贸易：一个站点是否能实现在线订购业务处理，是否能实现在线服务请求。
- 信息交互：站点必须具有内联网（intranet）和外联网（extranet）功能。

同时建设一个好的网络站点，根本目的是要实现较高的网络浏览率和点击率。只有大量的网民访问，才有可能实现网络销售上的根本性突破。要真正实现吸引网民的注意和稳定的浏览率，其根本是网站要有实质性的内容，能给网民带来知识和有价值的消息。不过，在现代经济时代，"酒好也怕巷子深"网络站点在有好的内容的同时，也不能少了站点自身的促销，以提高其知名度。提高站点访问率有以下一些方式可以借鉴。

1）举办网络促销活动，引发顾客的参与意识

网络购物是一种崭新的买卖方式，消费者一开始往往对此存有戒心。为了能够在自己的网站上把电子商务这一先进营销方式推开，网上商店需要开展多种形式的促销活动，引发顾客的参与意识，吸引老客户重复上网访问，吸引潜在客户尝试性上网访问。一旦顾客亲自体验到网络交易活动的益处后，他们就会接受这一新生事物，并通过顾客的宣传而传播。典型的顾客参与活动可以是举办网上比赛、问题征答、抽奖活动、畅销产品排名、申请优惠卡、有奖注册等，更深入的活动可以让顾客了解公司和产品的情况，包括公司的历史、发展等。顾客最大的乐趣在于买到价廉物美的产品。

2）"免费"手段与折扣手段的应用

在互联网中，"免费"一词的使用频率是最高的。但"免费"在不同的地方有不同的含义。在旗帜广告中，"免费"并不意味着要免费赠予物品或所有的服务，而是蕴含着另一层意思，即浏览者可以自由点击旗帜广告，免费浏览网页内容，不必支付任何费用。在站点促销中，"免费"则意味着提供免费的产品、服务和应用工具软件等。例如，软件生产商

可以在站点上提供将要发行的新软件的试用版或有限时间和范围的正式版，以供大家免费下载。书刊发行者可以在网上提供书刊的封面、目录以及精彩片段以吸引网民。对于实体商品，可以采用邮寄样品的方式，但这种方法成本较高。

折扣，即让价，是指企业对标价或成交价款实行降低部分价格或减少部分价款的促销方法。在传统的促销活动中，折扣是历史最为悠久但至今仍颇为风行的一项极为重要的促销手段。在网络促销中，折扣手段也得到了广泛的应用。例如，在网页中以显著的标志标明了折扣商品信息，或者通过发放优惠卡的形式。也有的网上商店为了培养"重视的浏览者"，对每一位有意消费的消费者发放一张优惠卡。该优惠卡按消费者在网上消费金额的多少打分，再按分数的多少赠送礼品。这样做不仅可以把消费者牢牢地吸引到自己的网站上，而且还可以加深在线商店与网民间的感情。

3）学会使用旗帜广告交换服务网络

在旗帜广告的运作过程中，必须留意并充分利用一些专门从事全球范围内的旗帜广告自由交换服务的网络，这些网络以加盟者之间互惠互利、互为免费为原则，开展广泛的旗帜广告交流活动，受到众多厂商的欢迎。"网盟"（Web Union）和 Link Exchange 就是两个著名的旗帜广告交换服务网络。

7.4　交易支付方式与网上购物

电子支付是电子商务中一个极为重要的关键性的组成部分。电子商务较之传统商务的优越性，成为吸引越来越多的商家和个人上网购物和消费的原动力。然而，如何通过电子支付安全地完成整个交易过程，又是人们在选择网上交易时所必须面对，而且是首先要考虑的问题。

7.4.1　传统的支付方式

电子支付的技术设计是建立在对传统的支付方式的深入研制基础上的。这是因为人们总是通过传统支付方式来比较电子支付的。所以，在讨论传统的支付方式之前，有必要对传统支付方式进行一次再认识。这里所说的传统支付方式，是指目前人们常用的 3 种支付方式——现金、票据和信用卡。

1．现金

现金有两种形式，即纸币和硬币，一般由国家的中央银行发行。在现金交易中，买卖双方处于同一个位置，而且交易是匿名进行的。交易的保证由现金本身实现，其价值由国家中央银行保证。因此这种交易方式程序上非常简单：一手交钱，一手交货。它的缺点是：受时间和空间的限制，对于不在同一时间、同一地点进行的交易，就无法采用现金支付方式；现金表面金额的固定性意味着大宗交易中需携带大量的现金，这种携带的不变性以及由此产生的不安全性，在一定程度上限制了现金作为支付手段的采用。

2．票据

在这里，票据专指票据法所规定的汇票、本票、支票。它们是出票人依《票据法》发行的、无条件支付一定金额或委托他人无条件支付一定金额给受款人或持票人的一种文书凭证。商业交易中的异地交易若用现金交易，一则麻烦，二则安全性也是一个大问题。但若以票据作为清偿手段，则可以很好地解决这一问题。以支票为例，在交易中，支票由买方签名后立即生效，故而买卖双方无须处于同一位置。其交易过程为，买卖双方就商品买卖达成一致并签订合同后，买方向卖方签发预先从银行取得的支票，卖方见票后发货，接着卖方将支票交给银行，要求银行付款，银行见票付款。用票据进行交易使交易突破了同时同地的局限，使大宗交易成为可能。但它也存在着增加交易成本、票据遗失、伪造等问题。

3. 信用卡

信用卡是银行或金融公司发行的、授权持卡人在指定的商店或场所进行记账消费的信用凭证。在现代经济社会中，由于其多功能、高效便捷，使它得到了广泛的应用。

在信用卡交易中，发卡人从买卖双方身上都能获利，因而这种交易方式费用较高。此外，信用卡都有一定的有效期，需要定期更换。而且，信用卡遗失也是持卡人最为担心的问题。

7.4.2　电子支付的方式

随着计算机技术的发展，电子支付的方式越来越多，这些支付方式仍然可以分为 3 大类。一类是电子货币类，如电子现金、电子钱包等；另一类是电子信用卡类、包括智能卡、借记卡、电话卡等；还有一类是电子支票类，如电子支票、电子汇款（EFT）、电子划款等。这些支付方式各有自己的特点和运作模式，适用于不同的交易过程。这里主要介绍智能卡、电子现金、电子钱包和电子支票。

1. 智能卡

使用智能卡（smart card 或 IC）支付，首先要启动用户的浏览器，再通过安装在 PC 上的读卡机，由用户的智能卡登录到为用户服务的银行 Web 站点上，智能卡会自动告知银行用户的账号、密码和其他一切加密信息；完成这两步操作后，用户就能够从智能卡中下载现金到厂商的账户上，或从银行账号下载现金存入智能卡，例如，用户想购买一束价值 20 元的鲜花，当用户在花店选中了满意的花束后，将用户智能卡插入到花店计算机中，登录到用户的发卡银行，输入密码和花店的账号，片刻之后，花店的银行账号上增加了 20 元，而用户的现金账面上正好减少了这个数，当然，用户买到了一束鲜花（见图 7.4）。

2. 电子现金

电子现金（E-cash）是一种以数据形式流通的货币。它把现金数值转换成一系列的加密列数，通过这些序列数来表示现实中各种金额的币值。用户在开展电子现金业务的银行开设账户并在账户内存钱后，就可以在接受电子现金的商店购物了。当用户拨号进入 Internet 网上银行，使用一个口令（password）和个人识别码（PIN）来验明

图 7.4　智能卡

自身，直接从其账户中下载成包的低额电子"硬币"时，这时候电子现金才起作用。然后，这些电子现金被存放在用户的硬驱当中，直到用户从网上商家进行购买为止。为了保证交

易安全，计算机还为每个硬币建立随时选择的序号，并把这个号码隐藏在一个加密的信封中，这样就没有人可以搞清是谁提取或使用了这些电子现金。按这种方式购买实际上可以让买主无迹可寻，提倡个人隐私权的人对此很欢迎。

电子现金的支付过程可以分为以下 4 步：

（1）用户在 E-cash 发布银行开立 E-cash 账号，用现金服务器账号中预先存入的现金来购买电子现金证书，这些电子现金就有了价值，并被分成若干成包的"硬币"，可以在商业领域中进行流通。

（2）使用计算机电子现金终端软件从 E-cash 银行取出一定数量的电子现金放在硬盘上，通常不少于 100 元。

（3）用户与已同意接受电子现金的厂商洽谈，签订订货合同，使用电子现金支付所购商品的费用。

（4）接收电子现金的厂商与电子现金发放银行之间进行清算，E-cash 银行将用户购买商品的钱支付给厂商。

电子现金的流通过程如图 7.5 所示。

3. 电子钱包

电子钱包（electronic purse）是电子商务中购物顾客常用的一种支持工具，是在小额购物或购买小商品时常用的新式钱包。

使用电子钱包的顾客通常要在有关银行开立账号。在使用电子钱包时，将电子钱包

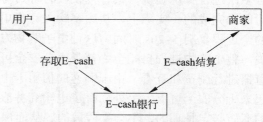

图 7.5　电子现金支付模式

通过有关的电子钱包应用软件安装到电子商务服务器上，利用电子钱包服务系统就可以把自己的各种电子货币或电子金融卡上的数据输入进去。在发生收付款时，如顾客需用电子信用卡付款，如用 Visa 卡或 Master 卡等收款时，顾客只要单击一下相应项目（或相应图标）即可完成。这种电子支付方式称为单击式或点击支付方式。

在电子钱包内只能装有电子货币，即装入电子现金、电子零钱、安全零钱、电子信用卡、在线货币、数字货币等。这些电子支付工具都可以支持单击式支付方式。

利用电子钱包在网上购物，通常包括以下步骤：

（1）客户使用浏览器在商家的 Web 主页上查看在线商品目录浏览商品，选择要购买的商品。

（2）客户填写订单，包括项目列表、价格、总价、运费、搬运费、税费等。

（3）订单可通过电子化方式从商家传过来，或由客户的电子购物软件建立。有些在线商场可以让客户与商场协商物品的价格（例如出示自己是老客户的证明，或给出了竞争对手的价格信息）。

（4）顾客确认后，选定用电子钱包付钱，将电子钱包装入系统，单击电子钱包的相应图标，电子钱包立即打开，然后输入自己的保密口令，在确认是自己的电子钱包后，从中取出一张电子信用卡来付款。

（5）电子商务服务器对此信用卡号码采用某种保密算法计算并加密后，发送到相应的银行去，同时销售商店也收到了经过加密的购货账单，销售商店将自己的顾客编码加入电子购货单后，再转送到电子商务服务器上。这里，商店对顾客电子信用卡上的号码是看不见的，

不可能也不应该知道。销售商店无权也无法处理信用卡中的钱款。因此，只能把信用卡送到电子商务服务器上处理。经过电子商务服务器确认这是一位合法顾客后，将其同时送到信用卡公司和商业银行，在信用卡公司和商业银行之间要进行应收款项和结算处理。信用卡公司将处理请求再送到商业银行请求确认并授权，待商业银行确认并授权后送回信用卡公司。

（6）如果经商业银行确认后拒绝并且不予授权，则说明顾客的这张电子信用卡的钱数不够用了或者是没有钱了，或者已经透支。遭商业银行拒绝后，顾客可以再单击电子钱包的相应项打开电子钱包，取出另一张电子信用卡，重复上述操作。

（7）如果经商业银行证明这张信用卡有效并授权后，销售商店就可交货。与此同时销售商店留下整个交易过程中发生往来的财务数据，并且出示一份电子收据发送给顾客。

（8）上述交易成交后，销售商店就按照顾客提供的电子订货单将货物在发送地点交到顾客或其指定的人手中。

到这里，电子钱包购物的全过程就结束了。购物过程中虽经过信用卡公司和商业银行等多次进行身份确认、银行授权、各种财务数据交换和账务往来等，但这些都是在极短的时间内完成的。实际上，从顾客输入订货单后开始，到拿到销售商店出具的电子收据为止的全过程仅用 5~20s 时间。这种电子购物方式十分省事、省力、省时。而且，对于顾客来说，整个购物过程自始至终都是十分安全可靠的。在购物过程中，顾客可以用任何一种浏览器进行浏览和查看。由于顾客的信用卡上的信息别人是看不见的，因此保密性很好，用起来十分安全可靠。另外，有了电子商务服务器的安全保密措施，就可以保证顾客去购物的商店必定是真的，不会是假冒。从而保证顾客安全可靠地购到货物。

总之，这种购物过程彻底改变了传统的面对面交易和一手交钱一手交货等购物方式，是一种很有效的而且非常安全可靠的电子购物过程，是一种与传统购物方式根本不同的现代高新技术购物方式。

4. 电子支票

电子支票（electronic check）是一种借鉴纸张支票转移支付的优点，利用数字传递将钱款从一个账户转移到另一个账户的电子付款形式。这种电子支票的支付是在与商户及银行相连的网络上以密码方式传递的，多数使用公用关键字加密签名或个人身份证号码（PIN）代替手写签名。用电子支票支付，事务处理费用较低，而且银行也能为参与电子商务的商户提供标准化的资金信息，因而可能是最有效率的支付手段。

使用电子支票进行支付，消费者可以通过计算机网络将电子支票发向商家的电子信箱，同时把电子付款通知单发到银行，银行随即把款项转入商家的银行账户。这一支付过程在数秒内即可实现。然而，这里面也存在一个问题，那就是：如何鉴定电子支票及电子支票使用者的真伪？因此，就需要有一个专门的验证机构来对此进行认证，同时，该验证机构还应像CA那样能够对商家的身份和资信提供认证。电子支票的交易流程如图 7.6 所示。

电子支票交易的过程可分为以下步骤：

（1）消费者和商家达成购销协议并选择用电子支票支付；

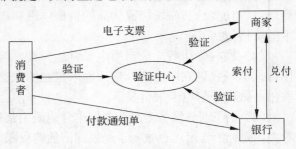

图 7.6　电子支票的交易流程

（2）消费者通过网络向商家发出电子支票，同时向银行发出付款通知单；

（3）商家通过验证中心对消费者提供的电子支票进行验证，验证无误后将电子支票送交银行索付；

（4）银行在商家索付时，通过验证中心对消费者提供的电子支票进行验证，验证无误后向商家兑付或转账。

7.4.3　网上银行

网上银行（internet banking），又称为网络银行、电子银行、虚拟银行，它实际上是银行业务在网络上的延伸，是信息革命在金融电子化领域的最新创意。网上银行依托迅猛发展的计算机和计算机网络与通信技术，利用渗透到全球每个角落的互联网，突破了银行传统的业务操作模式，把银行的业务直接在互联网上推出。这种新式的网上银行包括有虚拟家庭银行、虚拟联机银行、虚拟银行金融业以及以银行金融业为主的虚拟金融世界等，几乎囊括了现有银行金融业的全部业务，代表了整个银行金融业未来的发展方向。

1. 网上银行的业务与特色

美国安全第一网络银行（SFNB）是世界上第一家网上银行，也是目前最成功的一家网上银行。它从 1996 年就开始了网上金融服务，尽管在发展的过程中并非一帆风顺，但是这确实代表着一种全新业务模式和未来的发展方向。

从美国安全第一网络银行的运行情况看，网上银行提供的服务可以分为 3 大类：一类是提供即时资讯，如查询结存的余额、外币报价、黄金及金币买卖报价、定期存款利率的资料等；二类是办理银行一般交易，如客户往来、储蓄、定期账户间的转账、新做定期存款及更改存款的到期指示、申请支票簿等；三类是为在线交易的买卖双方办理交割手续。

2. 网上银行的安全措施

对于网上银行，银行界最关心的问题就是安全问题。传统的安全措施主要是利用防火墙来管理，然而在金融在线交易下，防火墙仍有其不足之处。防火墙是属于网络安全的产品，它主要是以监管网络协定（TCP/IP、HTTP、IPX 等）、通信包、网络服务及网址等方式来确保网络的安全，即扮演守门人的角色，以阻挡不当的信息及不合法的使用者侵入。但网上银行基本上是一个开放的环境，任何一个申请网上银行账户的客户均可合法进入。此外，防火墙也无法阻挡内部的破坏者。再者，黑客经常针对计算机操作系统、Web Server 及网络应用程序中可能包含未被清除的瑕疵进行攻击，由于防火墙属于应用环境的范畴，因此它无法提供足够的保护。在这方面，美国第一网络银行（SFNB）采用的是惠普公司研制的 HP 虚拟保险箱安全系统，它属于应用系统级的安全系统，可以弥补防火墙软件在这方面的不足。

7.5　网上购物的模式

7.5.1　网上购物模式

网上购物实际上是网上买卖的一种习惯用语，是 Internet 上电子商务诸多业务中的一种。目前网上购物的交易模式主要有 3 种，即商家对商家（B-to-B）、商家对客户（B-to-C）、客户对客户（C-to-C）的模式。

网上购物在美国推行得较早，发展相对成熟一些。经过一段时间的发展，目前"商家对客户"和"客户对客户（C-to-C）"的网上购物模式在美国比较成功。前者是传统的销售业务在网络上的一种延伸，具体体现是网上商场，例如亚马逊书店（http：//www.amazon.com）采用的是网上商场模式 eBay（http://www.ebay.com）、新浪网上商城（http://mall.sina.com.cn）等则采用了网上拍卖模式。

此外，还有一些网站将网上商场和网上拍卖结合起来，同时满足了 B-to-C 和 C-to-C 的交易要求，通过拍卖方式，客户可以买到便宜商品，并拍卖自己的商品；而采用购买方式，则可尽快得到商品。例如金色双湾（http://www.twinbays.com.cn）等采用的就是这种模式。

7.5.2　网上购物的具体操作方法

网上购物通常需要履行的程序包括挑选商品、订货、付费等。不同的网上商场具体操作可以略有不同。这里以新浪网为例，亲自体验一次网上购物经历，其他网站的购物方法也就触类旁通了（见图 7.7）。

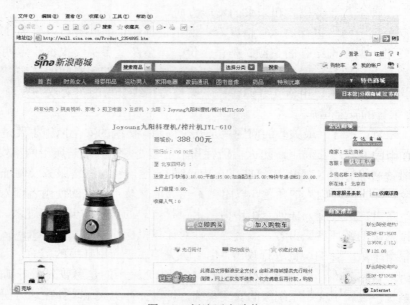

图 7.7　新浪网上购物

在新浪网上购物的具体步骤如下：

（1）首先应在地址栏中输入新浪网的网址：http://mall.sina.com.cn，按回车键即可打开该网上超市的网页。打开网页后即可在网上超市中挑选商品。可以按商品名称检索，进行商品挑选，也可以直接到列出的类别中随意挑选感兴趣的商品。

（2）选中以后，单击商品名称下面的"立即订购"超级链接。

（3）这时会有一个新的页面被打开，在该页面中输入订购数量，并单击"选定"按钮，此时会自动弹出对话框，单击对话框中的"确定"按钮。

（4）如果需要核查自己订购的商品，可单击"查看购物车"超级链接；若不核查而希望直接付费时，则单击"去收银台"超级链接。

（5）当核查商品时，若有必要，可根据屏幕的提示重新调整购物车内的商品数量；也可以通过单击"清空购物车"按钮清空购物车；当然也可以通过单击"继续购物"按钮继续挑选商品。挑选完毕，单击"去收银台"按钮进行付款。

（6）付款时首先须经过收银台的"会员通道"或"非会员通道"。会员通道是为已经称为会员的顾客设立的，可输入"会员名"和"密码"，然后单击"下一步"按钮。非会员通道是为首次光临的顾客设计的，进入这个通道将首先要求完成会员登记程序，之后将自动进入会员通道。请记住会员名（ID）和密码，并准确输入有关资料，以保证获取以后的服务。

（7）会员登记完成后，会自动进入结算中心，在结算中心核实购物金额、会员信息、选择收货人类型等，然后单击"下一步"按钮。

（8）接下要办的就是选定付款方式，可以选择网上直接划付、银行汇款、银行转账、邮局转账、EMS 代收货款或货送到时付款等方式。另外，还要选择送货方式，一般对近距离的用户一次性购买较高价值的商品，商家才会免费送货，否则要收取一定的费用。选择完成后，单击"确认提交订单"按钮。

（9）这时顾客的订单将被提交到系统，并清空购物车，将订单号和金额核查并确认无误后，单击"立即转账"按钮。

（10）如果用户的付款方式选择的是网上支付，系统还需要用户输入网上支付卡号，一般商家确定所汇款项到账后，才会交付订购的商品。

7.5.3　网上购物网站排名

1．2006 中国 B–C 购物网站排名
2006 年社会评价出的中国购物网站排名前 10 名如下：

（1）卓越；

（2）当当网；

（3）珠峰伟业；

（4）亚商在线；

（5）131377.com；

（6）七彩谷；

（7）无忧团购网；

（8）NO.5 时尚广场；

（9）TomPDA；

（10）中商网。

2．2006 中国比较购物网站排名
2006 年社会评价出的中国比较购物网站排名前几名如下：

（1）丫丫比较购物搜索；

（2）好图书；

（3）大拿网；

（4）搜比购。

3. 全球网上购物中文网站排名

2006 年社会评价出的全球网上购物中文网站排名前 7 名如下：

（1）淘宝网　C2C 为主的个人交易站点，没有费用。

（2）阿里巴巴　B2B 电子商务。

（3）易趣　最大的个人网上交易平台。

（4）卓越。

（5）当当　在线购买书籍，音像制品。

（6）6688。

（7）七彩谷。

全球电子商务网站及其热销产品的排名前 10 名如表 7.1 所示。

表 7.1　电子商务网站热销产品排名

网　　站	热 销 产 品	销 售 比 例
eBay	玩具、游戏和个人爱好	29%
Amazon	书籍	57%
Symantec	计算机软件	100%
Ticketmaster	电影票	100%
QVC	服装饰品	27%
Wal-Mart Stores	照片服务	52%
Barnesandnoble.com	书籍	90%
HSN	医疗、健康、美容产品	33%
Columbiahouse.com	DVD/视频产品	96%
JCPenney	服装饰品	47%

7.6　网页制作基础

互联网的诞生和快速发展，给网页设计师提供了广阔的设计空间。相对传统的平面设计来说，网页设计具有更多的新特性和更多的表现手段，借助网络这一平台，将传统设计与计算机、互联网技术相结合，实现网页设计的创新应用与技术交流。网页设计是传统设计与信息、科技和互联网结合而产生的，是交互设计的延伸和发展，是在新媒介和新技术支持下的一个全新的设计创作领域。

如今的网页设计往往要结合动画、图像特效与后台的数据交互等，而 Dreamweaver CS3、Photoshop CS3 和 Flash CS3 作为 Adobe 公司经典的常用网页设计软件，是目前网页制作的首选工具。它们具有强大的网页设计、动画制作和图像处理功能，在静态页面设计、图片设计和网站动画设计等方面，都可以使网站设计人员的思想体现得淋漓尽致。

7.6.1　网站、网页和主页

网站（Website）是指在因特网上根据一定的规则使用 HTML 等工具制作的用于展示特定内容的相关网页的集合。简单地说，网站是一种通信工具，就像布告栏一样，人们可以通过网站来发布（或浏览）想要公开的资讯，或者利用网站来提供相关的网络服务。

现在的许多公司都拥有自己的网站，他们利用网站来进行宣传、产品资讯发布和招聘等。图 7.8 为中央电视台的门户网站。

图 7.8　中央电视台主页

网页（Web Page）是构成网站的基本元素，是承载各种网站应用的平台。

网页实际上是一个文件，存放在世界某个角落的某一台计算机中，而这台计算机必须是与互联网相连的。网页经由网址（URL）来识别与存取，当用户在浏览器地址栏中输入网址之后，经过一段复杂而又快速的程序运作，网页文件就会被传送到用户的计算机中，再通过浏览器解释网页的内容，最终展示到用户的眼前。

网页有多种分类，笼统意义上的分类是动态页面和静态页面。

静态页面多通过网站设计软件来进行重新设计和更改，技术实现上相对比较滞后。当然，现在的某些网站管理系统也可以直接生成静态页面，这种静态页面通常可称为伪静态。静态页面内容是固定的，其后缀名通常为 htm、html、shtml 等，如图 7.9 所示。

动态页面是通过执行 ASP、PHP、JSP 等程序生成客户端网页代码的网页，通常可通过网站后台管理系统对网站的内容进行更新和管理，如发布新闻、发布公司产品、交流互动、博客和网上调查等，都是动态网站功能的一些具体表现。

动态页面的常见扩展名通常有 asp、aspx、php、jsp、cgi 等，如图 7.10 所示。

网站主页（Home Page）也可以理解为网站的封皮，因此也被称为首页，它是整个网站的主索引页。网站首页名称是特定的，一般为 index.htm、index.html、default.htm、default.html、default.asp 或 index.asp 等。图 7.11 为重庆理工大学的网站主页。

图 7.9　静态页面

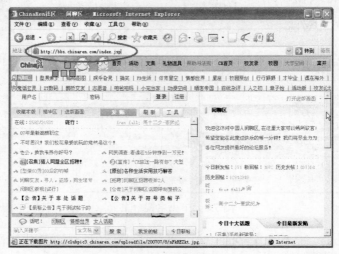

图 7.10　动态页面

图 7.11　重庆理工大学网站首页

　　网站、网页和主页是 3 个功能不同但又紧密联系的概念，一个网站由多个网页元素构成，若干个网页又通过主页链接成一个完整的网站系统。

7.6.2　HTML 的组成及语法

　　HTML（Hyper Text Markup Language，超文本标记语言）是用来描述 WWW 上超文本文件的语言，HTML 文件可对多平台兼容，通过网页浏览器能够在任何平台上阅读。

　　HTML 能够将 Internet 中的文字、声音、图像、动画和视频等媒体文件有机地组织起来，最终向用户展现出五彩缤纷的页面。此外，它还可以接收用户信息，与数据库相连，实现用户的查询请求等交互功能。

1．HTML 语言的组成

　　HTML 文档由 HTML、HEAD 和 BODY 三大元素构成。

　　<HTML>是最外层的元素，表示文档的开始，即浏览器从<HTML>开始解释。<HEAD>是 HTML 文件头标记符，即文档头，包含对文档基本信息（包含文档标题、文档搜索关键字、文档生成器等属性）描述的标记。<BODY>位于首部下面，用于定义一个 HTML 文档的主体部分，包含对网页元素（文本、表格、图片、动画和链接等）描述的标记。

　　下面通过记事本程序来创建一个名为 index.html 的 HTML 文件，具体的操作步骤如下。

　　（1）打开记事本程序之后，将自动创建一个名为"文本文档.txt"的文本文件，在其中输入代码，如图 7.12 所示。

　　（2）在程序代码输入完毕之后，选择"文件"→"另存为"命令，打开"另存为"对话框，将其保存为扩展名为 html 格式的文件，如图 7.13 所示。

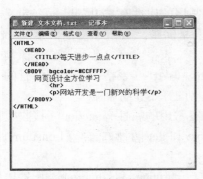

图 7.12　输入代码

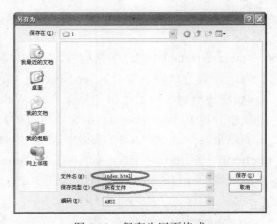

图 7.13　保存为网页格式

　　（3）双击打开新创建的 index.html 文件，在 IE 浏览器中预览所创建的网页，如图 7.14 所示。

2．HTML 的语法

　　HTML 语法由标签（Tags）和属性（Attributes）组成。标签又称标记符，HTML 是影响网页内容显示格式的标签集合，浏览器主要根据标签来决定网页的实际显示效果。在 HTML 中，所有的标签都用尖括号括起来。

　　标签可分为单标签和双标签两种类型。

1）单标签

单标签的形式为<标签 属性=参数>，最常见的如强制换行标签
、分隔线标签<HR>、插入文本框标签<INPUT>。

2）双标签

双标签的形式为<标签 属性=参数>对象</标签>，如定义"奥运"两字大小为 5 号，颜色为红色的标签为：<font size=5 color=red>奥运</font>。

需要说明的是，在 HTML 语言中大多数是双标签的形式。

HTML 中常用的标签如下：

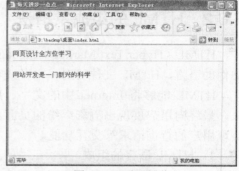

图 7.14　页面预览

-
和<p>标签。在 HTML 文档中无法
  用多个回车、空格和 Tab 键来调整文档段落的格式，要用 HTML 标签来强制换行和分段。
（即 Break）是换行标签，它是单独出现的。
的作用相当于回车符。<p>即 Paragraph（段落）。<p>标签用于划分段落，作用是插入一个空行，可以单独使用，也可以成对使用。

- <img>显示图片标签。<img>标签常用的属性有 src（图片资源链接）、alt（鼠标悬停说明文字）和 border（边框）等。

- <title>…</title>标题栏标签。<title>标签用来给网页命名，网页的名称将被显示在浏览器的标题栏中。

- <a>创建链接标签。<a>标签常用的属性有 href（创建超文本链接）、name（创建位于文档内部的书签）、target（决定链接源在什么地方显示，参数有_blank、_parent、_selft 和_top）等。

- <table>…</table>创建表格标签。<table>标签常用的属性有 cellpadding（定义表格内距，数值单位是像素）、cellspacing（定义表格间距，数值单位是像素）、border（表格边框宽度，数值单位是像素）、Width（定义表格宽度，数值单位是像素或窗口百分比）、background（定义表格背景）、<tr>和</tr>（表格中一个表格行的开始和结束）；<td>和</td>（表格中行内一个单元格的开始和结束）。

- <form>…</form>创建表单的标签。<form>标签常用的属性有 action（接收数据的服务器的 url）、method（HTTP 的方法，有 post 和 get 两种方法）和 onsubmit（当提交表单时发生的内部事件）等。

- <marquee>…</marquee>创建滚动字幕标签。在<marquee>和</marquee>标签内放置贴图格式则可实现图片滚动。常用的属性有 direction（滚动方向，参数有 up、down、left 和 right）、loop（循环次数）、scrollamount（设置或获取介于每个字幕绘制序列之间的文本滚动像素数）、scrolldelay（设置或获取字幕滚动的速度）、scrollheight（获取对象的滚动高度）等。

- <!…>生成注释标签。注释的目的是为了便于他人阅读代码，注释部分只在源代码中显示，并不会出现在浏览器中。

上面列举了 HTML 中最常用的几种标签和解释，对于初学者来说并不需要全部背出来，简单了解即可。在后面的学习中将会发现，Dreamweaver 标签库可以很方便地帮助用户找到所需的标签，并根据列出的属性参数使用它。

7.6.3　网页设计的基本原则

在网页设计工作开始之前，需要先了解网页的运行环境和阅读对象等，另外，还要注意设计专家有哪些关键技巧？又有哪些陷阱要避免？

一个优秀的页面一般需要遵循如下原则。

1. 明确内容

首先应该考虑网站的内容，包括网站功能和用户需求，整个设计都应该围绕这些方面来进行。不了解网页用户的需求，设计出的网络文档几乎毫无意义，如要设计一个网上电子交易系统，就没有必要罗列一些文学艺术等内容，否则只会引起用户的反感。

2. 色彩和谐统一

网页设计要达到传达信息和审美两个目的，悦人的网页配色可以使浏览者过目不忘。网页色彩设计应该遵循"总体协调，局部对比"的原则。初学者往往驾驭不好颜色的搭配，因此，在学习各种色彩理论的同时，还应多参考一些著名网站的用色方法，对于设计出美丽的网页起到事半功倍的效果。

3. 打开速度要快

相信大家都遇到过这样的情况，好不容易从搜索引擎中找到了感兴趣的链接，却最终因迟迟打不开而放弃。根据统计，一般人从选择要看的页面算起，经过 Internet 的下载到下载完毕，可以忍受的时间大约只有 30 秒。

网页打开速度除了跟服务器性能和带宽容量有关之外，更多的是与网页文件大小和代码优劣等有直接关系。因此，一定要注意网页的大小应控制在 50KB 以内为宜，太多、太大的图像往往会影响网页下载速度。因此，需要在网页的设计过程中对图片进行优化，在图像质量与显示速度两方面取得一个平衡。

4. 导航明朗

导航的项目不宜过多，一般用 5～9 个链接比较合适，可只列出几个主要页面。如果信息量比较大，确实需要建立很多导航链接时，则尽量采用分级目录的方式列出，或者建立搜索的表单，让浏览者通过输入关键字即可进行检索。

5. 定期更新

除了及时更新内容之外，还需要每隔一定时间对版面、色彩等进行改进，让浏览者对网站保持一种新鲜感，否则就会失去大量的浏览者。

6. 平台的兼容性

最好在不同的浏览器和分辨率下进行测试，基本原则是确保在 IE 5 以上的版本中都有较好效果，在 1024×768 和 800×600 的分辨率下都能正常显示。此外，还需要在网页上尽量少使用 Java 和 ActiveX 编写的代码，因为并不是每一种浏览器都能很好地支持它们。

7.6.4　网页制作的常用软件

网页所包含的内容除了文本外，还常常有一些漂亮的图像、背景和精彩的 Flash 动画等，以使页面更具观赏性和艺术性。在网页中方便地添加这些元素，需要借助一些网页制作常用软件。

1. 网页布局软件 Dreamweaver CS3

Dreamweaver 是一款极为优秀的可视化网页设计制作工具和网站管理工具，支持当前最新的 Web 技术，包含 HTML 检查、HTML 格式控制、HTML 格式化选项、可视化网页设计、图像编辑、全局查找替换、全 FTP 功能、处理 Flash 和 Shockwave 等多媒体格式，以及动态 HTML 和基于团队的 Web 创作等，在编辑模式上允许用户选择可视化方式或源码编辑方式。

借助 Dreamweaver CS3 软件，用户可以快速、轻松地完成设计、开发、维护网站和 Web 应用程序设计的全过程。Dreamweaver CS3 是为设计人员和开发人员构建的，它提供了一个在直观可视布局界面中工作还是在简化编码环境中工作的选择。与 Photoshop CS3、Illustrator CS3、Fireworks CS3、Flash CS3 Professional 和 Contribute CS3 软件等的智能集成，有效地确保了用户有一个有效的工作流。

Dreamweaver CS3 新功能中包含了 CSS 工具，可用于构建动态用户界面的 Ajax 组件，以及与其他 Adobe 软件的智能集成。

Dreamweaver CS3 网页编辑软件的启动界面如图 7.15 所示。

2. 图形图像处理软件 Photoshop CS3

Photoshop 是一款著名的图像处理软件，它功能强大，操作界面友好，使用它可以加速从想象创作到图像实现的过程，因此，它得到了广大第三方开发厂家的支持，也赢得了众多用户的青睐。

图 7.15　Dreamweaver CS3 的启动界面

Photoshop CS3 为 Adobe 公司的核心产品，它不仅完美兼容了 Windows Vista 操作系统，更重要的是它新增加了几十个全新特性，如支持宽屏显示器的新式版面、集 20 多个窗口于一身的 dock、占用面积更小的工具栏、多张照片自动生成全景、灵活的黑白转换、更易调节的选择工具、智能的滤镜、改进的消失点特性和更好的 32 位 HDR 图像支持等。另外，Photoshop CS3 首次开始分为两个版本，分别是常规标准版和支持 3D 功能的 Extended（扩展）版。

Photoshop CS3 图形图像处理软件的启动界面如图 7.16 所示。

3. 动画制作软件 Flash CS3

Flash 软件可以实现由一帧帧的静态图片在短时间内连续播放而造成的视觉效果，是表现动态过程、阐明抽象原理的一种重要媒体。尤其在以抽象教学内容为主的课程中，更具有特殊的应用意义，如在医学 CAI 课件中使用设计合理的动画，不仅有助于学科知识的表达和传播，使学习者加深对所学知识的理解，同时也可为课件增加生动的艺术效果。

在 Flash CS3 中，工具栏变成 CS3 通用的单双列，面板可以缩放成图标，也可以是半透明的图层。另外，在编程方面也有不少改进，如对导入 AI 文件的支持、可以导入分层的 PSD 文件、决定哪些层需被导入等。此外，还可以保留图层上的组、样式、蒙版、智能滤镜和路径的可编辑性等。Flash CS3 动画制作软件的启动界面如图 7.17 所示。

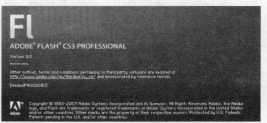

图 7.16 Photoshop CS3 的启动界面   图 7.17 Flash CS3 启动界面

7.6.5 网站设计流程

网站建设开发的大致流程为：首页效果出来→确认→提出修改意见→确定前台→后台数据库开发及编程→前后台数据库对接→网站测试→网站交付准备→网站完成。

在网站协议订好后，首页部分会根据具体复杂程度出具一个效果图，用户可在此效果图的基础上提出修改意见（当然也可以完全否决，因为这仅是一个初稿）。在前台效果图确定之后，设计师们开始开发网站后台，来实现用户在网站建设中所要实现的功能。在完成后台建设后开始进行前后台对接，也即把前台具体的界面按钮跟后台代码相匹配，这样的界面才能有效地发挥其作用。

在前后台对接好之后，由于各种各样的原因，总会有或多或少的漏洞或错误出现，此时的后期网站测试就尤其重要，这是高质量网站出炉的必要条件。但往往一些小型公司会忽视这一点，致使小毛病造成大错误，要么网站打不开，要么打开很慢，要么造成网站的数据丢失，俗语说得好："小洞不补，大洞吃苦。"后期网站测试对网站的质量保证起着举足轻重的作用，这也是网站制作公司对客户负责任的态度问题。

在网站建设测试完成之后，即可把所有网站的源程序打包发给客户，客户就可以拥有自己的网站了。同时，还需要把 FTP 的用户和密码以及网站后台管理密码交付给客户，客户把网站"搬"上网，数据传到服务器中。至此，网站交付成功之后，网站制作公司的任务就可以过渡到网站及网络维护了。接着就要完成下面的工作。

1. 注册域名与申请空间

域名是企业、机构或个人的网络标识，是通过计算机登录网络的企业、机构或个人在该 Internet 网中的地址。国际域名分为.com、.net 和.org 等。其中，最具商业价值的是.com 域名，拥有一个含义深刻且简单易记的域名，是一个网站成功的首要前提。

国际域名的资源十分有限，为保证更多企业、机构或个人申请的要求，各个国家和地区在域名最后加上了国家标识段，由此形成了各个国家和地区自己的国内域名，如中国.cn、日本.jp 等。另外，还有中文域名，如中文国际域名（中文.com）和 CNNIC 中文通用域名（中文.cn）等（国际域名很显然具有更高的级别）。

注册域名是企业机构或个人在互联网上建立自己网站的第一步，只有注册了域名，才能在互联网上让客户知道自己的位置。

同时一个完整的网站系统就是一组文件，它提供给网络用户浏览。这些文件要占据一定的硬盘空间，即所谓的网站空间。除一些大型网站和占用空间大的站点采用自己建设的 Web 服务器外，一般建站的用户均采用虚拟主机来完成，因此，一般的网站空间也叫虚拟主机。

一般来说，企业网站的空间通常都较小，多采用 100～200MB 左右的空间即可。用以提供影视下载、在线点播服务等娱乐性质的网站要大一点。大型网站往往需要用户自己组建 Web 服务器。

2．新建站点与收集资源

域名申请好了，网站空间也有了，但这时刚建立的站点却是空的，此时就可以开始进行网站规划，用专门的网站开发软件创建站点。网站规划就像软件开发中的系统设计环节，往往需要用户花费大量时间详细规划，但"磨刀不误砍柴工"，总比出了问题再去修改要好得多。

网站规划包括确定站点的结构目录和图像、多媒体文件存放的位置、导航条的数目、网页整体风格、色调等。当用户在确定好站点目标之后，即可开始收集有关网站的资源信息。

网站所包含的资源信息一般有如下几种。

1）文字资料

文字是一个网站的主体，如果离开了文字，即使再华丽的图片，浏览者也会觉得不知所云。所以要制作一个成功的网站，必须提供足够的文字资料。

2）图片资料

图文并茂的介绍才会使浏览者不觉得枯燥无味。文字解说的同时加上适当的图片，可以给浏览者留下更深刻的印象。

3）动画资料

动画可以增加页面的动感效果，让网站设计者所表现的内容更加栩栩如生。

4）其他资料

即不属于文字、图片和动画资料的其他一些资料，如需要提供给浏览者下载的软件、视频、音乐文件、交互表格以及其他演示资料等。

现在网页上大部分图片和动画都是用 Photoshop 和 Flash 两个软件完成的。使用 Photoshop 软件可以制作各种静态按钮、实现网页背景特效，而使用 Flash 软件则可以在低传输速率下实现高质量的动画传输，而且只要求用户在浏览器中安装 Flash 插件就可以了。

在图片和动画都制作好之后，还需要用 Dreamweaver 网页编辑软件将图片和动画整合到一起，并将其发布成网页的形式，以便准确无误地传送到浏览者那里。

现在的网站几乎都是通过数据库进行驱动的，因此，用户如果想要访问其中的数据，就需要用到 ASP、JSP、PHP 等语言进行网页编程。

3．实现 FTP 服务器的上传与下载

文件传输协议（File Transfer Protocol，FTP）的主要作用就是让用户连接上一个远程服务器（这些服务器上运行着 FTP 服务器程序），查看远程服务器有哪些文件，并把文件从远程服务器上复制到本地计算机，或把本地计算机的文件发送到远程服务器中去，这个过程就是 FTP 的服务器上传与下载。

FTP 传输可以用 Windows 中的 FTP 命令，也可以借助于一些专门的 FTP 软件，如著名的 FlashFXP 软件和 CuteFTP 软件等，下载与上传都支持文件续传和远程文件直接编辑等功能。图 7.18 为 FlashFXP 软件的主窗口界面，图 7.19 为 CuteFTP 软件的主窗口界面。

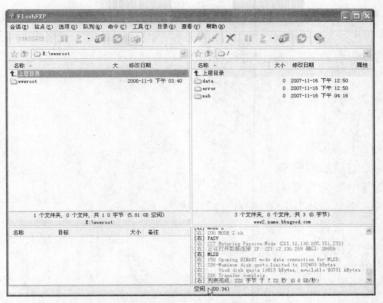

图 7.18　FlashFXP 的主窗口

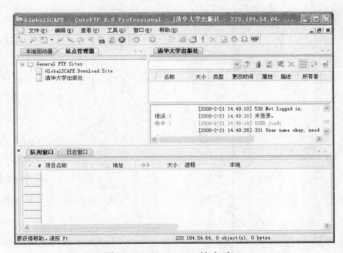

图 7.19　CuteFTP 的主窗口

　　一个网页的成功与否，很重要的一个因素在于它的构思，只有好的创意及丰富翔实的内容，才能让网站充满生机。

　　在网站发布运行之后，还需要经常对站点进行维护。除更新网页内容和优化网站功能之外，往往还需要改进网站布局、色彩和特效等，让网站与时俱进，紧跟时代的潮流。此外，还需要不定期地删除那些过期的滞留文件，并定时备份数据库以防不测。

小结

　　电子商务是计算机网络技术发展对传统商业模式的最大变革，通过 Internet 和相关的网络技术，改变了以前的商务模式，为更多人提供一个公平的起点。而网页制作技术则是我们得以在这个平台上充分展示自己才能的必备手段，因此电子商务和网页制作是计算机网络技术发展在现代市场经济运作得很好的工具。

习题

1. 什么是电子商务？
2. 电子商务的功能有哪些？
3. 电子商务主要分为几类？
4. 电子商务交易有哪几种基本的流转程式？
5. 电子支付具体有哪些方式？
6. 简述网上购物的具体操作方法。
7. 什么是超文本标记语言 HTML？
8. 什么是主页？主页与网页有什么区别？
9. 什么是站点？
10. 什么是超链接，分几种？
11. 简述网页制作的常用软件。

第8章

网络安全技术

网络安全是使用 Internet 时必备的知识。随着计算机网络的日益普及，网络在日常生活、工作中的作用也就越来越明显。计算机网络逐步改变了人们的生活方式，提高了人们的工作效率。但是，有时也会带来灾难。黑客、病毒、网络犯罪都是时刻在威胁者人们在网络上的信息安全。如何保证和解决这些问题，让我们能安全自由的使用网络资源，这就需要相关的网络安全技术来解决。

8.1 网络安全概念与任务

8.1.1 网络安全的概念

网络安全的含义是指通过各种计算机、网络、密码技术和信息安全技术，保护在公用通信网络中传输、交换和存储的信息的机密性、完整性和真实性，并对信息的传播及内容具有控制能力。网络安全的结构层次包括物理安全、安全控制和安全服务。

网络安全首先要保障网络上信息的物理安全，物理安全是指在物理介质层次上对存储和传输的信息的安全保护，目前，物理安全中常见的不安全因素主要包括自然灾害、电磁泄漏、操作失误和计算机系统机房环境的安全。

安全控制是指在计算机操作系统上和网络通信设备上对存储和传输的信息的操作和进程进行控制和管理，主要是在信息处理和传输层次上对信息进行的初步安全保护。安全控制可以分为 3 个层次：计算机操作系统的安全控制、网络接口模块的安全控制和网络互联设备的安全控制。

安全服务是指在应用层次上对信息的保密性、安全性和来源真实性进行保护和鉴别，满足用户的安全要求，防止和抵御各种安全威胁和攻击手段，这是对现有操作系统和通信网络的安全漏洞和问题的弥补和完善。

从技术角度上讲，网络信息安全包括 5 个基本要素：机密性、完整性、可用性、可控性和可审查性。

机密性是指确保信息不能泄密给非授权的用户，保证信息只能提供给授权用户在规定的权限内使用的特征。

完整性是指网络中的信息在存储和传输过程中不会被破坏或丢失，如修改、删除、伪造、乱序、重放、插入等。完整性使信息的生成、传输、存储的过程中保持原样，保证合法用户能够修改数据，并且能够判别出数据是否被篡改。

可用性指信息只可以给授权用户在正常使用时间和使用权限内有效使用，非授权用户不能获得有效的可用信息。

可控性指信息的读取、流向、存储等活动能够在规定范围内被控制，消除非授权用户对信息的干扰。

可审查性是指信息能够接受授权用户的审查，以便及时发现信息的流向、是非被破坏或丢失以及信息是非合法。

8.1.2　网络信息安全面临的威胁

计算机网络的发展，使信息在不同主体之间共享应用，相互交流日益广泛深入，但目前在全球普遍存在信息安全意识欠缺的状况，人们在组建一个网络信息系统的时候，并没有像买门时自然会想到要买锁一样地想到信息安全和网络安全，这导致大多数的信息系统和网络存在着先天性的安全漏洞和安全威胁。以下通过甲、乙两个用户在计算机网络上的通信来考察计算机网络面临的威胁。

截获：从网络上窃听他人的通信内容。当甲通过网络与乙通信时，如果不采取任何保密措施，那么其他人，就有可能偷听到它们的通信内容。

中断：有意中断他人在网络上的通信。当用户正在通信时，有意的破坏者可设法中断他们的通信。

篡改：故意修改网络上传送的报文。乙给甲发了如下一份报文："请给丁汇一万元钱。乙"。报文在转发过程中经过丙，丙把"丁"改为"丙"。这就是报文被篡改。

伪造：伪造信息在网络上传送。当甲与乙用电话进行通信时，甲可通过声音来确认对方。但用计算机进行通信时，若甲的屏幕上显示出"我是乙"时，甲如何确信这是乙而不是别人呢？

上述 4 种对网络的威胁可划分为两大类，即被动攻击和主动攻击，如图 8.1 所示。

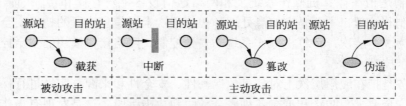

图 8.1　对网络的被动攻击和主动攻击

在上述情况中，截获信息的攻击称为被动攻击，而更改信息和拒绝用户使用资源的攻击称为主动攻击。

被动攻击是指观察某个连接中通过的某一个协议数据单元 PDU 而不干扰信息流。即使这些数据对攻击者来说是不易理解的，他也可通过观察 PDU 的协议控制信息部分，了解正在通信的协议实体的地址和身份，研究 PDU 的长度和传输的频度，以便了解所交换的数据的性质。这种被动攻击又称为通信量分析。对付被动攻击可采用各种数据加密技术，而对付主动攻击，则需加密技术与适当的鉴别技术相结合。

主动攻击是指攻击者对某个连接中通过的 PDU 进行各种处理。如有选择地更改、删除、延迟这些 PDU。甚至还可将合成的或伪造的 PDU 送入到一个连接中去。主动攻击又可进一步划分为 3 种，即更改报文流、拒绝报文服务、伪造连接初始化。对于主动攻击，可以采取适当措施加以检测。但对于被动攻击，通常却是检测不出来的。

根据这些特点，可以得出计算机网络通信安全的 5 个目标如下：

(1) 防止分析出报文内容；

(2) 防止信息量分析；

(3) 检测更改报文流；

(4) 检测拒绝报文服务；

(5) 检测伪造初始化连接。

还有一种特殊的主动攻击就是恶意程序的攻击。恶意程序种类繁多，对网络安全威胁较大的主要有以下几种恶意程序：计算机病毒、计算机蠕虫、特洛伊木马、逻辑炸弹等。

8.1.3　网络安全组件

网络信息安全是一个整体系统的安全，是由安全操作系统、应用程序、防火墙、网络监控、安全扫描、信息审计、通信加密、灾难恢复、网络防病毒等多个安全组件共同组成的，每个组件各司其职，共同保障网络的整体安全。每一个单独的组件只能完成其中部分功能，而不能完成全部功能。

1. 防火墙

防火墙是内部网络安全的屏障，它使用安全规则，可以只允许授权的信息和操作进出内部网络，它可以有效应对黑客等对于非法入侵者。但防火墙无法阻止和检测基于数据内容的病毒入侵，同时也无法控制内部网络之间的违规行为。

2. 漏洞扫描器

漏洞扫描器主要用来发现网络服务、网络设备和主机的漏洞，通过定期的扫描与检测，及时发现系统漏洞并予以补救，清除黑客和非法入侵的途径，消除安全隐患。当然，漏洞扫描器也有可能成为攻击者的工具。

3. 杀毒软件

杀毒软件是最为常见的安全工具，它可以检测、清除各种文件型病毒、邮件病毒和网络病毒等，检测系统工作状态，及时发现异常活动，它可以查杀特洛伊木马和蠕虫等病毒程序，防止病毒破坏和扩散有积极作用。

4. 入侵检测系统

入侵检测系统的主要功能包括检测并分析用户在网络中的活动，识别已知的攻击行为，统计分析异常行为，检查系统漏洞，评估系统关键资源和数据文件的完整性，管理操作系统日志，识别违反安全策略的用户活动等。入侵检测系统可以及时发现已经进入网络的非法行为，是前 3 种组件的补充和完善。

8.2 加密技术与身份认证技术

8.2.1 密码学的基本概念

研究密码技术的学科称为密码学。密码学包括两个分支，即密码编码学和密码分析学。前者指在对信息进行编码实现信息隐蔽，后者研究分析破译密码的学问。两者相互对立，又相互促进。

采用密码技术可以隐蔽和保护需要发送的消息，使未授权者不能提取信息。发送方要发送的消息称为明文。明文被变换成看似无意的随机信息，称为密文。这种由明文到密文的变换过程称为加密。其逆过程，即由合法接收者从密文恢复出明文的过程成为解密。非法接收者试图从密文分析出明文的过程成为破译。对明文进行加密时采用的一组规则成为加密算法。对密文解密时采用的一组规则称为解密算法。加密算法和解密算法是在一组仅有的合法用户知道的秘密信息的控制下进行的，该密码信息称为密钥，加密和解密过程中使用的密钥分别称为加密密钥和解密密钥。

数据加密的一般模型如图 8.2 所示。在图 8.2 中，我们把未进行加密调制的数据称为明文数据或明文，用 X 表示，把经过加密算法调制过的数据称为密文数据，用 Y 表示。明文数据 X 经过加密算法 E 和加密密钥 Ke 调制后得到密文数据 $Y = E_{ke}(X)$。经网络传输后，接收端收到密文数据后，自由解密算法 D 与解密密钥 Kd 解出明文数据 $X = D_{Kd}(Y) = D_{Kd}(E_{ke}(X))$。

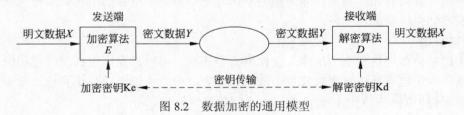

图 8.2 数据加密的通用模型

为了加密和解密的需要，有时还要把加密密钥 Ke 和解密密钥 Kd 传送给对方。另外，除了接收者外，网络中还可能出现其他非法接收密文信息的人，我们称之为入侵者和攻击者。

数据加密的目的是使入侵者无论获得多少密文数据的条件下，都无法唯一确定出对应的明文数据。如果一个加密算法或加密机制能够满足这一条件，则我们称该算法或机制是无条件安全的。这是衡量一个加密算法好坏的主要依据。

数据加密算法的其他衡量标准有对数据的加密速度，传输过程中的抗噪声能力，以及加密对象的范围大小和密文数据的增加率等。

加密速度指相应的加密算法对单位比特明文数据的加密时间，也就是加密算法 E 和解密算法 D 以及相应密钥在单位时间内处理的数据长度。

抗噪声能力是指密文数据经过各种不同的传输网络之后，解密算法和相应的解密密钥能否准确地恢复原来的明文数据。

加密对象的范围大小则是指相应的加密算法是否可对声音、图像、动画等多媒体信息表示的明文数据进行加密。

　　按照加密密钥 Ke 和解密密钥 Kd 是否相同，密码体制分为了传统密码体制和公钥密码体制。

　　传统密码体制所使用的加密密钥 Ke 和解密密钥 Kd 相同，或从一个可以推出另一个，被称为单钥或对称密码体制。单钥密码优点是加、解密速度快，但有时存在密钥管理困难的问题。

　　若加密密钥 Ke 和解密密钥 Kd 不相同，从一个难于推出另一个，则称为双钥或非对称密码体制。采用公钥体制的每个用户都有一对选定的密钥，一个是可以公开的，可以像电话号码一样进行注册公布；另一个则是秘密的，由于公钥密码体制的加密和解密不同，而且公开加密密钥，而仅需保密解密密钥，所以公钥密码不存在密钥管理问题。公钥密码还有一个优点是可以拥有数字签名等新功能。公钥密码的缺点是公钥密码算法、一般比较复杂，加、解密速度较慢。

　　网络中的加密普遍采用双钥和单钥密码结合的混合加密体制，即加解密采用单钥密码，传送密钥则采用公钥密码。这样即解决了密钥管理的困难，又解决了加、解密速度的问题。

8.2.2　传统密码体制

　　传统加密也称为对称加密或单钥加密，是 1976 年公钥密码产生前唯一的一种加密技术，迄今为止，它仍然是两种类型的加密中使用最广泛的一种。

　　重要的是要注意常规加密的安全性取决于密钥的保密性，而不是算法的保密性。也就是说，如果知道了密文和加密及解密算法的知识，解密消息也是不可能的。换句话说，我们不需要使算法是秘密的，而只需要对密钥进行保密即可。所以在常规加密的使用中，主要的安全问题就是保持密钥的保密性。下面介绍一下传统加密体制中的古典加密算法和现代加密算法的一些主要代表。

1. 传统加密算法

1）替换加密

　　例如，使用替换算法的 Caesar 密码，采用的是 Character + N 的算法，假设明文为 ATTACK BEGIN AT FIVE，采用 N = 2 的替换算法，即 A 用其 ASCII 码值加 2 的字符来替代，字母 Y 和 Z 分别用字母 A 和 B 来替代。得到密文为 CVVCEMDGIKPCVHKXV。这种替换加密方法简便，实现容易但安全性较低。

2）换位加密

　　换位加密就是通过一定的规律改变字母的排列顺序。现假设密钥为 WATCH，明文为 THE SPY IS JAMES LI（加密时需要去除明文中的空格，故明文为 THESPYISJAMESLI）。在英文 26 个字母中找出密钥 WATCH 这 5 个字母，按其在字母表中的先后顺序加上编号 1～5，如图 8.3 所示。

A	B	C	D	E	F	G	H	I	J	K	L	M	N	O	P	Q	R	S	T	U	V	W	X	Y	Z
1		2					3											4				5			

图 8.3　密钥字母相对顺序

从左到右、从上到下按行填入明文。请注意，到现在为止，密钥起作用只是确定了明文每行是 5 个字母。按照密钥给出的字母顺序，按列读出，如图 8.4 中标出的顺序。第一次读出 HIE，第二次读出 SJL，第三次读出 PAI，第四次读出 ESS，第五次读出 TYM。将所有读出的结果连起来，得出密文为：HIESJLPAIESSTYM。

2. 现代加密算法

数据加密标准（DES）是迄今世界上最为广泛使用和流行的传统加密体制，它的产生被认为是 20 世纪 70 年代信息加密技术发展史上的两大里程碑之一。

DES 是一种典型的按分组方式工作的密码，即基本思想是将二进制序列的明文分成每 64 位一组，用长为 56 位的密钥（64 位密钥中有 8 位是用于奇偶校验）对其进行 16 轮代换和换位加密，最后形成密文。DES 的巧妙之处在于，除了密钥输入顺序之外，其加密和解密的步骤完全相同，这就使得在制作 DES 芯片时，易于做到标准化和通用化，这一点尤其适合现代通信的需要，在 DES 出现以后经过许多专家学者的分析认证，证明它是一种性能良好的数据加密算法，不仅随机性好线性复杂度高，而且易于实现。因此，DES 在国际上得到了广泛的应用。采用 DES 算法的数据加密模型如图 8.5 所示。

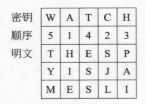

图 8.4   换位加密

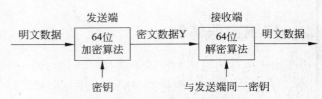

图 8.5   DES 算法的数据加密模型

DES 算法的工作原理是公开算法，包括加密和解密算法。然而，DES 算法对密钥进行保密。只有掌握了和发送方相同密钥的人才能解读由 DES 算法加密的密文数据。因此，破译 DES 算法实际上就是搜索密钥的编码。对于 56 位长度的密钥来说，如果用穷举法来进行搜索的话，其运算次数为 2^{56}。对于当前计算机的运算能力来说，56 位的密钥已经不能算是安全的，因此在 DES 的基础上出现了 3DES，采用 128 位的密钥。

IEDA 算法也是一个现代密钥算法中被认定是最好的最安全的分组密码算法之一。IEDA 是以 64 位的明文块进行分组，密钥是 128 位长，此算法可以用于加密和解密，IEDA 主要采用了 3 种运算：异或、模加、模乘，容易用软件和硬件来实现，运行速度也几乎同 DES 一样快。

8.2.3   公钥密码体制

公钥加密算法是整个密码学发展历史中最伟大的一次革命，从密码学产生至今，几乎所有的传统密码体制都是基于替换和分组这种初等方法，公钥密码算法与以前的密码学不同，它是基于数学函数的，更重要的是，与只使用一个密钥的对称密码不同，公钥密码学是非对称的，即它使用一个加密密钥和一个与之相关的不同的解密密钥。

其主要步骤如下：

（1）每一个用户产生一对密钥，用于加密和解密消息。

（2）每一个用户将其中一个密钥存于公开的寄存器或其他可以访问的文件中，该密钥称为公钥，另一个密钥是私有的，称为私钥。每个用户可以拥有若干其他用户的公钥。

（3）若 A 要发消息给 B，则 A 用 B 的公钥对信息加密。

（4）B 收到消息后，用私钥对消息解密。由于只有 B 知道其自身的私钥，所以其他接收者均不能解密。

利用这种方法，通信双方均可访问公钥，而私钥是各通信方在本地产生的，所以不必进行分配。只要系统控制了私钥，那么他的通信就是安全的。在任何时刻，系统可以改变其私钥，并公布相应的公钥替代原来的公钥。

著名的公钥密码体制是 RSA 算法。RSA 算法是一种分组密码，利用数论来构造算法，它是迄今为止理论上最为成熟完善的一种公钥密码体制，该体制已经得到广泛的应用，它的安全性基于"大数分解和素性检测"这一已知的著名数学理论难题基础，而体制的构造则基于数学上的 Euler 定理。

密钥对的产生过程如下：

（1）选择两个大素数 p 和 q。

（2）计算 $n = p \times q$。

（3）随机选择加密密钥 e，要求 e 和 $(p-1) \times (q-1)$ 互质。

（4）利用 Euclid 算法计算解密密钥 d，满足 $e \times d = 1 \bmod ((p-1) \times (q-1))$。其中，$n$ 和 d 也要互质。两个素数 p 和 q 不再需要，应该丢弃，不要让任何人知道。

则 RSA 算法的密钥为：

公钥　　$Ke = (e, N)$，

私钥　　$Kd = (d, N)$。

明文 X（二进制表示）时，首先把 X 分成等长数据块 X_1，X_2，…，X_i，RSA 算法的加密解密算法为：

加密：$Y_i = X_i^e \bmod N$，

解密：$X_i = Y_i^d \bmod N$。

RSA 是被研究得最广泛的公钥加密算法，从提出到现在已近二十年，经历了各种攻击的考验，逐渐为人们接受，普遍认为是目前最优秀的公钥加密算法之一。

RSA 的缺点主要有以下两点：

（1）产生密钥很麻烦，受到素数产生技术的限制，因而难以做到一次一密。

（2）分组长度太大，为保证安全性，n 至少也要 600 比特以上，使运算代价很高，尤其是速度较慢，较对称密码算法慢几个数量级；且随着大数分解技术的发展，这个长度还在增加，不利于数据格式的标准化。

（3）由于 RSA 涉及高次幂运算，用软件实现速度较慢。尤其是在加密大量数据时。

因此现在往往采用公钥加密算法与传统加密算法相结合的数据加密体制。用公钥加密算法来进行密钥协商和身份认证，用传统加密算法进行数据加密。

8.2.4　认证和数字签名

认证是证实某人或某个对象是否有效合法或名副其实的过程，在非保密计算机网络中，验证远程用户或实体是合法授权用户还是恶意的入侵者就属于认证问题。

在 Internet 中进行数字签名的目的是为了防止他人冒充进行信息发送和接收，以及防止本人事后否认已进行过的发送和接收活动。因此，数字签名要能够防止接收者伪造对接收报文的签名，以及接收者能够核实发送者的签名和经接收者核实后，发送者不能否认对报文的签名。

人们采用公开密钥算法实现数字签名。与 RSA 算法用公钥对报文进行加密不同的是，实现数字签名时，发送者用自己的私钥对明文数据进行加密运算，得到结果后，该结果被作为明文数据输入到加密算法中，并用接收方的公钥对其进行加密，得到密文数据。接收方收到密文数据之后，首先用自己的私钥和解密算法解读出具有加密签名的数据，紧接着，接收方还要用加密算法 E 和发送方的公钥对其进行另一次运算，以获得发送者的签名。具体实现过程如图 8.6 所示。

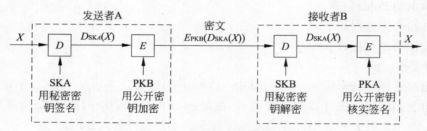

图 8.6 具有保密性的数字签名

在上述方式中，因为只有发送者知道自己的私钥，所以，除了发送者本人之外，不可能有其他对原始数据进行签名运算，从而，我们可以说数字签名是有效的。另外，由于接收方不可能拥有发送者的私钥，所以接收方也无法伪造发送方的签名。

8.2.5 链路加密和端到端加密

从网络传输的角度，通常有两种不同的加密策略，即链路加密与端到端加密。现分别讨论如下。

1. 链路加密

在采用链路加密的网络中，每条通信链路上的加密是独立实现的。通常对每条链路使用不同的加密密钥，如图 8.7 所示。当某条链路受到破坏就不会导致其他链路上传送的信息被析出。加密算法常采用序列密码。由于 PDU 中的协议控制信息和数据都被加密，这就掩盖了源结点和目的结点的地址。若在结点间保持连续的密文序列，则 PDU 的频度和长度也能得到掩盖。这样就能防止各种形式的通信量分析。由于不需要传送额外的数据，采用这种技术不会减少网络的有效带宽。由于只要求相邻结点之间具有相同的密钥，因而密钥管理易于实现。链路加密对用户来说是透明的，因为加密的功能是由通信子网提供的。

由于报文是以明文形式在各结点内加密的，所以结点本身必须是安全的。一般认为网络的源结点和目的结点在物理上都是安全的，但所有的中间结点（包括可能经过的路由器）则未必都是安全的。因此必须采取有效措施。对于采用动态自适应路由的网络，一个被攻击者掌握的结点可以设法更改路由使有意义的 PDU 经过此结点。这样将导致大量信息的泄露，因而对整个网络的安全造成威胁。

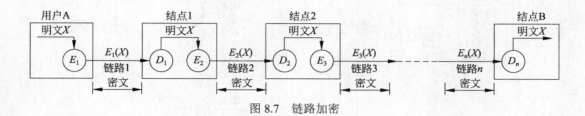

图 8.7　链路加密

链路加密的最大缺点就是在中间结点就可能暴露了信息的内容。在网络互联的情况下，仅采用链路加密是不能实现通信安全的。此外，链路加密也不适用于广播网络，因为它的通信子网没有明确的链路存在。若将整个 PDU 加密将造成无法确定接收者和发送者。由于上述原因，除非采取其他措施，否则在网络环境中链路加密将受到很大的限制，可能只适用于局部数据的保护。

2. 端到端加密

端到端加密是在源结点和目的结点中对传送的 PDU 进行加密和解密，其过程如图 8.8所示。可以看出，报文的安全性不会因中间结点的不可靠而受到影响。

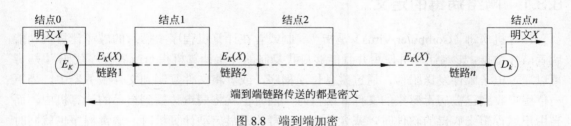

图 8.8　端到端加密

端到端加密已超出了通信子网的范围，因此要在传输层或其以上各层来实现。这样就使端到端加密的层次选择有一定的灵活性。若选择在传输层进行加密，可以使安全措施对用户来说是透明的。这样可不必为每一个用户提供单独的安全保护，但容易遭受传输层以上的攻击。当选择在应用层实现加密时，用户可根据自己的特殊要求来选择不同的加密算法，而不会影响其他用户。这样，端到端加密更容易适合不同用户的要求。端到端加密不仅适用于互联网环境，而且同样也适用于广播网。

在端到端加密的情况下，PDU 的控制信息部分（如源结点地址、目的结点地址、路由信息等）不能被加密，否则中间结点就不能正确选择路由。这就使得这种方法易于受到通信量分析的攻击。虽然也可以通过发送一些假的 PDU 来掩盖有意义的报文流动（这称为报文填充），但这要以降低网络性能为代价。由于各结点必须持有与其他结点相同的密钥，这就需要在全网范围内进行密钥管理和分配。

3. 两种策略的结合

为了获得更好的安全性，可将链路加密与端到端加密结合在一起使用，如图 8.9 所示。链路加密用来对 PDU 的目的地址 B 进行加密，而端到端加密则提供了对端到端的数据(X)

进行保护。

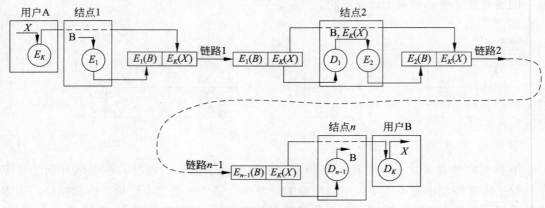

图 8.9　综合使用链路加密和端到端加密

8.3　网络病毒及其防范技术

8.3.1　网络病毒的定义

计算机病毒（Computer Virus）是指"编制或者在计算机程序中插入的破坏计算机功能或者破坏数据，影响计算机使用并且能够自我复制的一组计算机指令或者程序代码"。病毒可以通过电子邮件发送附件，通过磁盘传递程序，或者将文件复制到文件服务器中。当下一位用户收到已被病毒感染的文件或磁盘时，同时也就将病毒传播到自己的计算机中。而当用户运行感染病毒的软件时，或者从感染病毒的磁盘启动计算机时，病毒程序也就同时被运行了。

计算机病毒主要分为：

（1）程序型病毒。文件型病毒主要以感染文件扩展名为 COM、EXE 和 OVL 等可执行程序为主。它的安装必须借助于病毒的载体程序，即要运行病毒的载体程序，方能把文件型病毒引入内存。已感染病毒的文件执行速度会减缓，甚至完全无法执行。有些文件遭感染后，一旦执行就会遭到删除。

（2）引导型病毒。以硬盘和软盘的非文件区域（系统区域）为感染对象。引导型病毒会去改写磁盘上的引导扇区（BOOT SECTOR）的内容，软盘或硬盘都有可能感染病毒。再不然就是改写硬盘上的分区表（FAT）。如果用已感染病毒的软盘来启动的话，则会感染硬盘。

（3）宏病毒。以具有宏功能的数据文件为感染对象。Microsoft Word 或 Excel 文档和模板文件极容易遭受攻击。由于被感染文件通常会通过网络共享或下载，因此宏病毒的传播速度相当惊人。

（4）特洛伊木马型程序。木马本身并不会自我复制，被广义归类成病毒。木马病毒是指在用户的机器里运行服务端程序，一旦发作，就可设置后门，定时地发送该用户的隐私到木马程序的控制端，并可任意控制此计算机，进行文件删除、拷贝、改密码等非法操作。

（5）有危害的移动编码。基于 ASP 等技术的浏览 Internet 网页动态下载的程序代码，也称为"脚本"。此类正常代码不归类为病毒，但恶意代码一样会对数据和系统造成危害，因此也广义归类为病毒。通常以 VB 或 Java 结合 HTML 语言形成。

（6）网络蠕虫病毒。蠕虫是一种通过网络传播的病毒，它具有病毒的一些共性，如传播性、隐蔽性、破坏性等，同时具有自己的一些特征，对网络造成拒绝服务，以及和黑客技术相结合等。在产生的破坏性上，网络的发展使得蠕虫可以在短短的时间内蔓延世界，造成网络瘫痪。

事实上，随着病毒的不断发展，综合型的病毒已比较常见，已不易明确分类。

病毒入侵后，面对的将是敏锐的管理员和防火墙杀毒软件入侵检测系统诸如此类的东西，一个小小的闪失都有可能造成被查杀的命运。因此它必须进行伪装和隐藏。

1. 端口隐藏

潜伏：使用 IP 协议族中的其他协议而非 TCP/UDP 来进行通信，从而瞒过 Netstat 和端口扫描软件。一种比较常见的潜伏手段是使用 ICMP 协议。

寄生：找一个已经打开的端口，寄生其上，平时只是监听，遇到特殊的指令就进行解释执行，如指令是不可辨认的，则交给系统正常处理，如符合特征，则木马激活运行，执行完毕后再度隐藏。因为木马实际上是寄生在已有的系统服务之上的，因此，在扫描或查看系统端口的时候是没有任何异常的。

当然，仅仅隐藏端口是不够的，想要不被发觉，关键还需要隐藏进程。

2. 进程欺骗

如果能够欺骗用户或入侵检测软件用来查看进程的函数（例如截获相应的 API 调用，替换返回的数据），我们就完全能实现进程隐藏。

3. 不使用进程

编写一个木马 DLL，并且通过别的进程来运行它，那么无论是入侵检测软件还是进程列表中，都只会出现那个进程而并不会出现木马 DLL。如远程线程技术和挂接 API。

8.3.2 网络病毒的特点

针对网络的特殊环境，网络病毒一般有如下特点。

1. 传播速度快

计算机网络给网络病毒带来了更为便利的生存和传播的环境。在网络环境下，病毒可以按指数增长模式进行传染，并且扩散范围很大，能够迅速传染到局域网的所有计算机，还能通过电子邮件等方式在一瞬间传播到千里之外。

2. 传播途径多

网络病毒入侵网络的途径可以通过计算机传播到服务器中，再由服务器传播到其他计算机中，也可以直接广播到与自己相连的局域网计算机中，有的病毒则利用操作系统或 OE 的漏洞进行远程扩散。总之，网络病毒的传播方式比较复杂，难于控制。

3. 清除困难

在网络系统中不可能使用低格硬盘来完全清除病毒，网络中只要有一台计算机未能清除干净病毒就可以迅速感染整个网络，甚至出现刚完成杀毒工作的一台计算机马上被另一台染毒计算机所感染，因此，清除网络病毒需要全网络的整体解决方案。

4. 破坏性强

网络病毒会直接影响网络的工作状态，轻则降低网络速度，影响工作效率，重则造成网络瘫痪，泄露账号密码，破坏系统资源等严重后果。尤其是病毒技术与黑客技术相结合，产生的威胁和损失更大。

5. 病毒制作技术新

网络病毒的制作者会利用网络平台相互学习，共同提高，他们会用最新的编程语言与编程技术来制作病毒，使的病毒易于修改而产生新的变种，从而逃避反病毒软件的查杀。

6. 防范难度大

网络病毒可以利用 Java、ActiveX、VBScript 等技术，可以潜伏在网页中，在上网浏览时触发并感染病毒。另外很多计算机用户安全防范意识差，极容易被感染病毒，而且常常用户还不知道自己的计算机已经成为病毒的扩散源。

8.3.3　网络病毒的防范与清除

网络病毒防范是指通过建立合理的网络病毒防范体系和制度，及时发现网络病毒入侵，并采取有效的手段阻止网络病毒的传播和破坏，恢复受影响的网络系统和数据。积极防范是对付网络病毒最有效的措施，如果能采取有效的防范措施，就能够有效保护网络系统不染毒、少染毒，或者染毒后能最大限度地减少损失。

网络病毒防范最常用、最有效的方法是使用网络防病毒软件，目前的网络防病毒软件不仅能够识别已知的网络病毒，在网络病毒运行前发出警报，还能屏蔽掉网络病毒程序的传染功能和破坏功能。同时还能利用网络病毒的行为特征，防范未知网络病毒的侵扰和破坏。另外，有的网络防病毒软件还能实现超前防御，将系统中可能被病毒利用的资源加以保护，不给病毒可乘之机。针对网络病毒，可以采取以下防范措施。

1. 安装杀毒软件

网络中必须安装一套具有防毒、查毒、杀毒及重要功能的杀毒软件，最好采用网络版本的。现在的赛门铁克、卡巴斯基、趋势、瑞星等著名杀毒软件功能很全面，能够实时检测网络中的异常情况，及时发现、阻止、清除病毒，性能优异，并且都有在线服务功能。

在正确使用杀毒软件时，及时升级杀毒软件的病毒库是极其重要事情，很多初级用户认为只要有杀毒软件就万事无忧了，由于病毒的更新速度很快，如果不及时更新病毒库的话，杀毒软件对于新病毒就是形同虚设，毫无防护意义。目前网络版本的杀毒软件，只要由管理员监督升级服务器端的病毒库，客户端的病毒库就会自动更新，非常实用。

2. 重要数据文件必须备份

重要的数据文件应包括硬盘分区表、引导扇区资料等关键数据应定时作备份工作，并妥善保管，以便在进行系统维护和修复工作时使用。保存有重要数据的存储设备要特别保管，一般可以选择写保护的软盘，只读性的光盘或与网络物理断开的单机系统等，绝不可以与系统同时染毒或受到攻击。

3. 注意邮件中附件情况

针对电子邮件病毒，要特别注意邮件中附件的情况，因为这些附件很可能就是送上门的病毒，一定要谨慎处理，防止引毒入机。可疑的附件有以下几种表现：*.exe 和 *.com 等可执行程序，文件名或文件扩展名很怪的附件，带有脚本文件如 *.vbs、*.shs 等的附件。

如果确实要收取附件，不能直接打开浏览，而应该首先执行"另存为…"命令，将附件保存到本地磁盘，待用杀毒软件检查无毒后方可打开使用。

4. 安装防火墙

防火墙虽然对于病毒的防范作用不如杀毒软件，但它能够防止黑客攻击，保证网络安全，防火墙可以上实时监控网络的工作情况，对异常活动发出警报，它的包过滤功能对防范病毒的扩散也有积极的作用。

5. 及时更新操作系统的漏洞补丁

及时更新补丁可以有效减少系统漏洞，切断病毒入侵系统或利用漏洞扩散的途径，保障系统安全。

作为网络管理员，如果发现网络杀毒软件频繁报警，或者突然出现了大量无效的数据包而影响了正常的网络通信，有非法用户尝试进入内部数据，网络中出现大量邮件群发现象，不断有用户抱怨上网速度变慢，网页中有很多流氓程序干扰等异常现象。那你的网络系统很可能已经感染了网络病毒，必须考虑马上采取清除措施。

遇到网络病毒攻击首先不必惊惶失措，从实际工作看，采取一些简单的措施就可以清除大多数的网络病毒，恢复网络系统的正常工作。下面介绍网络感染病毒后的一些处理措施。

（1）首先要对系统的破坏程度有一个全面的了解，并根据破坏的程度来决定采用有效的计算机病毒清除方法和对策。如果受破坏的大多是系统文件和应用程序文件，并且感染程度较深，那么可以用重装系统的方法来达到清除计算机病毒的目的，而对感染的是关键数据文件，或比较严重的时候，可以考虑请计算机病毒专家来进行清除和数据恢复工作。

（2）修复前，尽可能再次备份重要的文件。目前杀毒软件在杀毒前都能保存重要的数据和感染的文件，以便能够在误杀或造成新的破坏时可以恢复数据。但对那些重要的用户数据文件等还是应该在杀毒前手工单独进行备份，备份文件不能放在被感染破坏的系统内，也不应该与平时的常规备份混在一起。

（3）启动杀毒软件对整个硬盘系统进行扫描。现在绝大多数的网络病毒在 Windows 状态下可以有效清除，对于某些无法完全清除的病毒，可以使用干净的 DOS 软盘启动系统，然后在 DOS 下允许相关杀毒软件进行清除。

（4）对于不能清除的可执行文件中的病毒，可以先将其完全删除，然后重新安装相应的系统来恢复。

（5）合理使用专杀工具。针对某些病毒，杀毒厂商会免费提供专门针对性杀毒小软件，在必要的时候可以考虑使用。

（6）对于杀毒软件无法清除的病毒，可以将病毒样本送交杀毒软件厂商的研制中心，以供详细的分析。

8.4　黑客及其防范技术

8.4.1　黑客的概念

黑客（hacker）一般是指那些未经过管理员授权或者利用系统漏洞等方式进入计算机系统的非法入侵者。他们可以查看我们的资料，窃取我们的信息，偷窥我们的隐私，破坏我们的数据，甚至获取计算机系统的最高控制权，将我们使用的计算机变成他们的傀儡，成为破坏活动的帮凶。

有的观点认为，对于误入计算机系统或被挟持进入计算机系统的非法进入者不算是黑客，但是，对于有意或尝试非法进入计算机系统，不管其从主观上是否要对我们的系统进行破坏，都应该认为是黑客攻击行为。

黑客具有隐蔽性和非授权性的特点，所谓隐蔽性是黑客犯罪通常利用系统漏洞和缺陷，采用不易察觉的手段进入系统从事破坏活动，即使在破坏活动中，黑客仍然不忘采取隐蔽手法，尽量在不影响用户使用的情况下窃取数据。所谓非授权性是指黑客没有用户的授权就占有用户资源，它首先攫取对资源的控制权，然后使用这种特权来逃避检查和访问控制。有时黑客虽然是合法用户，但访问未经授权的数据、程序或其他资源，或者虽然授权访问这些资源，但却滥用了这些特权，造成安全问题。

目前黑客已成为一个特殊的社会群体，在欧美等国有不少安全合法的黑客组织，黑客们经常召开黑客技术交流会。我国的黑客数量也越来越大，黑客网站也越来越多。在 Internet 上随时都可以找到介绍黑客攻击手段、免费提供各种黑客工具软件、黑客杂志等资料，这使得普通人也可以很容易地下载并学会使用一些简单的黑客手段或工具对网络进行某种程度的攻击，导致了网络安全环境的进一步恶化。

黑客的攻击步骤可以说变幻莫测，但纵观其整个攻击过程，还是有一定规律可循的，一般可以分攻击前奏、实施攻击、巩固控制、继续深入几个过程，如图 8.10 所示。

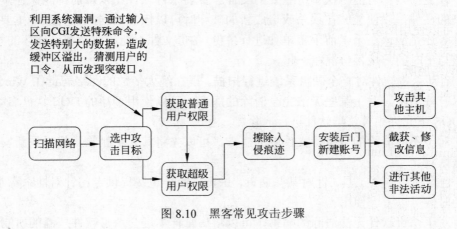

图 8.10　黑客常见攻击步骤

8.4.2 黑客常用的攻击方法

1. 获取口令密码

获取口令常有 3 种方法：一是通过网络监听非法得到用户口令；二是在知道用户的账号后利用一些专门软件强行破解用户口令；三是在获得一个服务器上的用户口令文件（此文件为 shadow 文件）后，用暴力破解程序用户口令。

黑客程序强行破解口令密码大致有以下 3 种方法。

（1）猜测法：这种方法的确使用得很普遍，因为猜测法依靠的是经验和对目标用户的熟悉程度。现实生活中，很多人的口令密码就是姓名汉语拼音的缩写和生日的简单组合。甚至还有人用最危险的口令密码——与用户名相同的口令密码！那么破解这样的口令密码就变得相当简单，这时候，猜测法就会拥有最高的效率。

（2）字典法：由于网络用户通常采用某些英文单词或者自己姓名的缩写作为口令密码，所以就先建立一个包含巨量英语词汇和短语、短句的口令密码词汇字典，然后使用破解软件去一一尝试，如此循环往复，直到找出正确的口令密码，或者将口令密码词汇字典里的所有单词试完一遍为止。由于计算机的速度快，破解起来也不需要很长时间，这种破解口令密码方法的效率远高于穷举法，因此大多数口令密码破解软件都支持这种破解方法。

（3）穷举法：穷举法的原理是把具有固定位数的数字口令密码的所有可能性都排列出来，逐一尝试，因为在这些所有的组合中，一定有一个就是正确的口令密码。这种方法虽然效率最低，但很可靠。

2. WWW 的欺骗技术

在网上用户可以利用 IE 等浏览器进行各种各样的 Web 站点的访问，如阅读新闻组、咨询产品价格、订阅报纸、从事电子商务等。然而一般的用户恐怕不会想到有这些问题存在：正在访问的网页已经被黑客篡改过，网页上的信息是虚假的！例如黑客将用户要浏览的网页的 URL 改写为指向黑客自己的服务器，当用户浏览目标网页的时候，实际上是向黑客服务发出请求，那么黑客就可以达到欺骗的目的了。

3. 通过一个结点来攻击其他结点

黑客在突破一台主机后，往往以此主机作为根据地，攻击其他主机，以隐蔽其入侵路径。他们可以使用网络监听方法，尝试攻破同一网络内的其他主机；也可以通过 IP 欺骗和主机信任关系，攻击其他主机。

4. 网络监听

网络监听是主机的一种工作模式，在这种模式下，主机可以接收到本网络段在同一条物理信道上传输的所有信息，而不管这些信息的发送方和接收方是谁。此时，如果两台主机进行通信的信息没有加密，只要使用某些网络监听工具，例如 NetXray for Windows 95/98/NT、Sniff it for Linux、Solaries 等就可以轻而易举地截取包括口令和账号在内的信息资料。虽然网络监听获得用户账号和口令具有一定的局限性，但监听者往往能够获得其所在网络段的所有用户账号及口令。

在以太网的数据传输方式中，传输的数据包以广播方式发送到所有主机，在数据包的包头中含有目标主机的地址，目标主机验证是否是自己的地址，如果是，则接收数据帧；

否则，就丢弃该数据帧。但是，当某台主机工作在监听方式时，该主机会将所有的数据帧接收传给应用软件。显然，工作在监听方式的主机窃取了它不该得到的数据。

5. 端口扫描

所谓端口扫描，就是利用 Socket 编程与目标主机的某些端口建立 TCP 连接、进行协议验证等，以侦查主机是否在该端口进行监听（该端口是否是"活"的）、主机提供什么样的服务、该服务是否有缺陷等。

常用的端口扫描方式有：

- Connect( )扫描。最基本的扫描方式，使用系统的 Connect( )调用进行，速度快，但容易被目标主机检测、被防火墙过滤掉。
- 半开扫描。向目标主机发送 SYN 数据包，当收到连接请求被接收的应答后，发送 RST 强行关闭连接。这种情况下目标主机不会加以记录，但需要使用超级用户权限才可进行半开扫描。
- Fragmention 扫描。将要发送的 TCP 数据包拆分成小 IP 包进行隐秘扫描。

常用的扫描工具有 PortScan、Ogre for Windows 95/98/NT 等。

6. 寻找系统漏洞

许多系统都有这样那样的安全漏洞，其中某些漏洞是操作系统或应用软件本身具有的，如 SendMail 漏洞，Windows 98 中的共享目录口令密码验证漏洞和最新发现微软 IE 浏览器的一个存在重大安全隐患的漏洞等，这些漏洞在补丁未被开发出来之前一般很难防御黑客的破坏，除非将网线拔掉；还有一些漏洞是由于系统管理员配置错误引起的，如在网络文件系统中，将目录和文件以可写的方式调出，将未加 shadow 的用户口令密码文件以明码方式存放在某一目录下，这都会给黑客带来可乘之机，应及时加以修正。

7. 后门程序

"后门"的存在，本是为了便于测试、更改和增强模块的功能。当一个训练有素的程序员设计一个功能较复杂的软件时，都习惯于先将整个软件分割为若干模块，然后再对各模块单独设计、调度，而后门则是一个模块的秘密入口。在程序开发期间，当然，程序员一般不会把后门记入软件的说明文档，因此用户通常无法了解后门的存在。

按照正常操作程序，在软件交付用户之前，程序员应该去掉软件模块中的后门，但是由于程序员的疏忽，或者故意将其留在程序中以便日后可以对此程序进行隐蔽的访问，方便测试或维护已完成的程序等种种原因，实际上并未去掉。这样，后门就可能被程序的作者所秘密使用，也可能被少数别有用心的人用穷举搜索法发现并利用。

被称为"暴徒"的黑客发布了 SubSeven 后门程序的升级版本。SubSeven 后门程序能使恶意黑客在用户不知情的情况下访问和控制用户。

8. 利用账号进行攻击

有的黑客会利用操作系统提供的默认账户和口令密码进行攻击，例如 UNIX 主机有 FTP 和 Guest 等默认账户（其口令密码和账户名同名），有的甚至没有口令。黑客用 UNIX 操作系统提供的命令如 Finger 和 Ruser 等收集信息，不断提高自己的攻击能力。

这类攻击只要将系统提供的默认账户关掉或提醒无口令用户增加口令一般都能克服。

9. 偷取特权

利用各种特洛伊木马程序、后门程序和黑客自己编写的导致缓冲区溢出的程序进行攻击，前者可使黑客非法获得对用户机器的完全控制权，后者可使黑客获得超级用户的权限，从而拥有对整个网络的绝对控制权。这种攻击手段，一旦奏效，危害性极大。

10. 放置特洛伊木马程序

特洛伊木马程序可以直接侵入用户的计算机并进行破坏，它常被伪装成工具程序或者游戏等，诱使用户打开带有特洛伊木马程序的邮件附件或从网上直接下载，一旦用户打开了这些邮件的附件或者执行了这些程序之后，它们就会像古代希腊人在敌人城外留下的藏满士兵的木马一样留在用户的计算机中，并在计算机系统中隐藏一个可以在 Windows 启动时悄悄执行的程序，在后台监视系统运行。当连接到 Internet 上时，这个程序就会通知黑客，报告用户的 IP 地址以及预先设定的端口。黑客在收到这些信息后，再利用这个潜伏在其中的程序，就可以任意地修改这个用户的计算机的设定参数、复制文件、窥视整个硬盘中的内容等，从而达到控制这个用户计算机的目的。

特洛伊木马同一般程序一样，能实现任何软件的任何功能。例如，复制、删除文件，格式化硬盘，甚至发电子邮件。典型的特洛伊木马是窃取别人在网络上的账号和口令，它有时在用户合法登录前伪造一个登录现场，提示用户输入账号和口令，然后将账号和口令保存至一个文件中，显示登录错误，退出特洛伊木马程序。用户还以为自己输错了，再试一次时，已经是正常的登录了，用户也就不会怀疑了。

11. D.O.S 攻击

D.O.S 攻击也叫分布式拒绝服务攻击（Distributed Denial of Service，DDOS），就是用超出被攻击目标处理能力的海量数据包消耗可用系统、带宽资源，致使网络服务瘫痪，导致拒绝提供新的服务的一种攻击手段。

它的攻击原理是这样的：攻击者首先通过比较常规的黑客手段侵入并控制某个网站之后，在该网站的服务器上安装并启动一个可由攻击者发出的特殊指令来进行控制的进程。当攻击者把攻击对象的 IP 地址作为指令下达给这些进程的时候，这些进程就开始对目标主机发起攻击。这种方式集中了成百上千台服务器的带宽能力，向某个特定目标发送众多的带有黑客伪造的虚假请求方地址的网络访问请求。服务器发送回复信息后要在一定时间内等待请求方回传信息，只要服务器等不到从这些虚假请求方回传的信息，分配给这次访问请求的系统资源就不能被释放。只有当等待时间超过规定后，服务请求连接才会因超时而切断。在这种悬殊的带宽对比下，被攻击目标的剩余带宽会迅速耗尽，从而导致服务器的瘫痪，服务器也就无法提供新的服务了。

当黑客于 1999 年 8 月 17 日攻击美国明尼苏达大学的时候，就采用了一个典型的 D.O.S 攻击工具 Trinoo，攻击包从被 Trinoo 控制的至少 227 个主机源源不断地送到明尼苏达大学的服务器，造成其网络严重瘫痪达 48 小时。在一定时间内，使被攻击的网络彻底丧失正常服务功能。

12. 网络钓鱼

这是前不久流行起来的一种攻击方式，或许称为网络欺骗更为恰当。"网络钓鱼"攻击者利用欺骗性的电子邮件和伪造的 Web 站点来进行诈骗活动，受骗者往往会泄露自己的财务数据，如信用卡号、账户用和口令、社保编号等内容。"网络钓鱼"攻击者常采用具有迷惑性的网站地址和网站页面进行欺骗，比如把字母 o 用数字 0 代替，字母 1 用数字 1 代替，并把带有欺骗性质的网页制作的与合法的网站页面相似或者完全相同。

8.4.3 黑客的防范措施

网络攻击越来越猖獗，对网络安全造成了很大的威胁。对于任何黑客的恶意攻击，都有办法来防御，只要了解了他们的攻击手段，具有丰富的网络知识，就可以抵御黑客们的疯狂攻击。下面介绍一些常用的防范措施：

1. Windows 系统入侵的防范

Windows 系统虽然在设计时采用了安全标准较高的 C2 标准，但其开放的功能和工作环境决定着 Windows 系统有很多安全弱点，其中最常见的是其共享功能，Windows 系统提供了文件及打印机资源的共享功能，它允许用户共享不同计算机间的文件和打印机，并且可以拥有很高的读写权限，但这些共享却可能被黑客利用，他也共享了你的资源，拥有了你的数据。更为可怕的是：超过 90%的 Windows 系统用户不知道自己所有的硬盘分区默认情况下是共享的，且对方具有完全控制权限，他们只是单纯的以为在网上邻居上看不到就没有共享。黑客可以利用这些技能轻易入侵到用户的计算机系统中盗取资料。要防止Windows 系统入侵可以采用如下措施：

- 安装完操作系统后马上关闭所有分区的共享属性。
- 不要泄露计算机的 IP 地址。
- 及时关闭不必要的共享服务，对必须的共享要设置密码和登录权限。
- 为计算机设置系统密码，且密码的强度要高，不易被黑客攻破。

2. 木马入侵的防范

木马是经常被黑客作为入侵、控制计算机的工具，与病毒不同，木马不需要依附于任何载体而独立存在，它要被植入到计算机中并被执行才能够发挥作用，木马会悄悄地在计算机上运行，就在用户毫无察觉的情况下，让攻击者获得了远程访问和控制系统的权限。

防范木马入侵可以采用如下措施：

- 使用杀毒软件并定时升级病毒库，现在很多杀毒软件都集成了防范某些木马的功能。
- 不要打开来路不明的邮件或运行不熟悉的软件程序，这些很有可能隐藏有木马程序。
- 检测系统文件和注册表的变化，对于异常活动要及时采取措施。
- 备份系统文件和注册表，防止系统崩溃。

3. 拒绝服务攻击的防范措施

拒绝服务攻击是黑客利用 TCP 连接的三次握手，通过快速连续的加载过多的服务请求将服务器资源全部使用，使得被攻击服务器无法响应其他用户的请求，造成服务中断。为了防止拒绝服务攻击，我们可以采取以下的预防措施：

建议在该网段的路由器上做些配置的调整，限制 SYN 半开数据包的流量和个数。对系统设定相应的内核参数，强制复位超时的 SYN 请求连接，同时缩短超时常数和加长等候队列使得系统能迅速处理无效的 SYN 请求数据包。在路由器做必要的 TCP 拦截，使得只有完成 TCP 三次握手过程的数据包才可进入该网段，这样可以有效地保护本网段内的服务器不受此类攻击。应尽可能关掉产生无限序列的服务。比如在路由器上对 ICMP 包进行带宽方面的限制，将其控制在一定的范围内。

4. 针对网络嗅探的防范措施

网络嗅探是黑客利用在网络上安装的嗅探程序，发现网络中明文传输的账号和口令，进而非法入侵系统。对于网络嗅探攻击，可以采取以下措施进行防范。

- 网络分段：利用嗅探不容易跨网段的特点，使用交换设备对数据流进行限制，从而达到防止嗅探的目的。
- 加密：对数据流中的部分重要信息进行加密，将敏感信息使用密文传输。
- 采用一次性口令：每次登录结束后，客户端和服务器可以利用相同的算法对口令进行变换，进行重新匹配，使原口令只能使用一次。
- 禁用杂错结点：安装不支持杂错的网卡，通常可以防止利用杂错结点进行嗅探。

8.5　防火墙技术

8.5.1　防火墙的概述

在网络中，防火墙是一种用来加强网络之间访问控制的特殊网络互联设备，如路由器、网关等。如图 8.11 所示，它对两个或多个网络之间传输的数据包和连接方式按照一定的安全策略进行检查，以决定网络之间的通信是否被允许。其中被保护的网络称为内部网络，另一方则称为外部网络或公用网络。它能有效地控制内部网络与外部网络之间的访问及数据传送，从而达到保护内部网络的信息不受外部非授权用户的访问和过滤不良信息的目的。

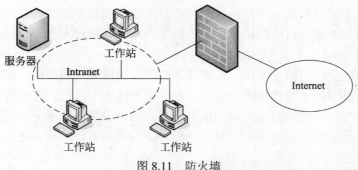

图 8.11　防火墙

防火墙是一个或一组在两个网络之间执行访问控制策略的系统，包括硬件和软件，目的是保护网络不被可疑人侵扰。本质上，它遵从的是一种允许或阻止业务来往的网络通信安全机制，也就是提供可控的过滤网络通信，只允许授权的通信。

通常，防火墙就是位于内部网或 Web 站点与 Internet 之间的一个路由器或一台计算机，又称为堡垒主机。它如同一个安全门，为门内的部门提供安全，控制那些可被允许出入该受保护环境的人或物。就像工作在前门的安全卫士，控制并检查站点的访问者。

8.5.2　防火墙的功能

防火墙是由管理员为保护自己的网络免遭外界非授权访问但又允许与 Internet 连接而

发展起来的。从网际角度，防火墙可以看成是安装在两个网络之间的一道栅栏，根据安全计划和安全策略中的定义来保护其后面的网络。

由软件和硬件组成的防火墙应该具有以下功能：

- 所有进出网络的通信流都应该通过防火墙；
- 所有穿过防火墙的通信流都必须有安全策略和计划的确认和授权；
- 理论上说，防火墙是穿不透的。

利用防火墙能保护站点不被任意连接，甚至能建立跟踪工具，帮助总结并记录有关正在进行的连接资源、服务器提供的通信量以及试图闯入者的任何企图。

总之，防火墙是阻止外面的人对用户的网络进行访问的任何设备，此设备通常是软件和硬件的组合体，它通常根据一些规则来挑选想要或不想要的地址。

8.5.3　防火墙的分类

作为内部网络与外部公共网络之间的一道屏障，防火墙是最先受到人们重视的网络安全产品。根据防火墙所采用的技术不同，我们可以将防火墙分为 4 种基本类型：包过滤型防火墙、代理型防火墙、状态检测型防火墙和综合型防火墙。

1. 包过滤型防水墙

包过滤型产品是防火墙的初级产品，其技术依据是网络中的分组（包）传输技术。现代计算机网络中的数据都是以"包"为单位进行传输，每一个数据包中都会包含一些特定信息，如数据的源地址、目标地址、TCP 或 UDP 源端口和目标端口等。防火墙通过读取数据包中的相关信息，可以获得其基本情况，并据此对其做出相应的处理。例如通过读取地址信息，防火墙可以判断一个"包"是否来自可信任的安全站点，一旦发现来自危险站点的数据包，防火墙便会将这些数据拒之"墙"外。网络管理人员也可以根据实际情况灵活制订判断规则。

包过滤技术的优点是简单实用，实现成本较低，同时处理效率高。在应用环境比较简单的情况下，能够以较小的代价在一定程度上保证系统的安全性，并且保证网络具有比较高的数据吞吐能力。包过滤技术的缺陷也很明显，由于包过滤技术是一种完全基于网络层的安全技术，只能根据数据包的源、目的地址和端口等基本网络信息进行判断，无法识别基于应用层的恶意侵入（如恶意的 Java 小程序以及电子邮件中附带的病毒等），所以有经验的入侵程序很容易伪造 IP 地址，骗过包过滤型防火墙。

2. 代理型防火墙

代理型防火墙以代理服务器的模式工作，它的安全性要高于包过滤型防火墙。代理服务器位于客户机与服务器之间，完全阻挡了二者间的数据交流。从客户机来看，代理服务器相当于一台真正的服务器；而从服务器来看，代理服务器仅是一台客户机。当客户机需要使用服务器上的数据时，首先将数据请求发给代理服务器，代理服务器再根据这一请求向服务器索取数据，然后再由代理服务器将数据传输给客户机。由于外部系统与内部服务器之间没有直接的数据通道，外部的恶意攻击也就很难触及内部网络系统。代理型防火墙的工作方式如图 8.12 所示。

代理型防火墙的优点是安全性较高，可以针对应用层进行侦测和扫描，可有效地防止应用层的恶意入侵和病毒。代理型防火墙的缺点是对系统的整体性能有较大的影响，系统的处理效率会有所下降，因为代理型防火墙对数据包进行内部结构的分析和处理，这会导致数据包的吞吐能力降低（低于包过滤型防火墙）；同时，代理服务器必须针对客户机可能产生的所有应用类型逐一进行设置，大大增加了系统管理的复杂性。

3．状态检测型防火墙

状态检测型防火墙检测每一个有效连接的状态，并根据检测结果决定数据包是否通过防火墙。由于一般不对数据包的上层协议封装内容进行处理，所以状态检测型防火墙的包处理效率要比代理型防火墙高；同时，必要时可以对数据包的应用层信息进行提取，所以状态检测型防火墙又具有了代理型防火墙的安全性特征。

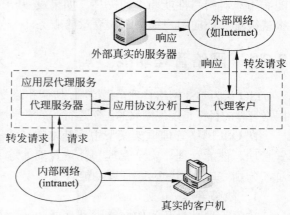

图 8.12　代理型防火墙的工作方式

因此，状态检测型防火墙提供了比代理型防火墙更强的网络吞吐能力和比包过滤型防火墙更高的安全性，在网络的安全性和数据处理效率这两个相互矛盾的因素之间进行了较好的平衡，但它并不能根据用户策略主动地控制数据包的流向，随着用户对通信速度要求的进一步提高，状态检测技术也在逐渐改善。

4．综合型防火墙

新一代综合型防火墙在综合了上述几种防火墙技术特点的基础之上，还增加了加密技术、入侵检测技术、病毒检测技术、内容过滤等一系列信息安全技术，可全方位地解决网络传输所面临的安全威胁。

综合型防火墙应用于网络边缘安全的防范。针对影响网络边缘安全的病毒破坏、黑客入侵、黄色站点、非法邮件、数据窃听等不安全因素，提供集成的防病毒网关、入侵检测、内容过滤以及 VPN（虚拟专用网）等功能，已经远远超越了最初定义的防火墙功能范畴，形成动态立体的网络边界安全解决方案。

另外，综合型防火墙还集成了原来由路由器提供的网络地址转换（NAT）功能，所以也将具有 NAT 功能的防火墙称为网络地址转换型防火墙。网络地址转换是一种用于把 IP 地址转换成临时的、外部的、注册的 IP 地址技术。它允许具有私有 IP 地址的内部网络访问 Internet，而不需要为网络中的每一台设备取得注册的 IP 地址。NAT 将网络分为内部（inside）和外部（outside）两部分，一般情况下内部是单位的局域网，使用的是保留的私有 IP 地址；外部是 Internet，使用的是经过注册的合法 IP 地址。NAT 的功能就是实现内部 IP 地址与外部 IP 地址之间的转换，这种转换可以是一对一（一个私有 IP 地址对应一个注册 IP 地址）、一对多（一般是一个注册 IP 地址对应多个私有 IP 地址）或多对多（一般是少量的注册 IP 地址对应大量的私有 IP 地址）的。

8.6　网络管理基础

当前计算机网络的发展特点是规模不断扩大，复杂性不断增加，异构性越来越高。一个网络往往由若干个大大小小的子网组成，集成了多种网络操作系统平台，并且包括了不同厂家、公司的网络设备和通信设备等。同时，网络中还有许多网络软件提供各种服务。随着用户对网络性能要求的提高，如果没有一个高效的管理系统对网络系统进行管理，那么就很难保证向用户提供令人满意的服务。

8.6.1　网络管理功能

ISO 认为 OSI 网络管理是指控制、协调和监督 OSI 环境下的网络通信服务和信息处理活动。网络管理的目标是确保网络的正常运行，或者当网络运行出现异常时能及时响应和排除故障。

在 OSI 网络管理框架模型中，基本的网络管理功能被分成 5 个功能域：故障管理、配置管理、性能管理、安全管理和计费管理。这 5 个功能域通过与其他开放系统交换管理信息，分别完成不同的网络管理功能。

1. 故障管理

故障管理是最基本的网络管理功能。故障管理的主要任务是发现和排除网络故障。典型功能包括：维护并检查错误日志，接收错误检测报告并做出响应，跟踪、辨认错误，执行诊断测试，纠正错误。

2. 配置管理

配置管理也是最基本的网络管理功能。配置管理的功能包括：设置开放系统中有关路由操作的参数，被管对象和被管对象组名字的管理，初始化或关闭被管对象，根据要求收集系统当前状态的有关信息，获取系统重要变化的信息，更改系统的配置。

3. 计费管理

在网络通信资源和信息资源有偿使用的情况下，计费管理功能能够统计哪些用户利用哪条通信线路传输了多少数据、访问的是什么资源等信息。计费管理的主要功能包括：计算网络建设及运营成本，主要成本包括网络设备器材成本、网络服务成本、人工费用等；统计网络及其所包含的资源的利用率，为确定各种业务在不同时间段的计费标准提供依据；联机收集计费数据，这是向用户收取网络服务费用的根据；计算用户应支付的网络服务费用；账单管理，保存收费账单及必要的原始数据，以备用户查询和置疑。

4. 性能管理

性能管理的目的是维护网络服务质量和网络运营效率。典型功能包括：收集统计信息，维护并检查系统状态日志，确定自然和人工状况下系统的性能，改变系统操作模式以进行系统性能管理的操作。

5. 安全管理

网络安全性既是网络管理的重要环节，也是网络管理的薄弱环节。安全管理是为了保证网络不会被非法侵入、非法使用及资源破坏。安全管理的主要内容包括：与安全措施有关的信息公布；与安全有关的事件报告；安全服务设施的创建、控制和删除，安全服务和机制；与安全有关的网络操作事件的记录、维护和查阅等日志管理工作等。

8.6.2　网络管理系统的体系结构

一个计算机网络的网络管理系统基本上都是由 4 部分组成的：被管代理（Agents）、网络管理器（Management Manager）、网络管理协议（Network Management Protocol）、管理信息库 MIB，如图 8.13 所示。

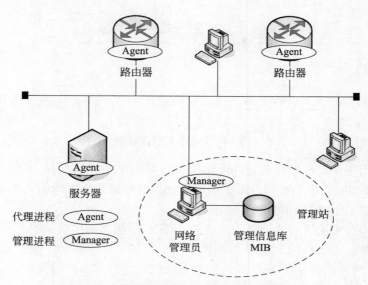

图 8.13　通过管理进程和代理进程进行网络管理

被管代理是驻留在被管对象上、配合网络管理的处理实体。任何一个可被管理的被管对象都有一个被管代理。被管代理的任务是向管理者报告被管对象的状态，并接收来自管理者的网络管理命令，使被管对象执行指定的操作，然后将其结果返回给管理者。

在网络管理中起核心作用的是管理者，任何一个网络管理系统都至少应该有一个管理者。管理者负责网络管理的全部监视和控制工作。管理者通过与被管代理的信息交互完成管理工作。它接收被管代理发来的报告，并指示被管代理应如何操作。

管理信息库是网络管理中一个重要的组成部分，由一个系统内的许多被管对象及其属性组成。它实际上就是一个数据库，负责提供被管对象的各种信息，这些信息由管理者和被管代理共享。

网络管理协议定义了网络管理者与被管代理间的通信方法，规定了管理信息库的存储结构、信息库中关键字的含义及各种事件的处理方法。

8.6.3　简单网络管理协议

简单网络管理协议 SNMP 最初是 IETF 为解决 Internet 上的路由器管理而提出的。SNMP 是基于 TCP/IP 协议的一个应用层协议。它是无连接的协议，在传输层采用 UDP 协议，目的是为了实现简单和易于操作的网络管理。SNMP 的管理模型如图 8.14 所示。

1. SNMP 网络管理协议的工作方式和特点

SNMP 协议主要用于 OSI 模型中较低层次的管理，采用轮询监控的工作方式：管理者按一定的时间间隔向代理请求管理信息，根据管理信息判断是否有异常事件发生；当管理对象发生紧急情况时可以使用称为 Trap（陷阱）信息的报文主动报告。为此，SNMP 提供了以下 5 个服务原语。

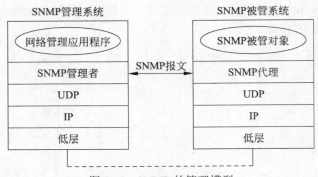

图 8.14　SNMP 的管理模型

（1）Get：用来访问被管设备，并得到指定的 MIB 对象的实例值。

（2）GetResponse：用于被管设备上的网管代理对网管系统发送的请求进行响应，它包含有相应的响应标识和响应信息。

（3）GetNext：用来访问被管设备，从 MIB 树上检索出指定对象的下一个对象实例。

（4）Set：设定某个 MIB 对象实例的值。

（5）Trap：网管代理使用 Trap 原语向网管系统报告异常事件的发生。

2. 实际网络管理系统的组成

实际的网络管理系统由 4 个基本部分组成，即网络管理软件、管理代理、管理信息库和代理设备。在大部分的实际网络管理系统中，只有前 3 个部分，因此这 3 个部分是基本点和必需的，而并非所有的网络都有"代理设备"。

1）网络管理软件

网络管理软件简称"网管软件"，是协助网络管理员对整个网络或网络中的设备进行日常管理工作的软件。网络管理软件除了要求网络设备的"管理代理"定期采集用于管理的各种信息之外，还要定期查询管理代理采集到的主机有关信息。网管软件正是利用这些信息来确定和判断整个网络、网络中的独立设备或者局部网络的运行状态是否正常的。

在网络管理系统中，网络管理软件是连接其他几个因素的桥梁，因此有着举足轻重的地位。它的功能好坏将直接影响到整个网络管理系统的功能。

对于大型网络来说，网络规模较大，网络结构复杂，一旦网络出现故障，查找与维护都很困难，因此网络管理软件是不可缺少的助手；而对于小型网络或者个人用户来说，他们的技术水平较低，聘请专业技术人员的费用又太高，因此网络管理软件可以帮助解决一些棘手的问题。所以，网络管理软件已经成为各种网络必不可少的组成部分。

目前市场上的网络管理软件名目繁多，在选择时可以从以下几方面进行考虑：

- 与自身的网络规模和网络模式相适应；
- 具有智能化的监视能力；
- 具有基于用户策略的控制能力；
- 具有支持多协议、开放式操作系统和第三方管理软件的能力；
- 具有良好的用户界面；
- 具有简单的、无须编程的开发工具；
- 具有良好的技术支持和服务；

● 具有合适的性价比等。

2）网络设备的管理代理

网络设备的管理代理简称"管理代理"，是驻留在网络设备中的一个软件模块。其中的网络设备可以是系统中的网络计算机、打印设备和交换机等。网络设备的管理代理软件能够获得每个网络设备的各种信息。因此，每个管理代理上的软件就像被管理设备的代理人，它可以完成网管软件所布置的信息采集任务。实际上，它充当了网络管理系统与被管设备之间的信息中介。管理代理通过被控制设备中的管理信息库来实现管理网络设备的功能。

在实际应用中，由于 SNMP 协议确立了不同设备、软件和系统之间的基础框架，因此人们通常选用支持 SNMP 协议的网络设备。这样驻留在其中的管理代理软件就具有共同语言。正因为有了这个标准语言，网络设备的管理代理软件才可以将网络管理软件发出的命令按照统一的网络格式进行转化，再收集需要的信息，最后返回正确的响应信息，从而实现网管软件在网络管理中的统一网络管理。

3）管理信息库

管理信息库定义了一种有关对象的数据库，它由网络管理系统所控制。整个 MIB 中存储了多个对象的各种信息数据。网管软件正是通过控制每个对象的 MIB 来实现对该网络设备的配置、控制和监视的。而网络管理员使用的网络管理系统可以通过网络管理的代理软件来控制每个 MIB 对象。

4）代理设备

在网络管理系统中，代理设备是标准的网络协议软件和不支持标准的软件之间的一座桥梁。利用代理设备，无须升级整个网络管理系统即可实现旧版本网管软件到新版本的升级。正是由于代理设备的上述特殊功能，所以不是所有的网络管理系统中都有这种设备，也就是说，代理设备在网络管理系统中是可选的。

小结

现今，伴随着计算机和通信技术的高速发展，网络的开放性、互联性、共享性程度的扩大，企业越来越依赖信息和网络技术来支持他们在全球市场中的迅速成长和扩大。但随之而来的威胁也越来越多——黑客攻击、恶意代码、蠕虫病毒等。因此，对于网络安全知识的了解非常必要。

本章主要叙述了网络安全的威胁及防范措施的关键技术。同时对网络管理的相关技术也进行了详细介绍。

习题

一、选择题

1. 在替代密码中，若采用 $N=3$ 的替代算法，明文是 abc，则密文是（　　　）。

　A．def　　　　　　B．DEF　　　　　　C．efg　　　　　　D．EFG

2. 在下列关于公开密钥算法的叙述中正确的是（　　　）。

　　A．加密密钥和解密密钥相同

　　B．从加密密钥可以得到解密密钥

　　C．每个用户有两个密钥

　　D．加密密钥是保密的

3. 下列选项中是网络管理协议的是（　　　）。

　　A．DES　　　　　　　　　　　　　B．UNIX

　　C．SNMP　　　　　　　　　　　　D．RSA

4. 在公钥机密体制中，公开的是（　　　）。

　　A．加密密钥　　　　　　　　　　　B．解密密钥

　　C．明文　　　　　　　　　　　　　D．加密密钥和解密密钥

5. RSA 属于（　　　）。

　　A．秘密密钥密码　　　　　　　　　B．公用密钥密码

　　C．保密密钥密码　　　　　　　　　D．对称密钥密码

6. 防火墙是指（　　　）。

　　A．一个特定软件

　　B．一个特定硬件

　　C．执行访问控制策略的一组系统

　　D．一批硬件的总称

7. 关于防火墙的功能，以下哪一种描述是错误的（　　　）。

　　A．防火墙可以检查进出内部网的通信量

　　B．防火墙可以使用应用网关技术在应用层上建立协议过滤和转发功能

　　C．防火墙可以使用过滤技术在网络层对数据包进行选择

　　D．防火墙可以阻止来自内部的威胁和攻击

8. 甲通过计算机网络给乙发消息，说其同意签订合同。随后甲又反悔，不承认发过该条消息。为了防止这种情况发生，应该在计算机网络中采用（　　　）。

　　A．消息认证技术　　　　　　　　　B．数据加密技术

　　C．防火墙技术　　　　　　　　　　D．数字签名技术

9. 以下网络信息安全性威胁中，属于被动攻击的是（　　　）。

　　A．中断　　　　　　　　　　　　　B．篡改

　　C．截获　　　　　　　　　　　　　D．伪造

10. 网络管理中，被管理的对象称为（　　　）。

　　A．管理站　　　　　　　　　　　　B．客户机

　　C．代理　　　　　　　　　　　　　D．硬件设备

二、填空题

1. 研究密码技术的学科称为＿＿＿＿＿＿。密码学包括两个分支，即＿＿＿＿＿和＿＿＿＿＿。前者指在对信息进行编码实现信息隐蔽，后者研究分析破译密码的学问。

2. 从网络传输的角度，通常有两种不同的加密策略，即＿＿＿＿＿和＿＿＿＿＿。

3. 计算机病毒一直伴随着计算机技术的发展而不断变化，其中以＿＿＿＿＿和＿＿＿＿＿

为代表的计算机病毒依附于网络技术，使其传播迅速、攻势猛烈、影响巨大。

4．根据防火墙所采用的技术不同，我们可以将防火墙分为 4 种基本类型：_____、_____、_____和_____。

5．由于网络漏洞的存在，潜在的网络威胁主要包括窃听、_____、欺骗假冒、破坏数据完整性、_____等方式。

6．网络管理主要包括故障管理、_____、性能管理、计费管理和_____5 大管理功能。

三、简答题

1．简述网络信息安全包括 5 个基本要素。

2．简述计算机网络通信安全的 5 个目标。

3．比较端到端加密和链路加密。

4．计算机病毒的特点有哪些？

5．计算机病毒可以分为哪几类？

6．Sniffer 技术的原理是什么？

7．防火墙能防什么？防不住什么？

8．什么是网络管理？网络管理的主要功能有哪些？

9．采用行置换加密算法，如果密钥为 china，明文为 meet me after the tomorrow，写出加密过程和密文。密文为 ttnoyimoceuee，写出明文和解密过程。

10．通信方采用 RSA 算法，并发送方 A 选取的 $p=3$，$q=5$，求 A 的公钥，$M=2$，用 A 的公钥进行加密，并写出私钥解密过程。

第9章

网络实训

计算机网络不仅是一门理论性很强的课程，也是一门对实践性要求很高的课程。实训主要包括 3 个大的方面：

（1）网络基础实训；

（2）Windows 2003 Server 应用实训；

（3）交换机、路由器配置实训。

9.1 网络基础实训

实训一 ping 命令的使用

1. 实训目的

（1）通过使用 ping 命令，加强对 ICMP 协议的理解。

（2）熟练掌握 ping 命令的格式及参数的使用。

（3）能利用 ping 命令判断简单网络故障并排除。

2. 实训环境

（1）有 Windows 98、Windows NT Workstation、Windows NT Server、Windows 2000 Professional、Windows 2000 Server 或 Windows XP 等操作系统的计算机；

（2）这些计算机通过网线、集线器、交换机进行连接起来。

3. 实训指导

ping 是使用频率极高的实用程序，用于确定本地主机是否能与另一台主机交换（发送与接收）数据报。根据返回的信息，就可以推断 TCP/IP 参数是否设置得正确以及运行是否正常。需要注意的是，成功地与另一台主机进行一次或两次数据报交换并不表示 TCP/IP 配置就是正确的，必须执行大量的本地主机与远程主机的数据报交换，才能确信 TCP/IP 的正确性。

简单地说，ping 就是一个测试程序，如果 ping 运行正确，大体上就可以排除网络访问层、网卡、modem 的输入输出线路、电缆和路由器等存在的故障，从而减小了问题的范围。但由于可以自定义所发数据报的大小及无休止的高速发送，ping 也被某些别有用心的人作为 DDOS（拒绝服务攻击）的工具。

按照默认设置，Windows 上运行的 ping 命令发送 4 个 ICMP（网间控制报文协议）回送请求，每个 32 字节数据，如果一切正常，应能得到 4 个回送应答。ping 能够以毫秒为单位显示发送回送请求到返回回送应答之间的时间量。如果应答时间短，表示数据报不必通过太多的路由器或网络连接速度比较快。ping 还能显示存在时间（Time to Live，TTL）值，可以通过 TTL 值推算一下数据包已经通过了多少个路由器：源地点 TTL 起始值（就是比返回 TTL 略大的一个 2 的乘方数）-返回时 TTL 值。例如，返回 TTL 值为 119，那么可以推算数据报离开源地址的 TTL 起始值为 128，而源地点到目标地点要通过 9 个路由器网段（128～119）；如果返回 TTL 值为 246，TTL 起始值就是 256，源地点到目标地点要通过 9 个路由器网段。

通过 ping 检测网络故障的典型次序：

正常情况下，当使用 ping 命令来查找问题所在或检验网络运行情况时，需要使用许多 ping 命令，如果所有都运行正确，就可以相信基本的连通性和配置参数没有问题；如果某些 ping 命令出现运行故障，它也可以指明到何处去查找问题。下面就给出一个典型的检测次序及对应的可能故障：

ping 127.0.0.1——这个 ping 命令被送到本地计算机的 IP 软件，该命令永不退出该计算机。如果没有做到这一点，就表示本机的 TCP/IP 的安装或运行存在某些最基本的问题。

ping 本机 IP——这个命令被送到计算机所配置的 IP 地址，计算机始终都应该对该 ping 命令作应答，如果没有，则表示本地配置或安装存在问题。出现此问题时，局域网用户请断开网络电缆，然后重新发送该命令。如果网线断开后本命令正确，则表示另一台计算机可能配置了相同的 IP 地址。

ping 局域网内其他 IP——这个命令应该离开你的计算机，经过网卡及网络电缆到达其他计算机，再返回。收到回送应答表明本地网络中的网卡和载体运行正确。但如果收到 0 个回送应答，那么表示子网掩码（进行子网分割时，将 IP 地址的网络部分与主机部分分开的代码）不正确或网卡配置错误或电缆系统有问题。

ping 网关 IP——这个命令如果应答正确，表示局域网中的网关路由器正在运行并能够作应答。

ping 远程 IP——如果收到 4 个应答，表示成功的使用了默认网关。对于拨号上网用户则表示能够成功访问 Internet（但不排除 ISP 的 DNS 会有问题）。

ping local-host——local-host 是系统的网络保留名，它是 127.0.0.1 的别名，每台计算机都应该能够将该名字转换成该地址。如果没有做到这一点，则表示主机文件（/windows/host）中存在问题。

ping http://www.yahoo.com——对这个域名…是通过 DNS 服务器，如果这里出现故障，则表示 DNS 服务器的 IP 地址配置不正确或 DNS 服务器有故障（对于拨号上网用户，某些 ISP 已经不需要设置 DNS 服务器了）。顺便说一句：也可以利用该命令实现域名对 IP 地址的转换功能。

如果上面所列出的所有 ping 命令都能正常运行，那么你对你的计算机进行本地和远程通信的功能基本上就可以放心了。但是，这些命令的成功并不表示你所有的网络配置都没有问题，例如，某些子网掩码错误就可能无法用这些方法检测到。下面出示 ping 命令及其输出的例子：

```
C:\WINdowS>ping 198.87.118.1
Pinging 198.98.118.1 whit 32 bytes of data:
Reply from 198.98.118.1: bytes=32 time=224ms TTL=14
Reply from 198.98.118.1: bytes=32 time=213ms TTL=14
Reply from 198.98.118.1: bytes=32 time=213ms TTL=14
Reply from 198.98.118.1: bytes=32 time=213ms TTL=14
```

ping 还可测试路由问题。当使用一台主机时，如果用 ping 获取它的 IP 地址，但 ping 未能到达该主机时，那么该主机可能没有列在 DNS 服务器或是本地的 Hosts 文件中，或是指定的是一个无效的 DNS 服务器或该 DNS 服务器是不可到达的。这时可以通过向 Hosts 文件中输入远程主机的名字和 IP 地址（正在 ping 的那台主机）来缓解这个问题。

在开始用 ping 工具进行远程主机连接或路由问题解决之前，应该首先用 ping 测试计算机来验证它的网络接口正在正确工作。要测试自己的机器，可使用下面命令的任意一个（用你的计算机的实际 IP 地址代替 your-IP-address）：

```
ping local-host
ping 127.0.0.1
ping your-ip-address
```

提示：可通过使用带有-r 参数的 ping 命令判断到远程主机的包所选择的路由。

下面是 ping 命令的语法：

```
ping[-t][-a][-n count][-l length][-f][-I TTL][-v tos][-r count][-s count]
[[-j host-list]]|[-k host-list)[-w timeout]destination-list
```

ping 命令可用的参数说明如下：

- −t。引导 ping 继续测试远程主机直到按 Ctrl+C 键中断该命令。
- −a。使 ping 命令不要把 IP 地址分解成 host 主机名，这对解决 DNS 和 Hosts 文件问题是有用的。
- −n count。默认情况下，ping 发送 4 个 ICMP 包到远程主机，可以使用−n 参数指定被发送的包的数目。
- −l length。使用−l 参数指定 ping 传送到远程主机的 ICMP 包的长度。默认情况下，ping 发送长度为 64B 的包，但是可指定最大字节数为 8192B。
- −f。使 ping 命令在每个包中都包含一个 Do Not Fragment（不分段）的标志，它禁止包（packet）经过的网关把 packet 分段。
- −i TTL。设定 Time To Live（存活时间），用 TTL 指定其值。
- −v tos。设置 Type Of Service（服务类型），其值由 tos 指定。
- −r count。记录发出的 packet 和返回的 packet 的路由，必须使用 count 的值指定 1～9 个主机。
- −s count。由 count 指定的段的数目指定时间标记（timestamp）。
- −j host-list。使用户能够使用路由表说明 packet 的路径，可以使用中间网关分隔连续的主机。IP 支持的最大主机的数目是 9 个。
- −k host-list。使用户通过由 host-list 指定的路由列表说明 packet 的路由，可通过中间网关分隔连续的主机，IP 支持的最大主机的数目是 9 个。

- –w timeout。为包的传输以毫秒为单位指定超时时间。
- destination-list。指定 ping 的主机。

4. 实训内容

（1）ping 环回地址，验证本地计算机上 TCP/IP 及其配置是否正确；

（2）ping 同一子网内计算机的 IP 地址，验证是否正确地添加到网络；

（3）ping 不同网段计算机的地址，验证是否正确地添加到网络；

（4）ping 默认网关的 IP 地址，验证默认网关是否运行以及能否与本地网络上的本地主机通信；

（5）ping 远程主机的主机名（域名），验证能否进行域名解析及通过路由器通信；

（6）使用 ping 的不同选项来指定要使用的数据包大小（–1）、要发送的数据包数目（–n）、是否记录用过的路由、要使用的生存时间（TTL）值以及是否设置"不分段"标志等。

5. 实训报告要求

（1）实训地点、参加人员、实训时间等。

（2）实训内容：对实训步骤进行详细记录。

（3）实训分析：根据实训结果，分析 ping 的工作原理。如果 ping 不通，分析可能的原因。利用 ping 和分段标志的组合，分析 MTU 的作用。

（4）实训的心得体会。

实训二　ipconfig 命令的使用

1. 实训目的

通过使用 ipconfig 命令，加强对 TCP/IP 体系结构的理解。要求熟练掌握 ipconfig 命令的格式及参数的使用。

2. 实训环境

（1）有 Windows 98、Windows NT Workstation、Windows NT Server、Windows 2000 Professional、Windows 2000 Server 或 Windows 2003 等操作系统的计算机；

（2）这些计算机通过网线、集线器、交换机进行连接起来。

3. 实训指导

发现和解决 TCP/IP 网络问题时，首先需要检查出现问题的计算机上的 TCP/IP 配置。ipconfig 命令可以用于获得主机配置信息，包括 IP 地址、子网掩码和默认网关，用来检验人工配置的 TCP/IP 设置是否正确。

ipconfig 命令的基本格式为：

```
ipconfig［/命令参数 1］［/命令参数 2］…
```

最常用的选项：

- ipconfig——当使用 ipconfig 时不带任何参数选项，那么它为每个已经配置了的接口显示 ip 地址、子网掩码和默认网关值。
- ipconfig/all——当使用 all 选项时，ipconfig 能为 dns 和 wins 服务器显示它已配置且所要使用的附加信息（如 ip 地址等），并且显示内置于本地网卡中的物理地址（mac）。如果 ip 地址是从 dhcp 服务器租用的，ipconfig 将显示 dhcp 服务器的 ip 地址和租用地址预计失效的日期（有关 dhcp 服务器的相关内容请详见其他有关 nt 服务器的书籍或询问你的网管）。

- ipconfig/release 和 ipconfig/renew——这是两个附加选项，只能在向 dhcp 服务器租用其 ip 地址的计算机上起作用。如果输入 ipconfig/release，那么所有接口的租用 ip 地址便重新交付给 dhcp 服务器（归还 ip 地址）。如果输入 ipconfig/renew，那么本地计算机便设法与 dhcp 服务器取得联系，并租用一个 ip 地址。请注意，大多数情况下网卡将被重新赋予和以前所赋予的相同的 ip 地址。

如果使用的是 Windows 95/98，那么应该更习惯使用 winipcfg 而不是 ipconfig，因为它是一个图形用户界面，而且所显示的信息与 ipconfig 相同，并且也提供发布和更新动态 ip 地址的选项。

4. 实训内容

（1）观察 TCP/IP 基本配置。

（2）使用各种命令参数后，观察显示的配置情况。

5. 实训报告要求

（1）实训地点、参加人员、实训时间等。

（2）实训内容：对实训步骤进行详细记录。

（3）实训分析：根据实训结果，分析 TCP/IP 的配置内容。

（4）实训的心得体会。

实训三　网络连接跟踪命令 tracert 命令的使用

1. 实训目的

通过使用 tracert 命令，熟悉路由器的具体应用环境。要求熟练掌握 tracert 命令的格式及参数的使用。

2. 实训环境

（1）有 Windows 98、Windows NT Workstation、Windows NT Server、Windows 2000 Professional、Windows 2000 Server 或 Windows Server 2003 等操作系统的计算机；

（2）这些计算机通过网线、集线器、交换机进行连接起来。

3. 实训指导

tracert 是路由跟踪实用程序，用于确定数据报访问目标所采取的路径。

工作原理：tracert 诊断程序通过向目标发送不同生存时间（TTL）值的 "Internet 控制消息协议（ICMP）" 回应数据包，来确定到目标所采取的路由。它要求路径上的每个路由器在转发数据包之前至少将数据包上的 TTL 递减 1。数据包上的 TTL 减为 0 时，路由器应该将 "ICMP 已超时" 的消息发回源地址。

tracert 先发送 TTL 为 1 的回应数据包，并在随后的每次发送过程中将 TTL 递增 1，直到目标响应或 TTL 达到最大值，从而确定路由。通过检查中间发回的 "ICMP 已超时" 的消息确定路由。

tracert 命令按顺序打印出返回 "ICMP 已超时" 消息的路径中的近端接口列表。如果使用-d 选项，则 tracert 实用程序不在每个地址上查询 DNS。

tracert 是一个运行得比较慢的命令，如果指定的目标地址比较远，每个路由器大约需要 15s。命令的语法如下：

```
tracert [-d] [-h maximum_hops] [-j computer-list] [-w timeout]target_name
```

参数：

- /d 指定不将地址解析为计算机名。
- −h maximum_hops 指定搜索目标的最大跃点数。
- −j computer-list 指定沿 computer-list 的稀疏源路由。
- −w timeout 每次应答等待 timeout 指定的微秒数。
- target_name 目标计算机的名称。

例如在图 9.1 所示的例子中，数据包必须通过 6 个路由器才能到达主机 221.236.31.142（即 www.sina.com.cn）。

图 9.1　tracert 命令结果

在 tracert 的测试过程中，某些路由器不会为使用到期 TTL 值的数据包返回"已超时"消息，而且有些路由器对于 tracert 命令不可见。在这种情况下，将为该跃点显示一行星号（*）。这就是例子中第 6 个路由器为什么显示（*）的原因了。

4．实训内容

（1）跟踪本网内其他网段的 IP 地址；

（2）跟踪外网 IP 地址；

（3）跟踪外网的域名；

（4）练习使用各个参数。

5．实训报告要求

（1）实训地点、参加人员、实训时间等。

（2）实训内容：对实训步骤进行详细记录。

（3）实训分析：根据实训结果，理解路由器转发 IP 数据报过程。分析路由器 IP 地址与所连接网络的对应关系。

（4）实训的心得体会。

实训四　netstat 命令的使用

1．实训目的

通过使用 netstat 命令，加强对端口连接的理解。要求熟练掌握 netstat 命令的格式及参数的使用。

2．实训环境

（1）有 Windows 98、Windows NT Workstation、Windows NT Server、Windows 2000 Professional、Windows 2000 Server 或 Windows 2003 等操作系统的计算机；

（2）这些计算机通过网线、集线器、交换机进行连接起来。

3．实训指导

netstat 实用程序是一个诊断工具，netstat 用于显示与 IP、TCP、UDP 和 ICMP 相关的统计数据，一般用于检验本机各端口的网络连接情况。

如果计算机接收到的数据报导致数据出错或故障，TCP/IP 可以自动重发数据报。但如果累计的出错情况数目占到所接收的 IP 数据报相当大的比例，或者数目正迅速增加，就应该使用 netstat 查看问题原因。

netstat 命令的语法如下：

```
netstat [-a] [-e] [-n] [-s] [-p protocol] [-r] [interval]
```

参数如下：

- -a 显示所有连接和侦听端口，服务器连接通常不显示。
- -e 显示以太网统计，该参数可以与 -s 选项结合使用。
- -n 以数字格式显示地址和端口号（而不是尝试查找名称）。
- -s 显示每个协议的统计。默认情况下，显示 TCP、UDP、ICMP 和 IP 的统计。-p 选项可以用来指定默认的子集。
- -p protocol 显示由 protocol 指定的协议的连接；protocol 可以是 tcp 或 udp。如果与 -s 选项一同使用显示每个协议的统计，protocol 可以是 tcp、udp、icmp 或 ip。
- -r 显示路由表的内容。
- interval 重新显示所选的统计，在每次显示之间暂停 interval 秒。按 Ctrl+B 键停止重新显示统计。如果省略该参数，netstat 将打印一次当前的配置信息。

netstat 的主要应用是通过查看当前各端口的网络连接情况，对和本机建立连接的应用程序进行分析。如果怀疑计算机被安装了木马，或者感染了病毒，但是没有完善的工具检测，可以使用 netstat 查看连接在计算机上的用户。netstat 命令例子如图 9.2 所示。

图 9.2　netstat 命令结果

这个命令能看到所有和本地计算机建立连接的 IP，包括 4 部分，即 proto（连接方式）、local address（本地连接地址）、foreign address（和本地建立连接的地址）和 state（当前端口状态）。

常见连接状态分析如下：

- LISTENING 表示处于侦听状态，就是说该端口是开放的，等待连接，但还没有被连接。

- ESTABLISHED 表示已经建立连接，两台机器正在通信。
- TIME_WAIT 表示等待足够的时间以确保远程 TCP 接收到连接中断请求的确认。
- CLOSE_WAIT 表示等待从本地用户发来的连接中断请求。
- CLOSING 表示等待远程 TCP 对连接中断的确认。
- LAST_ACK 表示等待原来发向远程 TCP 连接中断请求的确认。
- SYN_SENT 表示请求连接。当要访问其他计算机的服务时首先要发同步信号给该端口，此时状态为 SYN_SENT，如果连接成功了就变为 ESTABLISHED，此时 SYN_SENT 状态非常短暂。但如果发现 SYN_SENT 非常多且在向不同的机器发出，那么机器可能中了冲击波或震荡波之类的病毒。这类病毒为了感染别的计算机，就要扫描别的计算机，在扫描的过程中对每个要扫描的计算机都发出了同步请求，这也是出现许多 SYN_SENT 的原因。
- SYN_RECEIVED 表示在收到和发送一个连接请求后等待对方对连接请求的确认。

可以看出通过这个命令可以完全监控计算机上的网络连接，从而达到控制计算机的目的。

4. 实训内容

（1）解释常用的 netstat 命令参数和输出。

（2）使用 netstat 查看现有的连接，建立多个 TCP 连接，并记录 netstat 输出。

（3）利用 netstat 显示传入和传出的网络连接（TCP 和 UDP）、主机计算机路由表信息以及接口统计信息。

5. 实训报告要求

（1）实训地点、参加人员、实训时间等。

（2）实训内容：对实训步骤进行详细记录。

（3）实训分析：根据实训结果，分析 netstat 得到的统计结果。

（4）实训的心得体会。

实训五　arp 命令的使用

1. 实训目的

通过使用 arp 命令，加强对 MAC 地址和 IP 地址关系的理解。要求熟练掌握 arp 命令的格式及参数的使用。

2. 实训环境

（1）有 Windows 98、Windows NT Workstation、Windows NT Server、Windows 2000 Professional、Windows 2000 Server 或 Windows 2003 等操作系统的计算机；

（2）这些计算机通过网线、集线器、交换机进行连接起来。

3. 实训指导

每一个主机都设有一个 ARP 高速缓存（ARP cache），里面有所在的局域网上的各主机和路由器的 IP 地址到 MAC 地址的映射表。arp 命令的功能就是查看、添加和删除高速缓存区中的 ARP 表项。

（1）显示高速缓存中的 ARP 表命令：arp –a，如图 9.3 所示。

图 9.3　查看 ARP 缓存表项

（2）添加 ARP 静态表项：arp-s inet_addr　ether_addr。

将 IP 地址 inet_addr 和物理地址 ether_addr 关联。物理地址由以连字符分隔的 6 个十六进制字节给定。使用带点的十进制标记指定 IP 地址。项是永久性的，即在超时到期后项自动从缓存删除。

例：arp −s 192.168.0.100 00-d0-09-f0-33-71，添加 IP 为 192.168.0.100，与其对应的 MAC 为 00-d0-09-f0-33-71 的表项，如图 9.4 所示。

图 9.4　利用 arp−s 命令添加 ARP 表项

（3）删除 ARP 表项：arp −d inet_addr。删除由 inet_addr 指定的项。例：arp−d 192.168.0.100。将 IP 为 192.168.0.100 的转换项删除，如图 9.5 所示。

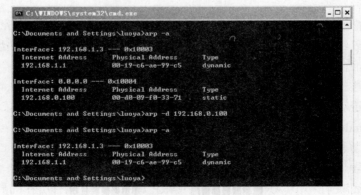

图 9.5　利用 arp −d 命令删除 ARP 表项

在校园网络中，最方便的捣乱方法就是盗用别人的 IP 地址，被盗用 IP 地址的计算机不仅不能正常使用校园网络，而且还会频繁出现 IP 地址被占用的提示对话框，给校园网络安全和用户应用带来极大的隐患。捆绑 IP 地址和 MAC 地址就能有效地避免这种现象。

4. 实训内容

（1）显示高速 cache 中的 ARP 表。

（2）添加静态 ARP 表项。

（3）删除 ARP 表项。

5. 实训报告要求

（1）实训地点、参加人员、实训时间等。

（2）实训内容：对实训步骤做详细记录。

（3）实训分析：

用 ping 命令测试几个外网地址，看看 ARP 表项有无变化，分析结果。

（4）实训的心得体会。

实训六　非屏蔽双绞线的制作

1. 实训目的

（1）认识各种类型的双绞线；

（2）能熟练制作 T568A 和 T568B 直通双绞线与交叉双绞线的方法。

2. 实训环境

（1）安装有 RJ-45 接头以太网卡的计算机；

（2）水晶头；

（3）双绞线；

（4）压线钳；

（5）网络测试仪。

3. 实训指导

1）非屏蔽双绞线（UTP）、屏蔽双绞线（STP）

双绞线可以用于传输模拟或数字信号，常用点对点连接，也可用于多点连接。在同轴、双绞线、光纤 3 种有线传输介质中，双绞线的地理范围最小、抗干扰性最低，但价格最便宜，是当前使用最普遍的传输介质。双绞线分为非屏蔽双绞线（UTP）和屏蔽双绞线（STP）两类，非屏蔽双绞线没有屏蔽层，完全依赖双绞线对的绞合来限制电磁干扰和无线电干扰引起的信号退化。在以太网标准中双绞线的有效距离为 100m。

2）T568A、T568B 标准

要使双绞线能够与网卡、hub、交换机、路由器等网络设备互连，还需要制作 RJ-45 接头（俗称水晶头）。RJ-45 接头在制作时必须符合美国电子工业协会 EIA/TIA 标准。T568A 和 T568B 的接线标准如图 9.6 所示。

T568A 的排线顺序为：白绿、绿、橙白、蓝、蓝白、橙、棕白、棕。

T568B 的排线顺序为：橙白、橙、绿白、蓝、蓝白、绿、棕白、棕。

3）直通线、交叉线

直通缆的线序如图 9.7 所示，交电缆的线序如图 9.8 所示，这两种连接方式的线序和使用场合如表 9.1 所示。

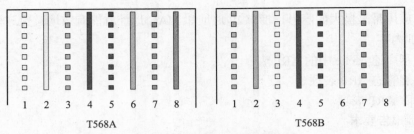

图 9.6　T568A 和 T568B 排线顺序图

直通电缆(Straight Through Cable)

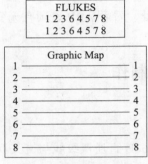
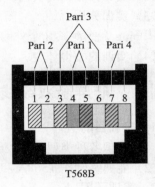

图 9.7　直通电缆的线序

交叉电缆(Cross Connect or Cross–Over Cable)

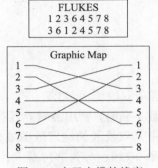

图 9.8　交叉电缆的线序

表 9.1　直通线和交叉线的使用场合

	主　机	路　由　器	交换机 MDIX	交换机 MDI	集　线　器
主机	交叉线	交叉线	直通线	交叉线	直通线
路由器	交叉线	交叉线	直通线	交叉线	直通线
交换机 MDIX	直通线	直通线	交叉线	直通线	交叉线
交换机 MDI	交叉线	交叉线	直通线	交叉线	直通线
集线器	直通线	直通线	交叉线	直通线	交叉线

4. 实训内容

（1）剪下一段长度的电缆。

（2）用压线钳在电缆的一端剥去约 2cm 护套。

（3）分离 4 对电缆，按照所做双绞线的线序标准（T568A 或 T568B）排列整齐，并将线弄平直。

（4）维持电缆的线序和平整性，用压线钳上的剪刀将线头剪齐，保证不绞合电缆的长度最大为 1.2cm。

（5）将有序的线头顺着 RJ-45 头的插口轻轻插入，插到底，并确保套也被插入。

（6）再将 RJ-45 头塞到压线钳里，用力按下手柄。就这样一个接头就做好了。

（7）用同样的方法制作另一个接头。

（8）用简单测试仪检查电缆的连通性。

注意：如果两个接头的线序都按照 T568A 或 T568B 标准制作，则做好的线为直通缆；如果一个接头的线序按照 T568A 标准制作，而另一个接头的线序按照 T568B 标准制作，则做好的线为交叉缆。

5. 实训报告要求

（1）实训地点、参加人员、实训时间等。

（2）实训内容：对实训步骤做详细记录。

（3）实训分析：

- 根据设备的连接类型，分析使用的双绞线的类型。为什么使用此种类型？
- 了解其他介质的连接及使用方法。

（4）实训的心得体会。

实训七　对等网组建和配置

1. 实训目的

掌握 Windows 2000 环境下的对等网的网络设置方法、相关网络协议、网络组件安装和设置方法。

2. 实训环境

（1）有 Windows 98、Windows NT Workstation、Windows NT Server、Windows 2000 Professional、Windows 2000 Server 或 Windows 2003 等操作系统的计算机；

（2）这些计算机通过网线或交换机进行连接起来。

3. 实训指导

1）对等网的概念

对等网也称为工作组。在对等网中，计算机的数量通常很少。所以对等网相对比较简单。在对等网中，对等网上各台计算机有相同的功能，无主从之分，局域网中任何一台计算机既可以作为网络服务器，也可以作为工作站，并实现资源共享。

在局域网中，对等网是很简单的网络结构，不过根据应用和需求不同，对等网也可以实现多种连接方式，如两台、三台、多台计算机的对等网。两台计算机连接的对等网的组建方式比较多，在传输介质方面既可以采用交叉线，也可以使用 USB 线，还可采用串、并行电缆。三台和多台可以使用集线器或交换机等设备搭建。

2）对等网的组建方法

（1）连接相关的物理网络（硬件安装：10Base-T 以太网或直接用交叉线连接两台计

算机）。

（2）添加客户。右键单击"网上邻居"→"属性"，再右键单击"本地连接"→"属性"→"安装"，选择"客户"→"添加"→"网络客户"→"Microsoft 客户"，单击"确定"按钮，如图 9.9 所示。

（3）添加协议。在图 9.9 按钮所示的"选择网络组件类型"对话框中选择"协议"→"添加"，再选择 NETBEUI 单击"确定"按钮。

（4）添加服务。在图 9.9 所示的"选择网络组件类型"对话框中选择"服务"→"添加"，再选择"Microsoft 网络的文件和打印机共享"单击"确定"按钮。

（5）设置 Windows 2000 计算机的名称为 graph（名字可以自己取），工作组名为 workgroup。

右击"我的电脑"→属性"→"网络标识"→"属性"，输入计算机名称和工作组名，如图 9.10 所示。

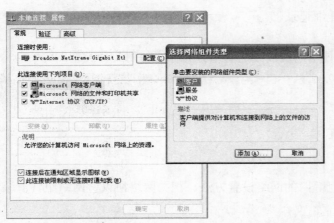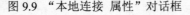

图 9.9 "本地连接 属性"对话框　　　　　　图 9.10 网络标识和标识更改

（6）配置 IP 地址和子网掩码。

右击"网上邻居"→"属性"，再右击"本地连接"→"属性"→"Internet 协议（TCP/IP）"选项，在弹出的"Internet 协议（TCP/IP）属性"对话框中，选择"使用下面的 IP 地址"选项。然后分别在"IP 地址"和"子网掩码"的地址文本框中输入 IP 地址和子网掩码。例如，输入"IP 地址"为 192.168.0.98，"子网掩码"为 255.255.255.0，如图 9.11 所示。单击确定按钮。

此时，已经配置好了 IP 地址以及子网掩码。如果用户是两台计算机相连时，可以配置相同的子网掩码，但是不能有相同的 IP 地址，此时不用配置网关和 DNS 服务器。

（7）配置另一台计算机。

配置过程同上。注意计算机标识和 IP 地址不能重复。

至此，两台计算机的对等网的配置已经完成。

3）对等网的应用

（1）把计算机 graph 中 d:\netpage 设为共享。

右击 netpage 文件夹→"共享",再单独点击"共享该文件",单击"确定"按钮,如图 9.12 所示。

图 9.11 配置 IP 地址和子网掩码

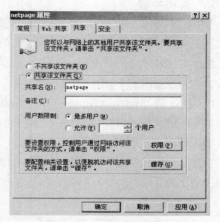

图 9.12 共享文件夹

(2) 在另一计算机的"网上邻居"中打开计算机 graph,可以看到共享目录 netpage,如图 9.13 所示。

4. 实训内容

(1) 依照上述步骤搭建对等网;

(2) 进行对等网的应用;

(3) 使用 ping 命令,对对等网中的主机进行相互测试。

5. 实训报告要求

(1) 实训地点、参加人员、实训时间等。

(2) 实训内容:对实训步骤做详细记录。

图 9.13 从"网上邻居"访问 graph 计算机

(3) 实训分析:

① 在命令提示符下,用 ping 命令测试网络中计算机的连通性。试分析 ping 计算机名可以吗? ping 不同工作组中的计算机可以吗? 其连通性如何? 给出测试实例说明。

② 把网络中部分主机的 IP 地址设定为"指定 IP 地址",另一些主机任意指定 IP 地址。然后再用"网上邻居"和 ping 命令来测试网络主机之间是否连通,并解释其中的道理。

(4) 实训的心得体会。

9.2 Windows 2000 Server 应用实训

实训八 网络 Web 服务器的建立、管理和使用

1. 实训目的

(1) 了解 Internet 信息服务及安装方法;

（2）掌握 Web 站点的创建及属性设置；

（3）测试 Web 站点。

2. 实训环境

安装好 Windows 2000 Server 的计算机，客户机一台，连接好的 10BaseT 或 100BaseT 以太网。如果系统未安装 IIS，则需要 Windows 2000 Server 安装光盘。

3. 实训指导

1）Internet 信息服务

Internet 信息服务（Internet Information Services，IIS）是 Windows 2000 Server 的组件，可以帮助用户创建和管理 Web 和 FTP 站点。

安装 IIS 的步骤如下：

（1）执行"开始"→"设置"→"控制面板"命令，双击"添加/删除程序"→"添加/删除 Windows 组件"，打开"Windows 组件向导"对话框，如图 9.14 所示。

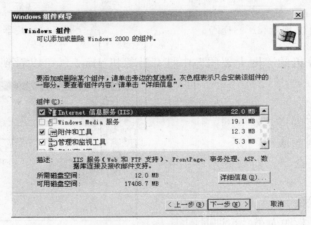

图 9.14　添加 IIS 组件

（2）选择"Internet 信息服务（IIS）"，单击"详细信息"，再选择要安装的服务，单击"确定"按钮。

2）Web 站点的概念和 Web 站点的配置

WWW 信息服务，即 World Wide Web。WWW 是基于"超文本（Hypertext）"的信息发布工具。默认的 WWW 服务器的主目录是 C:\Interpub\wwwroot（假设系统安装在 C 盘）。

（1）建立 Web 站点。

在 Windows 2000 Server 中，单击"开始"→"程序"→"管理工具"→"Internet 服务管理器"，打开 IIS 界面。在服务器名称上右击，在弹出的菜单中将鼠标移至"新建"选项，出现子菜单，如图 9.15 所示。

（2）Web 站点说明。

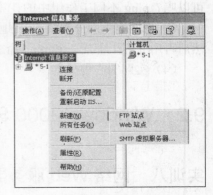

图 9.15　新建 Web 站点

单击子菜单中的"Web 站点"选项，出现一个向导提示，单击"下一步"按钮，在"输入 Web 站点的说明"下的文本框中输入要建立的 Web 站点的说明,一般填入站点的名称,本例中采用"计算机网络"作为站点描述,如图 9.16 所示。

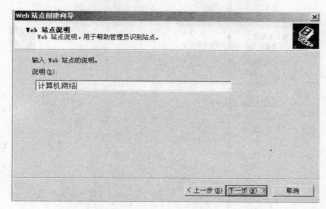

图 9.16 Web 站点描述

(3)设置 Web 服务器 IP 地址。

单击"下一步"按钮,出现设置 Web 站点 IP 地址窗口,在"输入 Web 站点使用的 IP 地址"栏中输入 Web 站点的 IP 地址。在本例中选择本机地址 192.168.1.1 作为这个站点的 IP 地址,如图 9.17 所示。

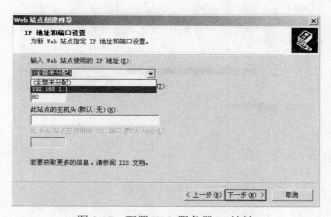

图 9.17 配置 Web 服务器 IP 地址

(4)设置 Web 站点主目录。

在指定 IP 地址之后,需要指定网页所在的起始目录。在图 9.17 所示的窗口中单击"下一步"按钮,然后在出现的窗口中单击"浏览"按钮,会出现一个类似浏览器的文件夹窗口,找到网页所在目录后,单击"确定"按钮返回原来窗口。本例中指定 d:\jsj 为网站网页所在的起始目录,如图 9.18 所示。

单击"下一步"按钮,选取"读取"和"写入"复选框,单击"下一步"按钮,完成 Web 站点的创建。

(5)设置 Web 站点起始页。

网站都有起始页,称为"首页",尽管指定了网页所在的文件夹,但是因为没有指定首页，当在浏览器中输入网址或 IP 地址的时候，系统不知道应该先显示哪一页，因此必须为站点指定起始页。

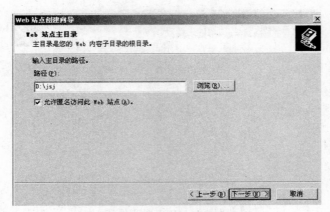

图 9.18　设置 Web 站点主目录

在"Internet 信息服务"窗口中，出现刚才建立的"计算机网络"，在它的上面右击，在弹出的菜单中单击"属性"，即修改这个 Web 站点的各项属性，单击弹出的"属性"窗口中的"文档"选项卡，如图 9.19 所示。

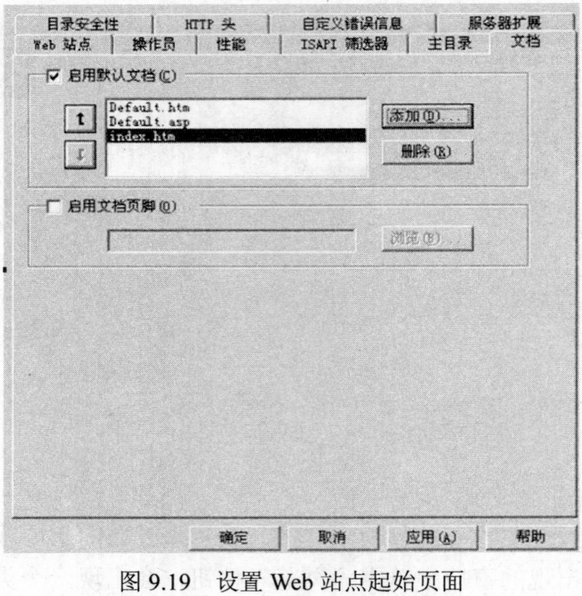

图 9.19　设置 Web 站点起始页面

单击图 9.19 中的"添加"按钮，出现输入"默认文档名"的文本框。一般网站的默认文档名称为 Index.htm 或 Index.html，此时需要添入 Web 站点首页文件的文件名，否则进入网站后显示的就不是网站的首页链接。本例中采用的首页文件名为 Index.htm。

输入默认文档后，单击"确定"按钮，回到上一级窗口。此时会发现在窗口多了一个 Index.htm，但是位置排在 Default .htm、Default .asp 的下面。默认文档是有顺序的，居于最上面的最优先被使用，即当网页所在文件夹中同时有这 3 个文件时，Default .htm 最先被使用。这样出现的主页就是 Default .htm 的内容，这往往不是我们所需要的。

为了解决这一问题，可以单击一下 Index.htm，使之变成蓝色，表示选中，再单击"↑"，将 Index.htm 移到最上面，或者将其余两个文件名删除、只剩余 Index.htm 也可以。

注意：默认状态下，图 9.20 中的"启用默认文档"前面的复选框是勾选的，意思是默认文档有效，如果去掉这个勾选项，则下面的默认文档会变成灰色，表示默认文档无效。如果默认文档无效，在浏览器中输入这个网站的 IP 地址，会出现 Directory Listing Denied（目录文件列表被拒绝）的提示，网页无法正常显示。

（6）浏览 Web 站点。

完成以上几个步骤，在其他主机上打开浏览器，在地址栏中输入这个网站的 IP 地址，就会出现设定的网站内容。

（7）启动、停止、暂停 Web 服务。

执行"开始"→"程序"→"管理工具"→"Internet 服务管理器"命令，打开"Internet 信息服务"管理控制台，展开"Internet 信息服务"结点和服务器结点。右键单击默认的 WEB 站点，选择相应命令。

4．实验内容

（1）准备一个网页作为你的主页，将其拷贝到某个文件夹，这个文件夹将作为 Web 站点的主目录。

（2）创建 Web 站点，进行 Web 服务器的相关属性配置。

（3）在实验室里用其他主机测试你的 Web 服务器。

5．实训报告要求

（1）实训地点、参加人员、实训时间等。

（2）实训内容：对实训步骤做详细记录。

（3）实训分析：

① 修改站点端口，再进行测试，分析结果。

② 在一台 Web 服务器上利用多个端口实现多个 Web 站点，进行测试，分析结果。

（4）实训的心得体会。

实训九　网络 FTP 服务器建立、管理和使用

1．实训目的

（1）掌握 FTP 站点的创建和属性设置；

（2）掌握测试 FTP 站点的方法。

2．实训环境

安装好 Windows 2000 Server 的计算机，一台客户机，连接好的 10Base-T 或 100Base-T 以太网。如果系统未安装 IIS，则需要 Windows 2000 Server 安装光盘。

3．实训指导

1）FTP 服务

FTP 服务是在 UNIX 基础上发展起来的一种文件传输方式，是 TCP/IP 协议族中的应用

协议之一。通过 FTP 服务，可实现服务器和客户机之间的快速文件传输。

默认的 FTP 服务器的根目录是 C:\Inetpub\ftproot（假设系统安装在 C 盘），端口号为 21。注意：FTP 站点可以和 Web 站点共用 IP 地址，但不能设置使用相同的 TCP 端口。

FTP 的访问权限有读取和写入两种。设置读取权限，则给访问者读取权限；设置写入权限，则给访问者修改权限。一般情况下，禁用写入权限，不给访问者修改权限。

2）安装 Internet 信息服务（IIS）

进入控制面板，找到"添加/删除程序"，打开后选择"添加/删除 Windows 组件"，在弹出的"Windows 组件向导"窗口中，将"Internet 信息服务"项选中。在该选项前的"√"背景色是灰色的。再单击右下角的"详细信息"，在弹出的"Internet 信息服务"窗口中，找到"文件传输协议（FTP）服务"，选中后确定即可，安装完后需要重启。

3）FTP 服务器的建立

计算机重启后，FTP 服务器就开始运行了，但还要进行一些属性的设置。单击"开始"→"程序"→"管理工具"→"Internet 服务管理器"，进入"Internet 信息服务"窗口后，找到"默认 FTP 站点"，右击，在弹出的右键菜单中选择"属性"。在"属性"中，可以设置 FTP 服务器的名称、IP、端口、访问账户、FTP 目录位置、用户进入 FTP 时接收到的消息等，如图 9.20 所示。

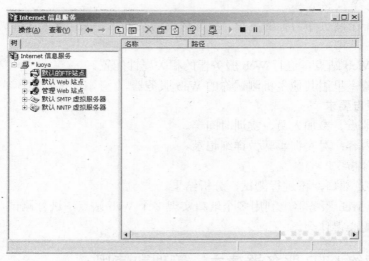

图 9.20　FTP 站点

（1）FTP 站点基本信息。

进入"FTP 站点"选项卡，其中的"描述"选项为该 FTP 站点的名称，用来称呼你的服务器，可以随意填，比如"我的小站"；"IP 地址"为服务器的 IP，系统默认为"全部未分配"，一般不须改动，但如果在下拉列表框中有两个或两个以上的 IP 地址时，最好指定为公网 IP；"TCP 端口"一般仍设为默认的 21 端口；"连接"选项用来设置允许同时连接服务器的用户最大连接数；"连接超时"用来设置一个等待时间，如果连接到服务器的用户在线的时间超过等待时间而没有任何操作，服务器就会自动断开与该用户的连接，如图 9.21 所示。

（2）设置 FTP 主目录。

设置 FTP 主目录（即用户登录 FTP 后的初始位置），进入"主目录"选项卡，在"本地路径"中选择好 FTP 站点的根目录，并设置该目录的读取、写入、目录访问权限。"目录列表样式"中 UNIX 和 MS-DOS 的区别在于：假设将 C:\Inetpub\ftproot 设为站点根目录，则当用户登录 FTP 后，前者会使主目录显示为"\"，后者显示为 C:\Inetpub\ftproot，如图 9.22 所示。

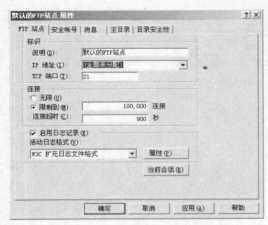

图 9.21 FTP 站点的属性

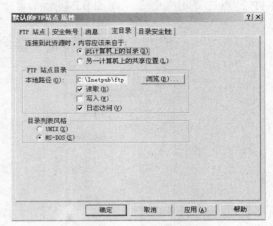

图 9.22 设置 FTP 主目录

（3）安全设定。

设置账户及其权限：

很多 FTP 站点都要求用户输入用户名和密码才能登录，这个用户名和密码就叫账户。不同用户可使用相同的账户访问站点，同一个站点可设置多个账户，每个账户可拥有不同的权限，如有的可以上传和下载，而有的则只允许下载。

进入"安全账户"选项卡，有"允许匿名连接"和"仅允许匿名连接"两项，默认为"允许匿名连接"，此时 FTP 服务器提供匿名登录。"仅允许匿名连接"是用来防止用户使用有管理权限的账户进行访问，选中后，即使是 Administrator（管理员）账号也不能登录，FTP 只能通过服务器进行"本地访问"来管理。至于"FTP 站点操作员"选项，是用来添加或删除本FTP 服务器具有一定权限的账户。IIS 与其他专业的 FTP 服务器软件不同，它基于 Windows用户账号进行账户管理，本身并不能随意设定 FTP 服务器允许访问的账户，要添加或删除允许访问的账户，必须先在操作系统自带的"管理工具"中的"计算机管理"中去设置 Windows用户账号，然后再通过"安全账户"选项卡中的"FTP 站点操作员"选项添加或删除。但对于 Windows 2000 和 Windows XP 专业版，系统并不提供"FTP 站点操作员"账户添加与删除功能，只提供 Administrator 一个管理账号。

提示：匿名登录一般不要求用户输入用户名和密码即可登录成功，若需要，可用anonymous 作为用户名，以任意电子邮件地址为密码来登录，如图 9.23 所示。

到现在位置，FTP 服务器就建立好了。

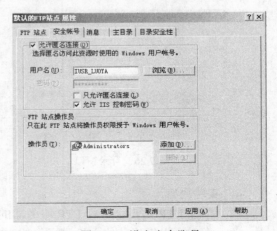

图 9.23 设定安全账号

（4）启动、停止和暂停 FTP 服务。

执行"开始"→"程序"→"管理工具"→"Internet 服务管理器"命令，打开"Internet 信息服务"管理控制台，展开"Internet 信息服务"结点和服务器结点。右键单击默认的 FTP 站点选择相应命令，如图 9.24 所示。

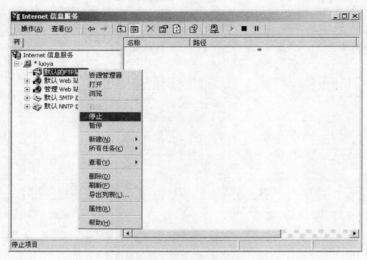

图 9.24　FTP 服务管理

（5）测试建立的 FTP 站点。

在浏览器中登录：格式为 ftp://ftp.abc.com 或 "ftp://用户名@ftp.abc.com"。如果匿名用户被允许登录，则第一种格式就会使用匿名登录的方式，如图 9.25 所示。

如果匿名不被允许，则会弹出选项窗口，供输入用户名和密码。第二种格式可以直接指定用某个用户名进行登录，如图 9.26 和图 9.27 所示。

图 9.25　访问 FTP 服务器

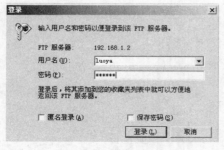

图 9.26　登录窗口

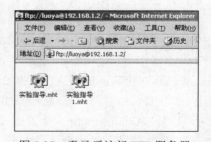

图 9.27　登录后访问 FTP 服务器

4. 实验内容

（1）创建 FTP 站点，进行 FTP 服务器的相关属性配置。

（2）在实验室里用其他主机测试你的 FTP 服务器。

5．实训报告要求

（1）实训地点、参加人员、实训时间等。

（2）实训内容：对实训步骤做详细记录。

（3）实训分析：

① 修改站点端口，再进行测试，分析结果。

② 在一台 FTP 服务器上利用多个端口实现多个 FTP 站点，进行测试，分析结果。

（4）实训的心得体会。

实训十　DHCP 服务器建立、管理和使用

1．实训目的

（1）掌握 FTP 站点的创建和属性设置；

（2）掌握测试 FTP 站点的方法。

2．实训环境

安装好 Windows 2000 Server 的计算机，一台客户机，连接好的 10BaseT 或 100BaseT 以太网。如果系统未安装 IIS，则需要 Windows 2000 Server 安装光盘。

3．实训指导

1）DHCP 介绍

动态主机分配协议（DHCP）是一个简化主机 IP 地址分配管理的 TCP/IP 标准协议。用户可以利用 DHCP 服务器管理动态的 IP 地址分配及其他相关的环境配置工作（如 DNS、WINS、Gateway 的设置）。在使用 TCP/IP 协议的网络上，每一台计算机都拥有唯一的计算机名和 IP 地址。IP 地址（及其子网掩码）使用与鉴别它所连接的主机和子网，当用户将计算机从一个子网移动到另一个子网的时候，一定要改变该计算机的 IP 地址。如采用静态 IP 地址的分配方法将增加网络管理员的负担，而 DHCP 可以让用户将 DHCP 服务器中的 IP 地址数据库中的 IP 地址动态分配给局域网中的客户机，从而减轻了网络管理员的负担。用户可以利用 Windows 2000 服务器提供的 DHCP 服务在网络上自动分配 IP 地址及相关环境的配置工作。

在使用 DHCP 时，整个网络至少有一台 Windows 2000 服务器上安装了 DHCP 服务，其他要使用 DHCP 功能的工作站也必须设置成利用 DHCP 获得 IP 地址。图 9.28 是一个支持 DHCP 的网络实例。

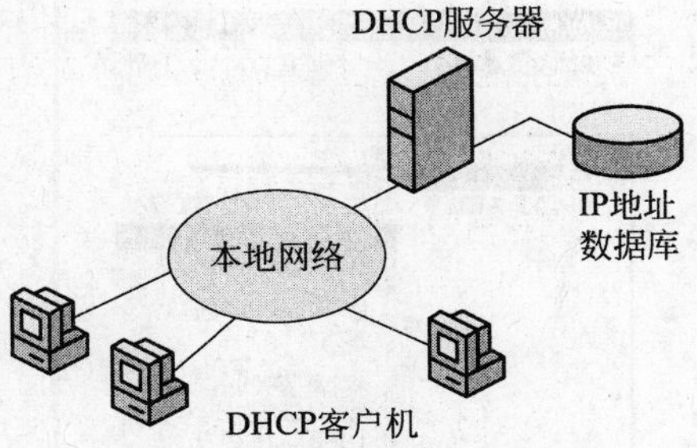

图 9.28　采用 DHCP 的局域网

2）安装 DHCP 服务

启动"添加/删除程序"对话框，单击"添加/删除 Windows 组件"，出现"Windows 组件向导"单击"下一步"按钮出现"Windows 组件"对话框，从列表中选择"网络服务"，如图 9.29 所示。

单击"详细内容"，从列表中选取"动态主机配置协议（DHCP）"，单击"确定"按钮。再单击"下一步"按钮输入到 Windows 2000 Server 的安装源文件的路径，单击"确定"

按钮开始安装 DHCP 服务。最后单击"完成"按钮。

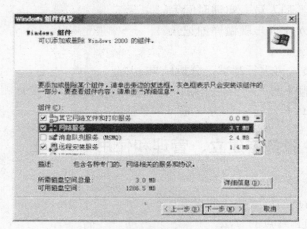

图 9.29　添加 DHCP 网络服务

安装完毕后在管理工具中多了一个 DHCP 管理器。

3）配置 DHCP 服务器

在安装 DHCP 服务后，用户必须首先添加一个授权的 DHCP 服务器，并在服务器中添加作用域设置相应的 IP 地址范围及选项类型，以便 DHCP 客户机在登录到网络时，能够获得 IP 地址租约和相关选项的设置参数。

配置 DHCP 服务器的步骤如下：

（1）启动 DHCP 管理控制台，右击 Serve02.microsoft.com，选择"新建作用域"，如图 9.30 所示。

（2）在"欢迎新建作用域向导"窗口中，单击"下一步"按钮。在"作用域名"窗口中，输入名称和说明，单击"下一步"按钮，可参见图 9.31。

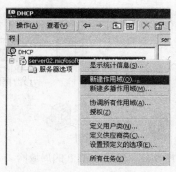

图 9.30　新建作用域

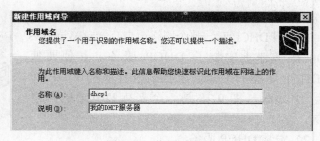

图 9.31　作用域名

（3）在"IP 地址范围"窗口中，输入起始地址和结束地址，单击"下一步"按钮，可参见图 9.32。

（4）在"添加排除"窗口中，输入想要排除的 IP 地址范围，单击"添加"按钮，单击"下一步"按钮，可参见图 9.33。

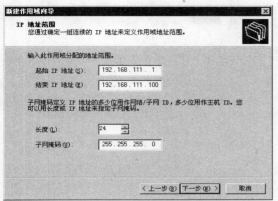

图 9.32 配置 DHCP 管理 IP 地址范围

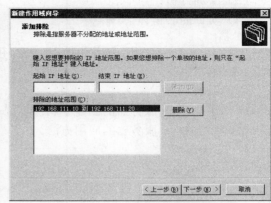

图 9.33 添加排除的 IP 地址

输入租约期限，默认为 8 天。单击"下一步"按钮。在配置 DHCP 选项对话框中，选择"否，我想稍后配置这些选项"。单击"下一步"按钮，出现"完成新建作用域向导"窗口，单击"完成"按钮。

DHCP 的相关配置完成。

4）测试 DHCP

回到 DHCP 主窗口，出现代表新作用域的图标，如图 9.34 所示。

在客户机上，对本地连接采用"自动获取 IP 地址"的方式配置 TCP/IP 属性，如图 9.35 所示。

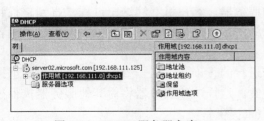

图 9.34 DHCP 服务器主窗口

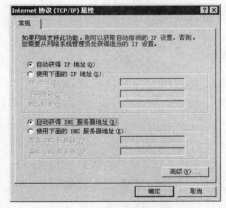

图 9.35 配置客户机 IP 地址

4．实验内容

（1）创建 DHCP 服务器，进行 DHCP 服务器的相关属性配置。

（2）在实验室里用对其他主机采用自动获取 IP 地址方式，查看分配到的 IP 地址。

5．实训报告要求

（1）实训地点、参加人员、实训时间等。

（2）实训内容：对实训步骤做详细记录。

（3）实训分析：

（4）实训的心得体会。

实训十一　DNS 服务器建立、管理和使用

1. 实训目的

（1）掌握 DNS 服务器的创建和属性设置；

（2）掌握 DNS 服务器的应用方法。

2. 实训环境

安装好 Windows 2000 Server 的计算机，一台客户机，连接好的 10BaseT 或 100BaseT 以太网。Windows 2000 Server 安装光盘。

3. 实训指导

1）DNS 介绍

DNS 是域名系统的缩写，它是嵌套在阶层式域结构中的主机名称解析和网络服务的系统。当用户提出利用计算机的主机名称查询相应的 IP 地址请求的时候，DNS 服务器从其数据库提供所需的数据。

- DNS 域名称空间：指定了一个用于组织名称的结构化的阶层式域空间。

资源记录：当在域名空间中注册或解析名称时，它将 DNS 域名称与指定的资源信息对应起来。

- DNS 名称服务器：用于保存和回答对资源记录的名称查询。
- DNS 客户：向服务器提出查询请求，要求服务器查找并将名称解析为查询中指定的资源记录类型

在 DNS 中，可以执行两种类型的查询。

（1）迭代查询。从客户机向 DNS 服务器进行的查询。在这种查询中，服务器根据它的高速缓存中或者区域中的数据，返回它能提供的最佳答案。如果被查询的服务器没有针对该请求的精确匹配，它就提供一个指针，该指针指向较低级的域名称空间中一个有权威的服务器。然后，客户机查询这一个有权威的服务器。客户机继续这一过程，直到它找到了一个有权威的服务器，而这一服务器有权访问所请求的名称，或者直到出现了错误或者满足了超时限条件为止。

（2）递归查询。从客户机向 DNS 服务器进行的查询。在这一查询中，该服务器承担了全部工作量和责任，为该查询提供完全的答案。这样，该服务器将对其他服务器执行独立的迭代查询（代表客户机），以协助为递归查询提供答案。

2）安装 DHCP 服务

启动"添加/删除程序"对话框，单击"添加/删除 Windows 组件"出现"Windows 组件向导"，单击"下一步"按钮，出现"Windows 组件"对话框，从列表中选择"网络服务"，单击"详细内容"，从列表中选取"域名服务系统（DNS）"，单击"确定"按钮。单击"下一步"按钮输入到 Windows 2000 Server 的安装源文件的路径，单击"确定"按钮开始安装 DNS 服务。单击"完成"按钮。

安装完毕后在管理工具中多了一个 DNS 管理器。

3）DNS 的启动设置

DNS 服务器在启动时，需要从相关配置文件中知道它所要管理的 zone 的信息，及文件的位置。在 DNS 服务器启动后，DNS 服务所在的计算机已经添加到 DNS 控制台中，其中包括"正向搜索区域、反向搜索区域"目录。

（1）添加 DNS Zone。

因为 DNS 的数据是以 zone 为管理单位的，因此用户必须先建立 zone。添加 Zone 的具体步骤如下：

首先，在 DNS 控制台中左侧窗体中选择"正向搜索区域"，右击选择"新建区域"，启动"创建新区域"向导，如图 9.36 所示。

然后在选择区域类型对话框中选择"标准主要区域"。在"选择区域搜索类型"中选择"正向搜索"，则创建的新区域存放在正向搜索区域目录中。在区域名对话框中输入新区域的域名，如图 9.37 所示。

图 9.36　新建区域

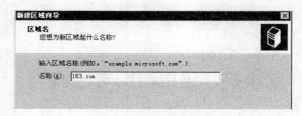

图 9.37　为区域取名

在文件名对话框中新文件文本框中自动输入了以域名为文件名的 DNS 文件，如果是创建"辅助区域"，则选择"现存文件"并在文本框中输入文件名。在完成设置对话框中显示以上所设置的信息单击"完成"按钮。

（2）新建一个 DNS 记录。

右击 163.com，在快捷菜单中选取"新建主机"，在"名称"输入框中输入 WWW，并指定某个 IP 地址，如图 9.38 所示。

完成后单击"添加主机"按钮，返回 DNS 主界面。此时 DNS 服务器配置完成。

4）客户端主机的配置

配置客户端。进入 TCP/IP 属性对话框，将刚才配置的 DNS 服务器的 IP 地址写入"首选 DNS 服务器"中，如图 9.39 所示。

4. 实验内容

（1）创建 DNS 服务器，进行 DNS 服务器的相关属性配置。

（2）在 DNS 服务器中，添加域和 DNS 记录。

（3）在实验室里用对 DNS 服务器记录中的域名进行 ping 命令测试，看 DNS 服务器是否正常服务。

5. 实训报告要求

（1）实训地点、参加人员、实训时间等。

（2）实训内容：对实训步骤做详细记录。

（3）实训分析。

（4）实训的心得体会。

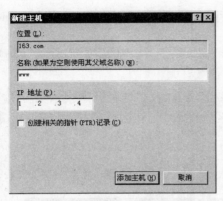

图 9.38 新建 DNS 主机记录

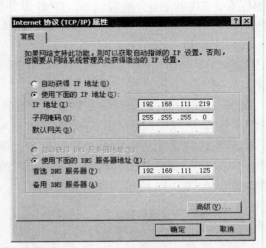

图 9.39 在主机中配置 DNS 服务器地址

(9.3) 交换机、路由器配置实训

实训十二 交换机的基本配置实验

1. 实训目的

（1）掌握以太网交换机基本概念；

（2）熟悉配置交换机的基本操作；

（3）掌握交换机的两种配置方法。

2. 实训环境

（1）Quidway 系列交换机 E026-FE 一台，VRP 版本为 VRP(R)Software，Version 3.10（NA），RELEASE 0027；

（2）装有超级终端的 PC 两台、网线两根、配置电缆一根，具体实验环境如图 9.40 所示。

3. 实训指导

以太网的最初形态就是在一段同轴电缆上连接多台计算机，所有计算机都共享这段电缆。所以每当某台计算机占有电缆时，其他计算机都只能等待。这种传统的共享以太网极大地受到计算机数量的影响。为了解决上述问题，我们可以做到的是减少冲突域类的主机数量，这就是以太网交换机采用的有效措施。以太网交换机在数据链路层进行数

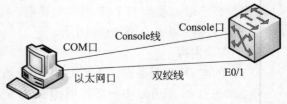

图 9.40 交换机配置实验图

据转发时需要确认数据帧应该发送到哪一端口，而不是简单地向所有端口转发，这就是交换机 MAC 地址表的功能。以太网交换机包含很多重要的硬件组成部分：业务接口、主板、CPU、内存、flash、电源系统。以太网交换机的软件主要包括引导程序和核心操作系统两部分。

以太网交换机的配置方式很多，如本地 Console 口配置，Telnet 远程登录配置，FTP、TFTP 配置和哑终端方式配置。其中最为常用的配置方式就是 Console 口配置和 Telnet 远程配置。

4．实验内容

（1）按照图 9.40 所示的将配置电缆的 DB-9（或 DB-25）孔式插头接到要对交换机进行配置的微机或终端的串口上，并且确认是 COM1 口或 COM2 口，将配置电缆的 RJ-45 一端连到交换机的配置口（Console）上。

（2）将一根直连双绞线的一段接到计算机的网卡接口上，另一端接到交换机的以太网口上。

（3）首先启动超级终端，单击 Windows 的"开始"→"程序"→"附件"→"通信"→"超级终端"。

（4）根据提示输入连接名称后确定，在选择连接的时候选择对应的串口（COM1 或 COM2），配置串口参数，串口的配置参数如图 9.41 所示。

图 9.41　串口属性设置图

（5）交换机启动后出现提示符：<Quidway>，这是用户视图，每个视图都有相应的命令，分别完成不同的功能，不同的交换机提供的视图会有所不同，表 9.2 是交换机常用的视图。

表 9.2　交换机视图切换命令表

命 令 视 图	功　　能	提　示　符	进　入　命　令	退出命令
用户视图	查看交换机运行状态信息、保存设置等	<Quidway>	与交换机建立连接即进入	Quit 断开连接
系统视图	配置系统参数	[Quidway]	System-view	quit
以太网接口视图	配置和查看以太网端口信息	[Quidway-Ethernet0/1]	Interface　Ehernet0/1	quit
VLAN 端口视图	配置 VLAN 端口	[Quidway-Vlan-interface1]	Interface Vlan-Ehernet　1	quit
VLAN 配置视图	进行 VLAN 端口的增加、删除等	[Quidway-Vlan2]	Vlan　2	quit
AUX 用户接口视图	设置用户访问控制权限	[Quidway-Aux0/0]	Interface　Aux0/0	quit

（6）实验常用命令介绍如下。

- <Quidway>display current-configuration：该命令用来显示当前生效的配置参数。
- <Quidway>display saved-configuration：该命令查看以太网交换机 flash 或 NVRAM

中的设备配置文件，即交换机下次上电启动时所用的配置文件。

- <Quidway>Save：该命令保存当前配置到 flash 或 NVRAM 中的设备配置文件里。
- <Quidway>reset saved-configuration：该命令用来擦除旧的配置文件。
- <Quidway>reboot：该命令用来重启以太网交换机。
- <Quidway>display version：该命令用来显示系统版本信息。
- [Quidway]sysname Switch：该命令用来将交换机的名字改为 Switch。
- [Quidway]display history-command：该命令用来查看最近用过的命令，命令行接口为每个用户默认保存 10 条历史命令，也可用 CTRL+P 键或↑键来查看上一条历史命令，而 ctrl + N 键或↓键来查看上下一条历史命令。
- 编辑特性：

普通按键	输入字符到当前光标位置。
退格键 BackSpace	删除光标位置的前一个字符。
左光标键←	光标向左移动一个字符位置。
右光标键→	光标向右移动一个字符位置。
上下光标键↑↓	显示历史命令。
Tab 键	系统用完整的关键字替代原输入并换行显示。

输入关键字时，可以不必输入关键字的全部字符而只输入关键字的前几个字符，只要设备能唯一的识别，如 display 可以只输入 dis。

- 显示特性：

Language-mode	中英文显示方式切换。
暂停显示时输入 Ctrl+C	停止显示和命令执行。
暂停显示时输入空格键	继续显示下一屏信息。
暂停显示时输入回车键	继续显示下一行信息。

- 在线帮助：

完全帮助　在任何视图下，输入<?>获取该视图下所有命令及其简单描述。

部分帮助　输入一命令，后接以空格间隔的<?>，如<Quidway> display　?，如果该位置是关键字，则列出全部关键字及其简单描述；如果该位置为参数，则列出有关的参数及其描述；输入一字符串，其后紧跟<?>，如<Quidway>p?则列出以该字符串开头的所有命令；输入一命令，其后紧接一"？"的字符串，如<Quidway> display ver?，则列出该字符串开头的所有关键字。

错误提示：当输入有误时将给以相应的错误提示。

```
[Quidway] dispaly
          ^
      % Unrecognized command found at '^' position.
[Quidway] display
                 ^
      % Incomplete command found at '^' position.
[Quidway] display interface serial 0 0
                            ^
      % Wrong parameter found at '^' position.
```

（7）默认情况下，Console 口登录用户具有最高权限，可以使用所有命令，并且不需要任何口令认证；而在 AUX 用户接口视图下，可以设置 Console 口用户登录的口令认证。有如下 3 种认证方式：

① None：不需要口令认证。

② Password：需要简单的本地口令认证，包括明文（simple）和密文（cipher）。

③ Scheme：通过 RADIUS 服务器或本地提供用户名和口令认证。

若以本地认证为例进行实验，则命令如下：

```
<Quidway>system-view
[Quidway]user-interface aux 0
[Quidway-ui-aux0]authentication-mode password
[Quidway-ui-aux0]set authentication password simple cqit
```

然后退出重新登录，交换机将提示用户输入访问口令：

```
Login authentication
Password:
```

输入刚才设置的口令 cqit，即可进入用户界面。

在 AUX 用户接口视图下，还可以修改缺省登录用户的命令控制级别。如果用户需要执行更高级别的配置命令，必须先切换到更高的控制级别，如果交换机设置了级别切换口令保护，登录时必须输入口令才能切换成功，否则原级别不变。如设置默认登录用户级别为 0：

```
[Quidway-ui-aux0]user privilege level 0
```

配置用户级别切换口令认证：

```
[Quidway-ui-aux0]super password level 1 simple cqit1
[Quidway-ui-aux0]super password level 1 simple cqit2
[Quidway-ui-aux0]super password level 1 simple cqit3
```

退出重新登录，按照提示输入口令 cqit，即可进入用户视图，此时用户处于 Level 0 的状态，查询该状态下可以使用的命令有哪些？此时能否对交换机进行配置吗？

<Quidway>super 1，在交换机提示下输入 Password：cqit1，交换机有什么信息输出？再次登录查询该状态下可以使用的命令有哪些？此时能否对交换机进行配置吗？

<Quidway>super 2，在交换机提示下输入 Password：cqit2，这时会出现什么现象，可以执行的命令是否变化？

<Quidway>super 3，在交换机提示下输入 Password：cqit3，可以执行的命令是否更多？

对以上 4 个不同级别进行比较，可以使用的配置命令有什么变化？如果此时在用户视图下输入<Quidway>super 1 命令，是否还需要密码？

（8）通过 Telnet 配置交换机：如果交换机配置了 IP 地址，就可以在本地或远程使用 Telnet 登录到交换机上进行配置。

① 配置交换机的 IP 地址：E026-SI 最多支持 1 个 VLAN 虚接口，可以在 VLAN 虚接口上配置 1 个 IP 地址，不同的交换机所支持的 VLAN 虚接口数量不尽相同。首先要在系

统视图下使用 interface vlan-interface [vlan-number]命令进入 VLAN 接口配置视图，然后使用 ip address 命令配置 IP 地址。

```
<Quidway>system
[Quidway]interface vlan-interface 1
[Quidway -VLAN-interface1]ip address 10.10.10.1  255.0.0.0
[Quidway]user-interface vty 0 4
[Quidway -ui-vty0-4] authentication-mode password
[Quidway -ui-vty0-4] set authentication password  simple 123456
[Quidway -ui-vty0-4] quit
```

配置 PC 与交换机在同一网段，它的 IP 地址为 10.0.101.102，掩码为 255.0.0.0。完成上述准备即可在开始菜单里运行 Telnet 10.0.101.101，并输入密码 123456，登录到交换机进行配置。注意：输入密码时没有任何显示包括星号（*），参见图 9.42 和图 9.43。

图 9.42 Telnet 到交换机示意图

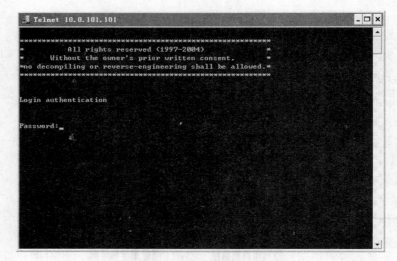

图 9.43 输入交换机密码示意图

② 同 Console 口登录用户一样，Telnet 登录用户也有 3 种认证方式，并且它们的认证方式一样，上面的是使用本地口令认证，不过远程登录用户缺省级别都是 0 级。当然，登录用户可以使用 Super 命令进行级别切换，但如果在交换机上没有配置 Super 命令级别切换保护，那么 Telnet 用户只能使用 0 级别的配置命令。Quidway E026-FE 交换机还可以修改 Telnet 用户登录后的级别，其配置命令如下：

```
[Quidway -ui-vty0-4]user privilege level 3
```

执行上述命令后，Telnet 用户登录后即具有 3 级命令级别。下面以本地提供用户名和口令认证为例进行 Telnet 用户认证实验：

```
[Quidway]user-interface vty 0 4
[Quidway -ui-vty0-4] authentication-mode scheme
```

```
[Quidway -ui-vty0-4]quit
[Quidway]local-user  cqit
[Quidway -user-cqit]password  simple  jsjxy
[Quidway -user-cqit]service-type  telnet  3
```

再次使用 Telnet 进行登录 10.0.101.101，按照提示输入 user：cqit，password：jsjxy，即进入用户视图。

5．实训报告要求

（1）实训地点、参加人员、实训时间等。

（2）实训内容：对实训步骤做详细记录。

（3）实训分析。

（4）实训的心得体会。

实训十三　交换机的端口配置实验

1．实训目的

（1）掌握基本的端口配置命令的使用方法；

（2）掌握端口汇聚技术；

（3）掌握端口镜像技术。

2．实训环境

（1）Quidway 系列交换机 E026-FE 两台，VRP 版本为 VRP(R)Software，Version 3.10（NA），RELEASE 0027；

（2）装有超级终端和以太网监视软件的 PC 一台、网线四根、配置电缆一根，具体实验环境如图 9.44 所示。

3．实训指导

端口聚合（Link Aggregation），也称为端口捆绑、端口聚集或链路聚集。为交换机提供了端口捆绑的技术，允许两台交换机之间通过两个或多个端口并行连接同时传输数据以提供更高的带宽。端口聚合是目前许多交换机支持的一个基本特性。其主要原理是根据交换机要转发的数据帧的 MAC 地址等信息（如果 link-aggregation 命令中最后一个参数为 both，则依赖于目的和源 MAC 地址，否则仅依赖于源 MAC 地址）均匀地映射到端口汇聚组内的一个端口，这个端口将被用于转发此数据帧。

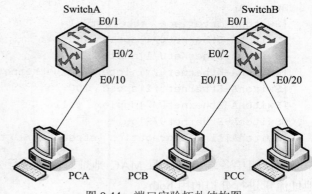

图 9.44　端口实验拓扑结构图

端口镜像就是把交换机端口的数据在发出或接收的同时复制一份到指定的镜像端口，以检测网络通信。镜像分为端口镜像和流镜像两种。端口镜像是指将某些指定端口（出或入方向）的数据流量映射到监控端口，以便集中使用数据捕获软件进行数据分析。流镜像是指按照一定的数据流分类规则对数据进行分流，然后将属于指定流的所有数据映射到监控端口，以便进行数据分析。

4. 实验内容

（1）按照图 9-44 所示的将网络搭建起来；

（2）将 PCA 的 ip 地址配置为 10.0.101.5，子网掩码为 255.0.0.0，将 PCB 的 ip 地址配置为 10.0.101.6，将 PCC 的 ip 地址配置为 10.0.101.7；子网掩码为 255.0.0.0；

（3）按以下命令对各个交换机进行配置；

```
SwitchA:
<Quidway>system-view
[Quidway]sysname  SwitchA
[SwitchA]interface vlan-interface 1
[SwitchA- vlan-interface1]ip address  10.0.101.1   255.0.0.0
```

注：如果交换机连接有 DHCP 服务器，也可 ip   address dhcp-alloc 用命令来动态获取 IP 地址。

```
SwitchB:
<Quidway>system-view
[Quidway]sysname  SwitchB
[SwitchB]interface vlan-interface 1
[SwitchB- vlan-interface1]ip address  10.0.101.2   255.0.0.0
```

此时检查交换机的互通性，由于环路的存在会出现广播风暴，交换机数据转发灯会不断地闪烁，可以先把其中一根网线拔掉，等端口汇聚配好以后再接上。在配置端口汇聚前首先要保证两个交换机所有汇聚端口必须在全双工方式下工作，并且必须在相同的速率下工作，为达到此要求还需要做如下配置：

```
SwitchA:
[SwitchA]interface  ethernet0/1
[SwitchA-Ethernet0/1]speed  100
[SwitchA-Ethernet0/1]duplex  full
[SwitchA-Ethernet0/1] interface  ethernet0/2
[SwitchA-Ethernet0/2]speed  100
[SwitchA-Ethernet0/2]duplex  full
[SwitchA-Ethernet0/2]quit
[SwitchA]link-aggregation  ethernet0/1  to  ethernet0/2  {both | ingress}
```

汇聚组中各端口根据源 MAC 地址对流量进行分担时用 ingress；根据源、目的 MAC 地址流量进行分担的用 both。

```
SwitchB:
[SwitchB]interface  ethernet0/1
[SwitchB-Ethernet0/1]speed  100
[SwitchB-Ethernet0/1]duplex  full
[SwitchB-Ethernet0/1] interface  ethernet0/2
[SwitchB-Ethernet0/2]speed  100
[SwitchB-Ethernet0/2]duplex  full
[SwitchB-Ethernet0/2]quit
[SwitchB]link-aggregation  ethernet0/1  to  ethernet0/2  both
```

可以使用 display　link-aggregation 检查端口汇聚情况，如果正确则应输出下面的内容：

```
[SwitchA] display  link-aggregation
Master port: Ethernet0/1
Other sub-ports:
  Ethernet0/2
Mode: both
```

（4）端口镜像实验：

```
[SwitchB]monitor-port  Ethernet0/10 {filt-da | filt-sa | no-filt}
```

配置监控端口，参数 no-filt 表示监控所有的报文；参数 filt-da 表示只监控指定的目的 mac 地址的报文；参数 filt-sa 表示只监控指定的源 mac 地址的报文。

```
[SwitchB]mirroring-port ethernet0/20 {inbound | outbound | both}
```

配置镜像端口，参数 inbound 表示只监控进入该端口的报文；参数 outbound 表示只监控流出该端口的报文；参数 both 表示监控所有经过该端口的报文。

该实验的目的是用交换机的 Ethernet0/10 口监控 Ethernet0/20。

```
[SwitchB]display  mirror
```

显示以太网镜像端口设置。

（5）另外，学会使用以下两条命令：

```
[SwitchA] interface  ethernet0/1
[SwitchA-Ethernet0/1]mdi  {Normal|Cross|Auto}
```

Normal：强行设置为介质非相关接口。

Cross：强行设置为介质相关接口。

Auto：端口工作在自协商模式。

```
[SwitchA]flow-control
```

启用流量控制功能，默认情况下是禁用的。

5. 实训报告要求

（1）实训地点、参加人员、实训时间等。

（2）实训内容：对实训步骤做详细记录。

（3）实训分析。

（4）实训的心得体会。

实训十四　VLAN 基础配置实验

1. 实训目的

（1）掌握 VLAN 级联的静态配置方法；

（2）掌握通过 GVRP 协议实现 VLAN 级联的动态配置方法；

（3）掌握端口的 Hybrid 特性配置方法。

2. 实训环境

（1）Quidway 系列交换机 E026-FE 2 台，VRP 版本为 VRP(R)Software、Version 3.10（NA）、RELEASE 0027；

（2）装有超级终端的 PC 4 台、网线 6 根、配置电缆 1 根，具体实验环境如图 9.45 所示。

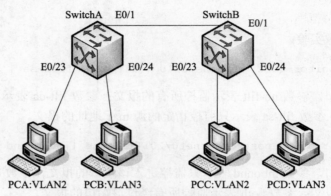

图 9.45　两个交换机 VLAN 实验网络拓扑结构图

3. 实训指导

VLAN（Virtual Local Area Network，虚拟局域网）是指在交换局域网的基础上，采用网络管理软件构建的可跨越不同网段、不同网络的端到端的逻辑网络。一个 VLAN 组成一个逻辑子网，即一个逻辑广播域，它可以覆盖多个网络设备，允许处于不同地理位置的网络用户加入到一个逻辑子网中。

1）组建 VLAN 的条件

VLAN 是建立在物理网络基础上的一种逻辑子网，因此建立 VLAN 需要相应的支持 VLAN 技术的网络设备。当网络中的不同 VLAN 间进行相互通信时，需要路由的支持，这时就需要增加路由设备——要实现路由功能，既可采用路由器，也可采用三层交换机来完成。

2）划分 VLAN 的基本策略

从技术角度讲，VLAN 的划分可依据不同原则，一般有以下 4 种划分方法。

（1）基于端口的 VLAN 划分。

这种划分是把一个或多个交换机上的几个端口划分一个逻辑组，这是最简单、最有效的划分方法。该方法只需网络管理员对网络设备的交换端口进行重新分配即可，不用考虑该端口所连接的设备。

（2）基于 MAC 地址的 VLAN 划分。

MAC 地址其实就是指网卡的标识符，每一块网卡的 MAC 地址都是唯一且固化在网卡上的。MAC 地址由 12 位十六进制数表示，前 8 位为厂商标识，后 4 位为网卡标识。网络管理员可按 MAC 地址把一些站点划分为一个逻辑子网。

（3）基于路由的 VLAN 划分。

路由协议工作在网络层，相应的工作设备有路由器和路由交换机（即三层交换机）。

该方式允许一个 VLAN 跨越多个交换机，或一个端口位于多个 VLAN 中。

就目前来说，对于 VLAN 的划分主要采取上述第 1、第 3 种方式，第 2 种方式为辅助性的方案。

（4）基于协议的 VLAN 划分。

它是依据计算机使用的协议进行划分 VLAN 的一种方式。使用 VLAN 具有以下优点。

① 控制广播风暴。一个 VLAN 就是一个逻辑广播域，通过对 VLAN 的创建，隔离了广播，缩小了广播范围，可以控制广播风暴的产生。

② 提高网络整体安全性。通过路由访问列表和 MAC 地址分配等 VLAN 划分原则，可以控制用户访问权限和逻辑网段大小，将不同用户群划分在不同 VLAN，从而提高交换式网络的整体性能和安全性。

③ 网络管理简单、直观。对于交换式以太网，如果对某些用户重新进行网段分配，需要网络管理员对网络系统的物理结构重新进行调整，甚至需要追加网络设备，增大网络管理的工作量。而对于采用 VLAN 技术的网络来说，一个 VLAN 可以根据部门职能、对象组或者应用将不同地理位置的网络用户划分为一个逻辑网段。在不改动网络物理连接的情况下可以任意地将工作站在工作组或子网之间移动。利用虚拟网络技术，大大减轻了网络管理和维护工作的负担，降低了网络维护费用。在一个交换网络中，VLAN 提供了网段和机构的弹性组合机制。

4. 实验内容

（1）按图 9.45 所示的要求将各个设备连接起来。

（2）执行以下命令

```
SwitchA:
<Quidway>system-view
[Quidway]sysname SwitchA
[SwitchA]vlan 2
[SwitchA-vlan2]port ethernet 0/23
[SwitchA-vlan2]vlan 3
[SwitchA-vlan3]port ethernet 0/24
[SwitchA-vlan3]quit
[SwitchA]interface  e0/1
[SwitchA-Ethernet0/1]port link-type trunk
[SwitchA-Ethernet0/1]port trunk permit vlan 2 to 3

SwitchB
<Quidway>system-view
[Quidway]sysname SwitchB
[SwitchB]vlan 2
[SwitchB-vlan2]port ethernet 0/23
[SwitchB-vlan2]vlan 3
[SwitchB-vlan3]port ethernet 0/24
[SwitchB-vlan3]quit
[SwitchB]interface  e0/1
[SwitchB-Ethernet0/1]port link-type trunk
[SwitchB-Ethernet0/1]port trunk permit vlan 2 to 3
```

（3）将 PCA、PCB、PCC、PCD 的 IP 地址分别设为 10.0.101.1、10.0.101.2、10.0.101.3、10.0.101.4，子网掩码均为 255.0.0.0。

（4）同一 VLAN 内的计算机相互 ping、不在同一 VLAN 内的计算机相互 ping，测试其相通性。

（5）如果按图 9.46 所示的网络拓扑结构搭建，该做怎样的配置？

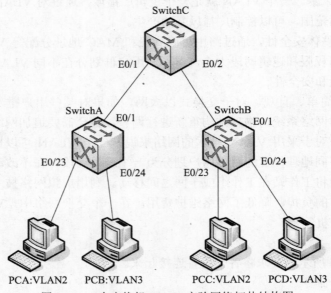

图 9.46　3 个交换机 VLAN 实验网络拓扑结构图

在该连接方式下，交换机 SwitchC 同样需要创建 VLAN2、VLAN3，同样要设置 E0/1、E0/2 为 Trunk 接口，只是可以不为 VLAN2、VLAN3 分别设置以太网口。因此，正确的配置是交换机 SwitchA、SwitchB 的配置不做改变，交换机 SwitchC 的配置如下：

```
SwitchC:
<Quidway>system-view
[Quidway]sysname SwitchC
[SwitchC]vlan 2
[SwitchC-vlan2]vlan 3
[SwitchC-vlan3]quit
[SwitchC]interface e0/1
[SwitchC-Ethernet0/1]port link-type trunk
[SwitchC-Ethernet0/1]port trunk permit vlan 2 to 3
[SwitchC]interface e0/2
[SwitchC-Ethernet0/2]port link-type trunk
[SwitchC-Ethernet0/2]port trunk permit vlan 2 to 3
```

（6）延续上面的实验内容，拓扑结构如图 9.46 所示，完成下面 GVRP（VLAN 动态注册协议）协议动态创建和注册 VLAN 信息的方法，首先在交换机 SwitchC 上进行如下配置：

```
[SwitchC]undo vlan 2
[SwitchC]undo vlan 3
```

```
[SwitchC]gvrp
[SwitchC]interface  e0/1
[SwitchC-Ethernet0/1] gvrp
[SwitchC]interface  e0/2
[SwitchC-Ethernet0/2] gvrp
```

然后在交换机 SwitchA 上进行如下配置：

```
[SwitchA]interface  e0/1
[SwitchA-Ethernet0/1] gvrp
```

再在交换机 SwitchB 上进行如下配置：

```
[SwitchB]interface  e0/1
[SwitchB-Ethernet0/1] gvrp
```

下面来查看 GVRP 注册 VLAN 的过程：
首先在交换机 SwitchA 上手动添加一个 VLAN5：

```
[SwitchA]vlan  5
```

执行如下命令，看 3 个交换机是否都存在 VLAN5？答案是肯定的。

```
[SwitchA]display  vlan
[SwitchB]display  vlan
[SwitchC]display  vlan
```

然后执行如下命令：

```
<SwitchA>display  interface  ethernet0/1
        找到"VLAN passing: 1（default vlan），2－3，5"这一行信息。
<SwitchB>display  interface  ethernet0/1
        找到"VLAN passing: 1（default vlan），2－3，5"这一行信息。
<SwitchC>display  interface  ethernet0/1
        找到"VLAN passing: 1（default vlan），2－3，5"这一行信息。
<SwitchC>display  interface  ethernet0/2
        找到"VLAN passing: 1（default vlan），2－3"这一行信息。
```

　　上述 4 条信息为什么不同呢？这是由 GVRP 进行 VLAN 注册时的规则造成的，由于交换机 SwitchB 上没有手工配置 VLAN，也就是说 SwitchB 上没有 VLAN5 成员，所以 SwitchC 和 SwitchB 之间的 Trunk 链路不让 VLAN 5 的帧通过，可以通过下面的命令进行验证：

```
[SwitchB] vlan  5
[SwitchB-vlan5]port  ethernet0/2
```

　　由于交换机 SwitchB 已经动态注册了 VLAN5，所以需要通过添加端口来将动态 VLAN 改为静态 VLAN，现在执行：

```
<SwitchC>display  interface  ethernet0/2
        是否出现了"VLAN passing: 1（default  vlan），2－3，5"这一行信息？
```

（7）在交换机的 Trunk 端口上，VLAN 的 GVRP 注册有 3 种方法。

① Normal：默认的注册方法，表示允许在该端口上手工或动态创建、注册和注销 VLAN。

② Fixed：表示允许在该端口上手工创建和注册 VLAN，不允许动态注册和注销 VLAN，也就是说该端口不接受来自对端的动态 VLAN 信息。

③ Forbidden：表示在端口将注销 VLAN1 之外的所有其他 VLAN，并且禁止在该端口创建和注册任何其他 VLAN。

执行以下命令，以验证上面的知识：

```
[SwitchA]interface e0/1
[SwitchA-Ethernet0/1]gvrp registration fixed
[SwitchB]vlan 7
[SwitchB-vlan7]display vlan
[SwitchA]display vlan
[SwitchC]display vlan
```

是否发现交换机 SwitchA 上没有 vlan7 而 SwitchB 和 SwitchC 有 vlan7 呢？再执行如下命令：

```
[SwitchA] interface e0/1
[SwitchA-Ethernet0/1]gvrp registration forbidden
[SwitchA-Ethernet0/1] display interface ethernet0/1
[SwitchA]display vlan
```

是否只允许 vlan1 的数据通过了呢？

（8）下面完成 Hybrid 相应的配置。配置交换机之间的端口为 Hybrid，允许 VLAN2 和 VLAN3 的帧通过 Hybrid 端口，并且 VLAN2 的帧在 Hybrid 端口上打上 VLAN2 的 tag，VLAN3 的帧不打 tag。

由于交换机上有 Trunk 端口存在时不能配置 Hybrid 端口，所有先把 Trunk 端口改为 Access 端口。另外，因为 SwitchC 上 Trunk 端口取消后 GVRP 也随之取消，因此 SwitchC 上应创建 VLAN2 和 VLAN3。首先进行如下配置：

```
[SwitchA] interface e0/1
[SwitchA-Ethernet0/1]port link-type access
[SwitchA-Ethernet0/1]port link-type hybrid

[SwitchB] interface e0/1
[SwitchB-Ethernet0/1]port link-type access
[SwitchB-Ethernet0/1]port link-type hybrid

[SwitchC]vlan 2
[SwitchC-vlan2] vlan 3
[SwitchC] interface e0/1
[SwitchC-Ethernet0/1]port link-type access
[SwitchC-Ethernet0/1]port link-type hybrid
[SwitchC-Ethernet0/1] interface e0/2
```

```
[SwitchC-Ethernet0/2]port link-type access
[SwitchC-Ethernet0/2]port link-type hybrid

[SwitchA-Ethernet0/1]display interface ethernet0/1
```

发现 PVID 为 1，Tagged VLAN ID 没有配置，Untagged VLAN ID 默认为 1。再进行如下配置：

```
[SwitchA-Ethernet0/1]port hybrid vlan 2 tagged
[SwitchA-Ethernet0/1]port hybrid vlan 3 untagged

[SwitchB-Ethernet0/1]port hybrid vlan 2 tagged
[SwitchB-Ethernet0/1]port hybrid vlan 3 untagged

[SwitchC-Ethernet0/1]port hybrid vlan 2 tagged
[SwitchC-Ethernet0/1]port hybrid vlan 3 untagged
[SwitchC-Ethernet0/1] interface ethernet0/2
[SwitchC-Ethernet0/2]port hybrid vlan 2 tagged
[SwitchC-Ethernet0/2]port hybrid vlan 3 untagged
```

再来执行：

```
[SwitchA-Ethernet0/1]display interface ethernet0/1
```

是否发现 PVID 为 1，Tagged VLAN ID 为 2，Untagged VLAN ID 为 1 和 3？

配置完成后，VLAN2 内的 PC 可以相互 ping 通，VLAN3 内的 PC 不能相互 ping 通。如果设置 Hybrid 端口的 PVID 为 3，没有 VLAN Tag 的帧将被认为属于 Vlan3，VLAN3 内的 PC 就能相互 ping 通。

```
[SwitchA-Ethernet0/1]port hybrid pvid vlan 3
```

（9）进一步掌握如下命令：

```
[SwitchB]vlan 7
[SwitchB-vlan7]port Ethernet 0/5 to Ethernet 0/10 Ethernet 0/15
```

将 Ethernet 0/5 到 Ethernet 0/10 及 Ethernet 0/15 共 7 个端口加入 Vlan7

```
[SwitchB-vlan7]undo port Ethernet 0/5 to Ethernet 0/10 Ethernet 0/15
```

将 Ethernet 0/5 到 Ethernet 0/10 及 Ethernet 0/15 共 7 个端口撤出 Vlan7

```
[SwitchB-vlan7]interface Ethernet/5
[SwitchB-Ethernet0/5]port access vlan 5
```

也可以将 Ethernet0/5 加入 vlan5。

5．实训报告要求

（1）实训地点、参加人员、实训时间等。

（2）实训内容：对实训步骤做详细记录。

（3）实训分析。

（4）实训的心得体会。

实训十五　路由器的基本配置实验

1．实训目的

（1）掌握路由器的基本概念；

（2）熟悉配置路由器的基本操作；

（3）掌握路由器的两种配置方法。

2．实训环境

（1）Quidway 系列路由器 AR28-10 一台，VRP 版本为 VRP(R)Software、Version 3.40、RELEASE 0006；

（2）Quidway 系列交换机 E026-FE 一台，VRP 版本为 VRP(R)Software、Version 3.10（NA）、RELEASE 0027；

（3）装有超级终端的 PC 一台、网线 2 根、配置电缆 1 根，具体实验环境如图 9.47 所示。

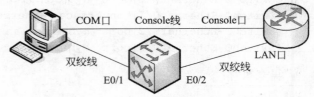

图 9.47　路由器配置示意图

3．实训指导

路由器是一个工作在 OSI 参考模型第三层的网络设备，其主要功能是检查数据包中与网络层相关的信息，然后根据某些规则转发数据包。路由器的硬件组件包括：中央处理单元、随即存储器、闪存、非易失的 RAM、只读内存、路由器接口。路由器的软件同交换机一样，也包括一个引导系统和核心操作系统。

路由器可以通过 5 种方式来配置：Console 终端视图、AUX 口远程视图、远程 TELNET 视图、哑终端视图和 FTP 下载配置文件视图。其中通过 Console 口和远程 TELNET 配置方式是最常用的两种。

4．实验内容

（1）按照图 9.47 所示的将配置电缆的 DB-9（或 DB-25）孔式插头接到要对交换机进行配置的微机或终端的串口上，并且确认是 COM1 口或 COM2 口，将配置电缆的 RJ-45 一端连到路由器的配置口（Console）上。

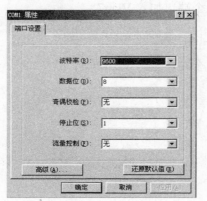

图 9.48　串口属性设置图

（2）将一根直连双绞线的一段接到计算机的网卡接口上，另一端接到交换机的以太网口上，再拿一根直连双绞线的一段接到交换机的以太网口上，另一段接到路由器的以太网口上。

（3）首先启动超级终端，单击 Windows 的"开始"→"程序"→"附件"→"通信"→"超级终端"。

（4）根据提示输入连接名称后确定，在选择连接的时候选择对应的串口（COM1 或 COM2），配置串口参数，串口的配置参数如图 9.48 所示。

（5）路由器启动后出现提示符：<Quidway>，这是用户视图，每个视图都有相应的命令，分别完成不同的功能，不同的路由器提供的视图会有所不同，表 9.3 是路由器常用的视图。

表 9.3 路由器视图切换命令表

命令视图	功　能	提　示　符	进　入　命　令	退出命令
用户视图	查看路由器运行状态信息、保存设置等	\<Quidway\>	与路由器建立连接即进入	Quit 断开连接
系统视图	配置系统参数	[Quidway]	在用户视图下输入 System-view	Quit 返回用户系统
RIP 视图	配置 RIP 协议参数	[Quidway-rip]	在系统视图下输入 rip	Quit 返回系统
OSPF 视图	配置 OSPF 协议参数	[Quidway-ospf-1]	在系统视图下输入 ospf　1	Quit 返回系统
BGP 视图	配置 BGP 协议参数	[Quidway-bgp]	在系统视图下输入 bgp　1	Quit 返回系统
路由策略视图	配置路由策略参数	[Quidway-route-policy]	在系统视图下输入 route-policy *abc* permit node 1	Quit 返回系统
PIM 视图	配置组播路由参数	[Quidway-pim]	在系统视图下先输入 multicast routing-enable，再输入 pim	Quit 返回系统
同步串口视图	配置同步串口参数	[Quidway-Serial0/0]	在任意视图下输入 interface Serial*0/0*	Quit 返回系统
以太网接口视图	配置以太网接口参数	[Quidway-Ethernet0/0]	Interface　Ehernet0/0	Quit 返回系统
AUX 接口视图	配置 AUX 接口参数	[Quidway-Aux0]	在任意视图下输入 interface Aux　0	Quit 返回系统
LoopBack 接口视图	配置 LoopBack 接口参数	[Quidway-LoopBack1]	在任意视图下输入 interface LoopBack 1	Quit 返回系统

（6）实验常用命令介绍如下。

- \<Quidway\>display current-configuration：该命令用来显示当前生效的配置参数。
- \<Quidway\>display saved-configuration：该命令来查看以路由器 flash 或 NVRAM 中的设备配置文件，即路由器下次启动时所用的配置文件。
- \<Quidway\>Save：该命令来保存当前配置到 flash 或 NVRAM 中的设备配置文件里。
- \<Quidway\>reset saved-configuration：该命令用来擦除旧的配置文件。
- \<Quidway\>reboot：该命令用来重启以路由器。
- \<Quidway\>display version：该命令用来显示系统版本信息。
- Clock　datetime　hour: minute: second　month/ day/ year：配置路由器的系统时钟。
- Display　memory：显示当前系统内存的使用情况。
- Display　cpu-usage：显示当前系统的 CPU 占用率，以百分比显示。
- [Quidway]sysname　Router：该命令用来将路由器的名字改为 Router。
- [Quidway]display　history-command：该命令用来查看最近用过的命令，命令行接口为每个用户默认保存 10 条历史命令，也可用 ctrl+p 键或 ↑ 键来查看上一条历史命令，而 ctrl+N 键或 ↓ 键来查看上下一条历史命令。
- 编辑特性：
  普通按键　　　　　　　　　　　　输入字符到当前光标位置。

　　退格键 BackSpace　　　　　　删除光标位置的前一个字符。

　　左光标键←　　　　　　　　　光标向左移动一个字符位置。

　　右光标键→　　　　　　　　　光标向右移动一个字符位置。

　　上下光标键↑↓　　　　　　　显示历史命令。

　　Tab 键　　　　　　　　　　　系统用完整的关键字替代原输入并换行显示。

输入关键字时，可以不必输入关键字的全部字符而只输入关键字的前几个字符，只要设备能唯一的识别，如 display 可以只输入 dis。

- 显示特性：

　　Language-mode　　　　　　　中英文显示方式切换。

　　暂停显示时输入 Ctrl+c　　　停止显示和命令执行。

　　暂停显示时输入空格键　　　继续显示下一屏信息。

　　暂停显示时输入回车键　　　继续显示下一行信息。

- 在线帮助：

　　完全帮助　在任何视图下，输入<?>获取该视图下所有命令及其简单描述。

　　部分帮助　输入一命令，后接以空格间隔的<?>，如<Quidway> display　?，如果该位置是关键字，则列出全部关键字及其简单描述；如果该位置为参数，则列出有关的参数及其描述；输入一字符串，其后紧跟<?>，如<Quidway>p?则列出以该字符串开头的所有命令；输入一命令，其后紧接一"？"的字符串，如<Quidway> display ver?，则列出该字符串开头的所有关键字。

　　错误提示：当输入有误时将给以相应的错误提示。

```
[Quidway] dispaly
         ^
       % Unrecognized command found at '^' position.
[Quidway] display
                ^
       % Incomplete command found at '^' position.
[Quidway] display interface serial 0 0
                                    ^
       % Wrong parameter found at '^' position.
```

5. 实训报告要求

（1）实训地点、参加人员、实训时间等。

（2）实训内容：对实训步骤做详细记录。

（3）实训分析：练习路由器常用命令

（4）实训的心得体会。

实训十六　静态路由配置实验

1. 实训目的

（1）掌握在路由器上配置静态路由的方法

（2）掌握在路由器上配置默认路由的方法

2．实训环境

（1）Quidway 系列路由器 AR28-104 台，VRP 版本为 VRP(R)Software、Version 3.40、RELEASE 0006；

（2）Quidway 系列交换机 E026-FE 4 台，VRP 版本为 VRP(R)Software、Version 3.10（NA）、RELEASE 0027；

（3）装有超级终端的 PC 一台、网线 5 根、配置电缆 1 根，具体实验环境如图 9.49 所示。

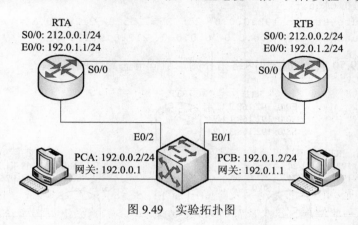

图 9.49 实验拓扑图

3．实训指导

静态路由是指由网络管理员手工配置宽带路由器的路由信息。当网络的拓扑结构或链路的状态发生变化时，网络管理员需要手工去修改路由表中相关的静态路由信息。静态路由一般适用于比较简单的网络环境，以便于网络管理员能清楚地了解网络的拓扑结构，设置正确的路由信息。

4．实验内容

（1）首先按照图 9.49 所示的要求将网络搭建起来。

（2）按照图 9.49 所示的要求将各计算机的 IP 地址、子网掩码、网关设置好。

（3）对各个路由器分别做如下配置。

```
RTA:
<Quidway>system-view
[Quidway]sysname  RTA
[RTA]interface ethernet0/0
[RTA-Ethernet0/0]ip address  192.0.0.1  255.255.255.0
[RTA-Ethernet0/0]interface  serial0/0
[RTA-Serial0/0]ip address  212.0.0.1  255.255.255.0
[RTA-Serial0/0]shutdown
[RTA-Serial0/0]undo  shutdown
[RTA-Serial0/0]quit
[RTA]ip route-static  192.0.1.0  255.255.255.0  212.0.0.2    //添加静态路由
[RTA]ip route-static  0.0.0.0  0.0.0.0  212.0.0.2            //添加默认路由

RTB:
<Quidway>system-view
```

```
[Quidway]sysname  RTB
[RTB]interface  ethernet0/0
[RTB-Ethernet0/0]ip  address  192.0.1.1  255.255.255.0
[RTB-Ethernet0/0]interface  serial0/0
[RTB-Serial0/0]ip  address  212.0.0.2  255.255.255.0
[RTB-Serial0/0]shutdown
[RTB-Serial0/0]undo  shutdown
[RTB-Serial0/0]quit
[RTB]ip  route-static  192.0.0.0  255.255.255.0  212.0.0.1      //添加静态路由
[RTB]ip  route-static  0.0.0.0  0.0.0.0  212.0.0.1            //添加默认路由
```

（4）按照图 9.50 所示的搭建网络拓扑图，巩固静态路由的配置。

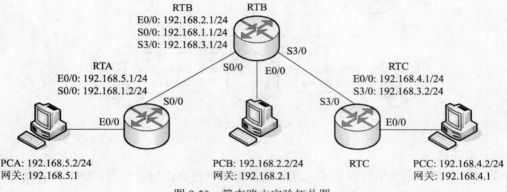

图 9.50　静态路由实验拓扑图

```
RTA:
<Quidway>system-view
[Quidway]sysname  RTA
[RTA]interface  ethernet0/0
[RTA-Ethernet0/0]ip  address  192.168.5.1  255.255.255.0
[RTA-Ethernet0/0]interface  serial0/0
[RTA-Serial0/0]ip  address  192.168.1.2  255.255.255.0
[RTA-Serial0/0]shutdown
[RTA-Serial0/0]undo  shutdown
[RTA-Serial0/0]quit
[RTA]ip  route-static  192.168.2.0  255.255.255.0  192.168.1.1
[RTA]ip  route-static  192.168.3.0  255.255.255.0  192.168.1.1
[RTA]ip  route-static  192.168.4.0  255.255.255.0  192.168.1.1

RTB:
<Quidway>system-view
[Quidway]sysname  RTB
[RTB]interface  ethernet0/0
[RTB-Ethernet0/0]ip  address  192.168.2.1  255.255.255.0
[RTB-Ethernet0/0]interface  serial0/0
[RTB-Serial0/0]ip  address  192.168.1.1  255.255.255.0
[RTB-Serial0/0]shutdown
```

```
[RTB-Serial0/0]undo  shutdown
[RTB-Serial0/0]interface  serial3/0
[RTB-Serial3/0]ip  address  192.168.3.1  255.255.255.0
[RTB-Serial3/0]shutdown
[RTB-Serial3/0]undo  shutdown
[RTB-Serial3/0]quit
[RTB]ip  route-static  192.168.5.0  255.255.255.0  192.168.1.2
[RTB]ip  route-static  192.168.4.0  255.255.255.0  192.168.3.2

RTC:
<Quidway>system-view
[Quidway]sysname  RTC
[RTC]interface  ethernet0/0
[RTC-Ethernet0/0]ip  address  192.168.4.1  255.255.255.0
[RTC-Ethernet0/0]interface  serial3/0
[RTC-Serial3/0]ip  address  192.168.3.2  255.255.255.0
[RTC-Serial3/0]shutdown
[RTC-Serial3/0]undo  shutdown
[RTC-Serial3/0]quit
[RTC]ip  route-static  192.168.5.0  255.255.255.0  192.168.3.1
[RTC]ip  route-static  192.168.2.0  255.255.255.0  192.168.3.1
[RTC]ip  route-static  192.168.1.0  255.255.255.0  192.168.3.1
```

5．实训报告要求
（1）实训地点、参加人员、实训时间等。
（2）实训内容：对实训步骤做详细记录。
（3）实训分析：练习路由器常用命令
（4）实训的心得体会。

实训十七　动态路由协议 RIP 配置实验

1．实训目的
掌握 RIP 的基本原理和配置方法。

2．实训环境
（1）Quidway 系列路由器 AR28-10 2 台，VRP 版本为 VRP(R)Software、Version 3.40、RELEASE 0006；

（2）Quidway 系列交换机 E026-FE 1 台，VRP 版本为 VRP(R)Software、Version 3.10（NA），RELEASE 0027；

（3）装有超级终端的 PC 2 台、网线 4 根、配置电缆 1 根、标准的 V.35 电缆一对，具体实验环境如图 9.49 所示。

3．实训指导
路由选择信息协议（RIP）是一种在网关与主机之间交换路由选择信息的标准。RIP 是一种内部网关协议。在国家性网络中如当前的因特网，拥有很多用于整个网络的路由选择协议。作为形成网络的每一个自治系统，都有属于自己的路由选择技术，不同的 AS 系统，路由选择技术也不同。作为一种内部网关协议或 IGP（普通内部网关协议），路由选择协议应用于自治系统（AS）系统。连接 AS 系统有专门的协议，其中最早的这样的协议是 EGP（外部网关协议），目前仍然应用于因特网，这样的协议通常被视为内部 AS 路由选择协议。RIP 主要设计来利用同类技术与大小适度的网络一起工作。因此通过速度变化不大的接线连接，RIP 比较适用于简单的校园网和区域网，但并不适用于复杂网络的情况。RIP 2 由 RIP 而来，属于 RIP 协议的补充协议，主要用于扩大 RIP 2 信息装载的有用信息的数量，同时增加其安全性能。RIP 2 是一种基于 UDP 的协议。在 RIP2 下，每台主机通过路由选择进程发送和接收来自 UDP 端口 520 的数据包。RIP 1 对路由聚合不起作用，RIP 2 无类地址域间路由，默认情况下 RIP 2 支持路由聚合，当需要将所有子网路由广播出去时，可关闭 RIP 2 路由聚合功能。另外，RIP 1 报文传播方式为广播方式，RIP 2 报文传播方式有广播方式和组播方式两种，默认使用组播方式传送报文如果不指定 RIP 版本接口接收和发送 RIP 1 报文。

4. 实验内容

（1）首先按照图 9.49 所示的要求将网络搭建起来。

（2）按照图 9.49 所示的要求将各计算机的 IP 地址、子网掩码、网关设置好。

（3）对各个路由器分别做如下配置。

```
RTA:
<Quidway>system-view
[Quidway]sysname  RTA
[RTA]interface  ethernet0/0
[RTA-Ethernet0/0]ip  address  192.0.0.1  255.255.255.0
[RTA-Ethernet0/0]interface  serial0/0
[RTA-Serial0/0]ip  address  212.0.0.1  255.255.255.0
[RTA-Serial0/0]shutdown
[RTA-Serial0/0]undo  shutdown
[RTA-Serial0/0]quit
[RTA]rip
[RTA-rip]network  192.0.0.0
[RTA-rip]network  212.0.0.0
[RTA-rip]quit
[RTA]

RTB:
<Quidway>system-view
[Quidway]sysname  RTB
[RTB]interface  ethernet0/0
[RTB-Ethernet0/0]ip  address  192.0.1.1  255.255.255.0
[RTB-Ethernet0/0]interface  serial0/0
[RTB-Serial0/0]ip  address  212.0.0.2  255.255.255.0
[RTB-Serial0/0]shutdown
[RTB-Serial0/0]undo  shutdown
[RTB-Serial0/0]quit
[RTB]rip
[RTB-rip]network  192.0.1.0
```

```
[RTB-rip]network  212.0.0.0
[RTB-rip]quit
[RTB]
```

（4）上面配置的是 RIP version 1，下面配置的是 RIP version 2。

RTA：
```
<Quidway>system-view
[Quidway]sysname  RTA
[RTA]interface  ethernet0/0
[RTA-Ethernet0/0]ip  address  192.0.0.1  255.255.255.0
[RTA-Ethernet0/0]rip  version  2      //rip version 2[ broadcast | multicast]
[RTA-Ethernet0/0]interface  serial0/0
[RTA-Serial0/0]ip  address  212.0.0.1  255.255.255.0
[RTA-Serial0/0]rip  version  2
[RTA-Serial0/0]shutdown
[RTA-Serial0/0]undo  shutdown
[RTA-Serial0/0]quit
[RTA]rip
[RTA-rip]network  192.0.0.0
[RTA-rip]network  212.0.0.0
[RTA-rip]quit
[RTA]
```

RTB：
```
<Quidway>system-view
[Quidway]sysname  RTB
[RTB]interface  ethernet0/0
[RTB-Ethernet0/0]ip  address  192.0.1.1  255.255.255.0
[RTB-Ethernet0/0]rip  version  2
[RTB-Ethernet0/0]interface  serial0/0
[RTB-Serial0/0]ip  address  212.0.0.2  255.255.255.0
[RTB-Serial0/0]rip  version  2
[RTB-Serial0/0]shutdown
[RTB-Serial0/0]undo  shutdown
[RTB-Serial0/0]quit
[RTB]rip
[RTB-rip]network  192.0.1.0
[RTB-rip]network  212.0.0.0
[RTB-rip]quit
[RTB]
```

5．实训报告要求

（1）实训地点、参加人员、实训时间等。

（2）实训内容：对实训步骤做详细记录。

（3）实训分析：练习路由器常用命令。

（4）实训的心得体会。

相关课程教材推荐

ISBN	书　　名	定价（元）
9787302183013	IT 行业英语	32.00
9787302130161	大学计算机网络公共基础教程	27.50
9787302215837	计算机网络	29.00
9787302197157	网络工程实践指导教程	33.00
9787302174936	软件测试技术基础	19.80
9787302225836	软件测试方法和技术（第二版）	39.50
9787302225812	软件测试方法与技术实践指南 Java EE 版	30.00
9787302225942	软件测试方法与技术实践指南 ASP.NET 版	29.50
9787302158783	微机原理与接口技术	33.00
9787302174585	汇编语言程序设计	21.00
9787302200765	汇编语言程序设计实验指导及习题解答	17.00
9787302183310	数据库原理与应用习题·实验·实训	18.00
9787302196310	电子商务双语教程	36.00
9787302200390	信息素养教育	31.00
9787302200628	信息检索与分析利用（第 2 版）	23.00
9787302200772	汇编语言程序设计	35.00
9787302221487	软件工程初级教程	29.00
9787302167990	CAD 二次开发技术及其工程应用	31.00
9787302194064	ARM 嵌入式系统结构与编程	35.00
9787302202530	嵌入式系统程序设计	32.00
9787302206590	数据结构实用教程（C 语言版）	27.00
9787302213567	管理信息系统	36.00
9787302214083	.NET 框架程序设计	21.00
9787302218555	Linux 应用与开发典型实例精讲	35.00
9787302219668	路由交换技术	29.50

以上教材样书可以免费赠送给授课教师，如果需要，请发电子邮件与我们联系。

教学资源支持

敬爱的教师：

感谢您一直以来对清华版计算机教材的支持和爱护。为了配合本课程的教学需要，本教材配有配套的电子教案（素材），有需求的教师可以与我们联系，我们将向使用本教材进行教学的教师免费赠送电子教案（素材），希望有助于教学活动的开展。

相关信息请拨打电话010-62776969或发送电子邮件至 liangying@tup.tsinghua.edu.cn 咨询，也可以到清华大学出版社主页（http://www.tup.com.cn 或 http://www.tup.tsinghua.edu.cn）上查询和下载。

如果您在使用本教材的过程中遇到了什么问题，或者有相关教材出版计划，也请您发邮件或来信告诉我们，以便我们更好为您服务。

地址：北京市海淀区双清路学研大厦 A-708　　　计算机与信息分社梁颖　收

邮编：100084　　　　　　　　　　　　　电子邮件：liangying@tup.tsinghua.edu.cn

电话：010-62770175-4505　　　　　　　邮购电话：010-62786544